Studienskripten zur Soziologie

20 E.K.Scheuch/Th.Kutsch, Grundbegriffe der Soziologie
    Grundlegung und Elementare Phänomene
    2. Auflage. 376 Seiten. DM 17,80

22 H. Benninghaus, Deskriptive Statistik
    (Statistik für Soziologen, Bd. 1)
    4. Auflage. 280 Seiten. DM 18,80

23 H. Sahner, Schließende Statistik
    (Statistik für Soziologen, Bd. 2)
    2. Auflage. 188 Seiten. DM 15,80

24 G. Arminger, Faktorenanalyse
    (Statistik für Soziologen, Bd. 3)
    198 Seiten. DM 16,80

25 H. Renn, Nichtparametrische Statistik
    (Statistik für Soziologen, Bd. 4)
    138 Seiten. DM 14,80

26 K. Allerbeck, Datenverarbeitung in der
    empirischen Sozialforschung
    Eine Einführung für Nichtprogrammierer
    187 Seiten. DM 10,80

27 W. Bungard/H.E. Lück, Forschungsartefakte
    und nicht-reaktive Meßverfahren
    181 Seiten. DM 15,80

28 H. Esser/K. Klenovits/H. Zehnpfennig,
    Wissenschaftstheorie 1 Grundlagen
    und Analytische Wissenschaftstheorie
    285 Seiten. DM 18,80

29 H. Esser/K. Klenovits/H. Zehnpfennig
    Wissenschaftstheorie 2 Funktionsanalyse
    und hermeneutisch-dialektische Ansätze
    261 Seiten. DM 18,80

30 H. v. Alemann, Der Forschungsprozeß
    Eine Einführung in die Praxis der
    empirischen Sozialforschung
    351 Seiten. DM 17,80

31 E. Erbslöh, Interview
    (Techniken der Datensammlung, Bd. 1)
    119 Seiten. DM 14,80

32 K.-W. Grümer, Beobachtung
    (Techniken der Datensammlung, Bd. 2)
    290 Seiten. DM 19,80

35 M. Küchler, Multivariate Analyseverfahren
    262 Seiten. DM 18,80

Fortsetzung auf der 3. Umschlagseite

Kleingruppenforschung

Von Prof. Dr. phil. H.-D. Schneider
Universität Freiburg/Schweiz

2. überarbeitete Auflage
Mit 32 Abbildungen und 15 Tabellen

Springer Fachmedien Wiesbaden GmbH 1985

Prof. Dr. phil. Hans-Dieter Schneider

1939 in Aschaffenburg geboren. 1959 bis 1964 Studium
der Psychologie an den Universitäten Frankfurt und
Bonn. 1964 bis 1971 Berufstätigkeit in der Sozialforschung und Erwachsenenbildung. 1972 bis 1982 Assistent/
Oberassistent am Psychologischen Institut der Universität Zürich. Seit 1982 Ordinarius für Angewandte Psychologie an der Universität Freiburg/Schweiz.

CIP-Kurztitelaufnahme der Deutschen Bibliothek

Schneider, Hans-Dieter:
Kleingruppenforschung / von H.-D. Schneider. -
2., überarb. Aufl.

   (Teubner-Studienskripten ; 44 : Studienskripten
   zur Soziologie)
   ISBN 978-3-519-10044-7   ISBN 978-3-322-92778-1 (eBook)
   DOI 10.1007/978-3-322-92778-1

NE: GT

© Springer Fachmedien Wiesbaden 1985
Ursprünglich erschienen bei B. G. Teubner Stuttgart 1985

Gesamtherstellung: Beltz Offsetdruck, Hemsbach/Bergstr.
Umschlaggestaltung: W. Koch, Sindelfingen

<u>Vorwort</u>

Wer sich vornimmt, eine Übersicht über ein Forschungsgebiet
zu vermitteln, sieht sich in ein auswegloses Dilemma ver-
setzt: entweder strebt man Vollständigkeit an - und kann dann
nur einen relativ kleinen Sektor behandeln - oder man beschränkt sich auf die wichtigsten Fragestellungen - und ist
dabei gezwungen, interessante Details ausser Acht zu lassen,
weil sie für den Gesamtbereich vielleicht doch nicht so
erheblich sind.

Die vorliegende Arbeit will einen Überblick über theoretische
Vorstellungen und über empirische Ergebnisse des Teilgebietes
der Sozialpsychologie liefern, das allein durch das For-
schungsobjekt, nämlich die Kleingruppe, bestimmt ist. Das
Dilemma bei der Auswahl und Behandlung der Fragestellungen
wurde gelöst, indem die klassischen Themen einbezogen sind
und einige neuere Entwicklungen, wie z.B. die Psychologie der
Hilfeleistung, ausgeklammert bleiben. Bei der Auswahl der
Literatur wurden ältere Arbeiten auf die sich die Kleingruppenforschung bis 1960 fast ausschliesslich stützte und die
auch in einigen amerikanischen Büchern heute noch ausführlich
dargestellt ist, nur aufgenommen, wenn sie zu "Klassikern"
geworden oder wenn aktuelle Untersuchungen selten sind. Zum
Ausgleich für diesen Verzicht wurde versucht, die Veröffent-
lichungen danach, die oft zu einer Differenzierung der ursprünglichen Ergebnisse zwingen, stärker zu berücksichtigen.

Da eine vollständige Darstellung der relevanten Literatur ein
utopisches Ziel wäre, sind die zitierten Arbeiten jeweils nur
als Beispiele für die theoretische und empirische Behandlung
der einzelnen Problemgebiete ausgewählt. Für den Leser, der
an einer näherungsweise vollständigen Besprechung der Publikationen zu einem Thema interessiert ist, sind jeweils neuere
Übersichtsreferate zitiert.

Mein Dank gilt dem Mitherausgeber der Teubner Studienskripten, Herrn Prof. Dr. E. Sahner, für seine Koordinationsarbeit und Frau D. Blum für die Erstellung des Manuskripts.

Damit die zweite Auflage wieder einen Umfang aufweist, der noch verhältnismässig rasch zu bewältigen ist, sind nur wenige grundsätzliche Ergänzungen angefügt. Zusätzlich sind, obwohl ich gerne noch so relevante Themen wie die Crowding- oder die Deindividualisationsforschung behandelt hätte, neuere Entwicklungen eingearbeitet, die diese "Kleingruppenforschung" zu einer aktuellen Einführung machen sollen.

Freiburg, im März 1985
H.-D.S.

Inhaltsverzeichnis

1. EINFÜHRUNG

Die Kleingruppenforschung ist ein Kind des 20. Jahrhunderts.
Daran ändert auch nichts, wenn sich gewisse Verbindungslinien
zu PLATO und ARISTOTELES ziehen lassen (s. GOLEMBIEWSKI,
1962, 9f.) und wenn Literaten in ihren Aphorismen schon
Einsichten in Zusammenhänge festhielten, die in den letzten
40 Jahren näher untersucht wurden (z.B. SCHILLER: "Jeder,
sieht man im einzeln, ist leidlich klug und verständig,/ Sind
sie in corpore, gleich wird euch ein Dummkompf daraus"; nach
HOFSTÄTTER, 1957a, 9; oder LA ROCHEFOUCAULD, o.J., 51: "Die
vollkommene Tapferkeit besteht darin, dass man ohne Zeugen
vollbringt, was man vor den Augen aller Welt zu vollbringen
imstande wäre").

Der Anfang der KLeingruppenforschung und ihre bald stürmische
Expansion wird durch die vielzitierte Aufstellung von STRODT-
BECK & HARE (1954) dokumentiert, die eine rasante Zunahme der
Publikationen vor allem zwischen 1920 und 1953 erkennen
lässt. (Tabelle 1). Diese Bibliographie wurde nicht fortge-
schrieben, so dass eine genaue Statistik über die weitere
Entwicklung fehlt. Es liegen jedoch Hinweise für eine wei-

Tabelle 1: Zahl der Publikationen auf dem Gebiet der Kleingruppenforschung von 1890 bis 1953 (nach STRODTBECK & HARE,
1953)

Zeitabschnitt	Publikationen	Publikationen pro Jahr
1890–1899	5	0,5
1900–1909	15	1,5
1910–1919	13	1,3
1920–1929	112	11,2
1930–1939	210	21,0
1940–1944	156	31,2
1945–1949	276	55,2
1950–1953	610	152,5
1967–1972	ca. 3400	566,7 [*]

[*] Besprechungen in Psychological Abstracts nach HELMREICH et
al. 1973

tere quantitative Ausweitung vor (HELMREICH, BAKEMAN & SCHER-
WITZ, 1973), mit der allerdings eine Abnahme der Begeisterung
und der theoretischen Durchdringung einhergehen soll (KRUSE,
1972, HELMREICH et al. 1973, STEINER, 1974).

Eine Auszählung aller Beiträge, die das Stichwort "Gruppe" im
Titel enthalten, wie sie vom Autor über einen Literatur-
suchdienst für die Jahre 1967 - 1983 vorgenommen wurde, dokumentiert, dass das Interesse an Fragen der Gruppenpsychologie
bis in die letzten Jahre weiter zugenommen hat (Abb. 1).

Abb. 1: Zahl der Publikationen mit den Stichwort "Gruppe"
im Titel seit 1967

Wenn man die künftige Entwicklung linear extrapoliert, gelangt man je nach den Ausgangsdaten zu einem weiteren Anstieg
der gruppenpsychologischen Publikationen. Allerdings steht
die Annahme einer unveränderten weiteren Entwicklung auf
schwachen Füssen: die fundamentalen globalen Veränderungen in
den nächsten Jahrzehnten könnten auch ihre Auswirkungen auf
den Umfang der gruppenpsychologischen Forschung zeigen.

STEINER (1974) erwartete ein baldiges Erwachen der Kleingruppenforschung aus ihrem selbstverschuldeten "Winter-
schlag". Selbstverschuldet, weil sie zwar ausgezeichnete
Experimente durchführte, dabei aber eine wagemutige und kreative Theoriebildung vernachlässigte. Die gesellschaftliche
Entwicklung mit der wachsenden Konfliktanfälligkeit der kleineren sozialen Einheiten, die weder von einer Soziologie der
Grossorganisationen noch von einer Individualpsychologie Rat
und Hilfe erhalten können, wird nach STEINER wieder zu einer
verstärkten Beachtung der Kleingruppe führen und das Interesse eines grösseren Anteils der herausragenden Sozialwissen-
schaftler auf die Gruppe lenken. PAULUS (1980, X) nimmt für
das von ihm herausgegebene Werk in Anspruch, STEINER'S Prognose zu erfüllen, weil es Antworten auf neue Fragestellungen
präsentiert. Vielleicht sollten wir uns aber noch etwas ge-
dulden, bis die Kleingruppenforschung in ihrer Bedeutung
einen aufsehenerregenden Sprung nach vorne machen wird.

Nun ist es leicht, über künftige Entwicklungen zu spekulie-
ren. Solange keine empirisch fundierten Prognosen möglich
sind, genügt es, den unbefriedigten Bedarf der Umwelt an
abgesicherten Informationen über Intra- und Intergruppenpro-
zesse festzustellen, die eine Intensivierung und vielleicht
auch Neuorientierung der Forschung gutheissen würde. Gleichzeitig darf nicht übersehen werden, wie umfangreich das bis
heute erarbeitete Wissen schon ist. Auch der Bestand an
Denkmodellen und an theoretischen Ueberlegungen gestattet es,
trotz aller Wünsche nach weiteren theoretischen Einsichten
schon jetzt, viele Prozesse zu verstehen. Andererseits ist
gerade in den letzten zwei Jahrzehnten die Kritik an den
Methoden der Sozialwissenschaften und damit auch an der
Kleingruppenforschung gewachsen (z.B. MERTENS & FUCHS, 1978).
Es werden dabei vor allem folgende Argumente vorgebracht:

- Die sozialwissenschaftliche Forschung ist durch <u>Voreinge-
  nommenheit</u> <u>aufgrund</u> <u>spezifischer</u> <u>Menschenbilder</u> gekenn-

zeichnet. Vorannahmen, wie die Einschränkung auf beo-
bachtbares Verhalten durch den Behaviorismus, die Hypothese der Ich-Es-Ueberich-Struktur durch die Psychoanalyse oder die Rationalität menschlichen Verhaltens durch
die   Entscheidungstheorien können verhindern, dass die
ganze Vielfalt der Einflussfaktoren auf das Verhalten zum
Gegenstand der Forschung wird. Die Forderung nach einem
Theorienpluralismus, wie sie schon THOMAE (1966) erhoben
hatte und nach Unparteilichkeit der Forschung sind oft
nicht erfüllt.

- Die sozialwissenschaftliche Forschung ist für Anwendungen
in Praxisfeldern nicht brauchbar. Diese ungenügende Relevanz wurde im deutschen Sprachraum u.a. von HOLZKAMP
(1972, 10) engagiert vorgetragen:

"Man könnte darlegen, dass die experimentelle Forschung
in immer wachsendem Masse und mit exakten Methoden Be-
langlosigkeiten und Trivialitäten zutage fördert"

Notwendig sei es, solche Fragestellungen in den Sozialwissenschaften zu untersuchen, die eine "äussere Relevanz" besitzen, die also für Probleme des Alltags Ver-
haltensanweisungen liefern.

- Die wichtigsten Methoden der Datengewinnung, das Experiment und die Befragung, sind Quellen von Artefakten. Die
immer umfangreichere Literatur (z.B. BARBER, 1976, BAY
1981, BUNGARD, 1980, BUNGARD & LÜCK, 1974 GNIECH, 1976,
ISRAEL & TAJFEL, 1972, JUNG, 1982, MASCHEWSKY, 1977,
MERTENS, 1975, ROSENTHAL, 1976) hat nachgewiesen, dass
durch Fehler in der Stichprobengewinnung, in der Auswertung, in der Gestaltung der Versuchs- oder Befragungssi-
tuation usw. nicht die Realität, sondern eine künstliche
Welt beschrieben werden kann. Solange die Struktur der
experimentellen Realität der Struktur von Alltagssituationen nicht entspricht, wird die sozialwissenschaftliche

Forschung nur l'art pour l'art, nicht aber für Alltags-
probleme brauchbar sein.

- Die Ergebnisse sozialpsychologischer Forschung sind <u>kul-
tur- und zeitgebunden</u>. Theorien werden in dem Rahmen
einer Kultur entwickelt und spiegeln damit Grundannahmen
dieser Umgebung. So wird beispielsweise gefragt, ob die
von Konsistenztheorien postulierte Tendenz nach Wider-
spruchsfreiheit der Bewusstseinsinhalte auch für ostasia-
tische Kulturen gilt oder ob dort vielmehr Toleranz für
fehlende Uebereinstimmungen gelernt wird. MOSCOVICI
(1972) kennzeichnet die gegenwärtige Sozialpsychologie
als "social psychology of the nice person", die durch das
Selbstbild des US-Amerikaners beeinflusst sei. Kulturen
wandeln sich. Deshalb betont GERGEN (1973), dass sozialpsychologische Befunde nur für die historische Epoche
gelten, in der sie erhoben wurden. Das wird deutlich bei
den Arbeiten zu Unterschieden im Konformitätsverhalten
von Männern und Frauen: frühe Studien finden bei Frauen
meistens eine höhere Konformitätsrate; neuere Untersuchungen, die mit weiblichen Versuchspersonen, die ein
geändertes Selbstbild aufweisen, gearbeitet haben dürften, zeigen inhaltlich keine Differenzen mehr (EAGLY,
1978).

Solche Ueberlegungen rechtfertigen ein gutes Stück Skepsis
auch gegenüber den Erkenntnissen der Kleingruppenforschung.
Kein Untersuchungsbefund darf unbesehen akzeptiert werden.
Die Einschränkungen des Untersuchungsfeldes durch implizite
Grundannahmen, die Möglichkeit artefizieller Resultate wegen
Fehlern in der Datengewinnung und -auswertung, die Gefahr,
dass Befunde auf strukturell unterschiedliche Situationen
übertragen werden könnten und die Frage, ob eine Problem-
stellung vom Standpunkt des Beurteilers aus überhaupt wert
ist, näher erforscht zu werden, sollten immer zur kritischen
Lektüre gehören. Man ginge jedoch zu weit, wenn man alle

Ergebnisse zurückweisen würde. Ein grosser Teil des inzwischen vorhandenen Wissensstandes der Kleingruppenforschung dürfte auch einer kritischen Prüfung zumindest innerhalb eines klar abgegrenzten Geltungsbereiches valide sein.

Darüber hinaus sollten bestehende Ansätze zur Ueberwindung der Krise (s. MERTENS & FUCHS, 1978) weitergeführt und neue Ideen entwickelt werden.

Es ist Ziel dieser Monographie, die vom Standpunkt des Verfassers wichtigsten Problembereiche der Kleingruppenforschung in einer Auswahl der veröffentlichten Theorien und Untersuchungen zu referieren und kritisch zu würdigen. Vielleicht wird damit manchem Studenten/mancher Studentin der Sozialwissenschaften ein Anreiz gegeben, sich mit der Materie intensiver zu beschäftigen als es hier geschehen kann, adäquatere Theorien zu entwickeln, neue Versuchsanordnungen zu entwerfen oder bisher ausser Acht gelassene Fragen in das Denken einzubeziehen, so dass er/sie mit dazu beiträgt, die Voraussage STEINER's zu erfüllen, nach der wir in der Zukunft mit einer gewichtigeren Rolle der Kleingruppenforschung in der Disziplin der Sozialpsychologie zu rechnen haben.

2. <u>DER GRUPPENBEGRIFF</u>

Wie viele andere sozialpsychologische Termini - z.B. Rolle, Konflikt, Macht - ist der Begriff "Gruppe" der Alltagssprache entnommen. Die scheinbare Problemlosigkeit der allgemeinverständlichen Bezeichnung birgt die Gefahr einer ungenauen Abrenzung gegenüber verwandten Konzepten und damit einer von Autor zu Autor unterschiedlichen Bedeutung in sich. An die Stelle eines zunächst offensichtlich eindeutigen BEgriffes tritt dann allmählich ein breites Spektrum ähnlicher, aber nicht deckungsgleicher Verwendungen. Diese Entwicklung trifft auch auf die "Gruppe" zu.

Ethymologisch geht das Wort auf den althochdeutschen "kropf"
in der Bedeutung des Knotens und der Verknotung von Lebens-
linien mehrerer Personen zurück. Anfangs des 18. Jahrhunderts
wurde das Wort Gruppe aus dem Französischen von der bildenden
Kunst zur Bezeichnung von zusammengehörigen Objekten in einer
Bildkomposition rückentlehnt (HOFSTÄTTER, 1957a, 177).

Die marxistische Sozialpsychologie zieht den Begriff "Kollektiv" vor, der aus dem lateinischen collegere = zusammenlesen,
sammeln stammt und damit zunächst eine Ansammlung von Menschen bezeichnet. Es herrscht jedoch die Tendenz, "Kollektiv"
zu reservieren für Gruppen,

> "die über die für die sozialistische Gesellschaft adäqua-
> ten funktionierenden Werte"

verfügen (HIEBSCH & VORWERG, 1967, 219). Das Kollektiv ist
somit eine wertende Kennzeichnung einer sozialen Einheit, die
den sozialistischen Vorstellungen entspricht.

Die Uneinheitlichkeit der Verwendung des Gruppenbegriffs wird
oft bestaunt und beklagt. So wundert sich SCHARMANN (1959,
16):

> "Es ist merkwürdig, mit welcher Zähigkeit sich das Wort
> Gruppe zur Charakterisierung irgendwie gearteter mit-
> menschlicher Kontakte und Kontaktgebilde in den ein-
> schlägigen Sozialwissenschaften hält, obwohl es nur weni-
> ge termini technici gibt, deren begriffliche Bedeutung so
> wenig festgelegt und geklärt ist."

KRUSE (1972, 1540) denkt an die Mannigfaltigkeit der
Sozialgebilde, die als Gruppe figurieren:

> "So verschiedenartig die Formen der Gruppen sind, in
> denen der Mensch lebt, an denen er sich orientiert und
> die sein Erleben und Verhalten bestimmen, so vielfältig
> sind auch die geschichtlichen Entwicklungslinien, die zur
> Kleingruppenforschung als Gegenstand der verschiedenen
> Wissenschaftsbereiche, vor allem aber der empirischen
> Psychologie und Soziologie führen, und so unterschiedlich

sind auch die Gruppenkonzeptionen, die daraus resultierenden Operationalisierungen und experimentellen Realisationen."

Es ist daher schwierig, vielleicht sogar unmöglich, eine weithin akzeptierte Definition zu finden. CARTWRIGHT & ZANDER (1968, 45) bemerken:

> "Because of the multiplicity of properties possessed by groups it is difficult to formulate a definition of group that encompasses the full variety of groups encountered in society and still provides a clear distinction between those social entities to be called "groups" and those to be given some other name."

Wenn wir auch nicht das Unmögliche leisten wollen, so möchten wir doch zumindest eine Vorstellung davon vermitteln, welche Kriterien in der Regel erfüllt sein müssen, damit in der Literatur von "Gruppe" gesprochen wird. Selbstverständlich basieren die folgenden Bemerkungen nicht auf einhelligen Meinungen; sie stellen vielmehr Modalwerte dar, die sich bei Durchsicht wichtiger Autoren ergeben. Wir werden dabei auf die Kriterien Grösse, Interaktion, Normen, Struktur, Gruppenbewusstsein und Dauer eingehen.

2.1. Bestimmungskriterien der Gruppe

2.1.1. Mitgliederzahl

In der Literatur herrscht Einigkeit darüber, dass eine Person allein noch keine Gruppe darstellt. Deshalb wird die Mehrzahl von Mitgliedern als ein konstituierendes Element der Gruppe genannt. So sprechen beispielsweise Mills (1967, 2) oder TAYLOR & KLEINHANS (1967, 377) von "zwei oder mehr Personen", HOFSTÄTTER (1957a, 22f.) vom "Mensch im Plural", OLMSTEDT (1971, 23) von einer "Vielfalt von Individuen" und HOMANS (1960, 29) von einer "Reihe von Personen".

EISERMANN (1969) schlägt indessen vor, die Zweiergruppe nicht unter den allgemeinen Gruppenbegriff zu fassen, weil beim

Ausscheiden nur eines Mitgliedes diese soziale Einheit zerfallen wäre. Auch CAPLOW (1972) will die Dyade wegen ihrer Sonderstellung noch nicht als Gruppe bezeichnen. Wollte man diesen Argumentationen folgen, müsste auch die Triade ausgeschlossen werden, weil sie beim Abgang eines Partners in die Nicht-Gruppe "Dyade" übergeht und weil sie sich in strukturellen Eigenschaften von der Tetrade und grösseren Einheiten unterscheidet. Da dieses Spiel strenggenommen fortgesetzt werden müsste, gelangte man nie zu einer Grenze, von der an mit voller Berechtigung von Gruppe gesprochen werden kann. Es erscheint daher sinnvoller, auch die Dyade als Gruppe anzusehen, sofern die übrigen Kriterien erfüllt sind. Die besondere gegenseitige Abhängigkeit der beiden Partner sollte jedoch als eine von mehreren Sonderbedingungen der Zweiergruppe gewertet werden, die eine bedenkenlose Uebertragung von Dyadenergebnissen auf grössere Gruppen verbietet.

Eine zahlenmässige Begrenzung der Gruppe nach oben erfolgt selten. Nur wenn einzelne Autoren den universellen Begriff der Gruppe mit dem der Kleingruppe (s.S. 32 ff.) gleichsetzen, schränken sie den Geltungsbereich ein. So erklärt BATTEGAY (1968, 11):

> "Unter dem Begriff _Gruppe_ verstehen wir ein hochorganisiertes soziales Gebilde, das aus einer meist kleinen Zahl von wechselseitig in Beziehung stehenden Individuen zusammengesetzt ist."

Auch HOMANS (1960, 29) spricht von einer Reihe von Personen,

> "deren Anzahl so gering ist, dass jede Person mit allen anderen Personen in Verbindung treten kann und zwar nicht nur mittelbar über andere Menschen, sondern von Angesicht zu Angesicht."

Um eine Kontamination des allgemeineren Terminus Gruppe mit dem nachgeordneten Begriff Kleingruppe zu verhindern, sollte die gebräuchliche Offenheit der Mitgliederzahl nach oben nicht aufgegeben werden. Dabei ist zu beachten, dass sich mit dem Anstieg der Mitgliederzahl gleichzeitig _qualitative_ _Änderungen_ vollziehen: die Gruppe wird unübersichtlicher, die Kommunikation wird erschwert und muss sich neuer Medien bedienen, eine Aufgliederung in Untergruppen mit relativer Selbständigkeit setzt ein usw.

So wie die Dyade durch bestimmte Eigenschaften ausgezeichnet ist, gelten auch für Gruppen mit Tausenden oder Millionen von Mitgliedern spezifische Bedingungen. Die verbreitete Tendenz, vom Mikrokosmos der Kleingruppe auf Makroeinheiten ganzer Nationen zu schliessen, übersieht den qualitativen Sprung, der als modifizierende Bedingung zu berücksichtigen ist. Das Problem, wie Untersuchungsbefunde, die an Gruppen einer bestimmten Grösse gewonnen wurden, auf grössere oder kleinere Gruppen übertragen werden können, ist noch nicht gelöst. So sind wir gezwungen, Generalisationen von Kleingruppenbefunden auf Grossorganisationen in Form von Hypothesen zu versuchen, die erst nach mehrfacher empirischer Bestätigung akzeptiert werden können.

2.1.2. Interaktion

Dass die Mitglieder einer Gruppe miteinander kommunizieren, ist explizit oder implizit Bestandteil fast aller Definitionen. Man spricht von "Wechselbeziehungen" (z.B. HARTLEY & HARTLEY, 1955, 265), "Interaktion" (z.B. Hare, 1962, 10, HOMANS, 1960, 102), der "face-to-face interaction" (z.B. CROSBIE, 1975, 2), "Kontakt" (z.B. MILLS, 1967, 21), die Mitglieder sind "interrelated" (MC DAVID & HARARY, 1968, 237) sie spielen "wechselseitig aufeinander abgestimmte soziale Rollen" (FICHTER, 1969, 71), es sind "people who affect one another" (KIESLER, 1978, 53). Als Voraussetzung für die Einflussnahme eines Gruppenmitglieds auf die Partner, aber auch für die Einwirkung der Gruppe auf ihre Mitglieder oder auf ihre soziale Umgebung kommt der Interaktion eine Schlüsselbedeutung zu.

Art und Intensität der Interaktion variieren innerhalb eines breiten Spielraumes. Eine sehr reduzierte Form liegt vor, wenn Individuen nur davon unterrichtet sind, dass ausser ihnen auch andere Personen dieselbe Aufgabe bearbeiten. Einseitig und zweiseitig gerichtete nichtverbale oder verbale

Kommunikationen liegen eher im Mittelbereich des Kontinuums, während man die zusätzliche Benutzung körperlicher Kontakte am Gegenpol anordnen könnte.

Wie die _Mittel_ der Interaktion auf einem Kontinuum angeordnet werden können, variiert auch die _Häufigkeit_. Da auch noch die Unterscheidung zwischen _direkten_ und _indirekten_ Beziehungen getroffen werden kann, ergibt sich eine Vielfalt von Abstufungen, die ahnen lässt, welche unterschiedlichen sozialen Konfigurationen unter dem Titel "Gruppe" subsumiert sind.

LEWIN (1963, 183 f.) hatte schon 1939 auf eine Folge der Interaktion zwischen den Gruppenmitgliedern hingewiesen: auf deren Inderdependenz. Auch HOFSTÄTTER (1966, 154) betont diesen Aspekt:

> "Als Gruppe bezeichnet man eine Anzahl von Organismen, deren Verhalten einer wechselseitigen Steuerung unterliegt. Was ein Mitglied einer Gruppe tut, beeinflusst das Tun aller oder einzelner anderer und ist seinerseits auf Aktionen dieser anderen abgestimmt."

Damit ist aber über die reine Interaktion hinaus als Bedingung für die Gruppe vorgeschlagen, dass diese Interaktion Wirkungen zeigt. Einige dieser Wirkungen werden als weitere konstitutive Kritierien für die Gruppe genannt.

2.1.3. Strukturierung

Die Wechselbeziehungen der Gruppenmitglieder führen - vor allem in der Realisierung der gemeinsamen Ziele - zur Aufgabenteilung und damit zur Zuordnung spezifischer Rollen an bestimmte Personen. Mit diesen Rollen sind ihrerseits Positionen unterschiedlichen Ansehens verknüpft, so dass sich eine Rangordnung für die einzelnen Gruppenmitglieder herausbildet. Es können auch Untergruppen mit speziellen Aufgaben und mit einem bestimmten Status entstehen. In einer konkreten Situation werden sich an die einzelnen Partner ganz bestimmte

Erwartungen richten, wodurch eine Aufgabe rasch und möglichst
kompetent gelöst werden kann.

Die Strukturierung nach Aufgaben und nach Prestige ist labil.
Wegen der Interdependenz der Mitglieder und wegen der wechselnden Umweltanforderungen sind Änderungen jederzeit möglich.

Da der Grad der Strukturierung zwischen einer minimalen Gliederung und einer sehr differenzierten Ausfächerung schwanken
kann, trägt auch dieses Kriterium zur genaueren Beschreibung
einer Gruppe bei.

2.1.4. Gemeinsame Normen

Infolge der gegenseitigen Einflussnahme der Gruppenmitglieder
bilden sich gemeinsame Verhaltensrichtlinien oder Normen
heraus: es pendelt sich ein, welche Verhaltensweisen erlaubt
sind, welche Einstellungen und Ueberzeugungen akzeptiert
werden und welche Ziele zu verfolgen sind. Diese normativen
Erwartungen beziehen sich entweder auf die Inhaber bestimmter
Positionen oder auf alle Gruppenmitglieder.

Die Gruppe wacht darüber, ob die Vorschriften eingehalten
werden. Bei Erfüllung erteilt sie Belohnungen, z.B. in Form
von Anerkennung, Zustimmung oder materiellen Vorteilen. Kommen Abweichungen vor, so werden Sanktionen in Form von Ver-
achtung, Entzug von Privilegien, materiellen und körperlichen
Strafen verhängt; im Extremfall kommt es auch zum Ausschluss
aus der Gruppe.

Selbstverständlich ändern sich die Gruppennormen wie die
Gruppenstruktur in Abhängigkeit von der Situation der Gruppenmitglieder, von den Gruppenzielen und von der Umgebung.

MARCH (1954) entwickelte eine Typologie von Gruppennormen (s.

auch ASCHAUER, 1970). Der erste Typus, die <u>Norm als uner-</u>
<u>reichbares Ideal</u>, führt zu monoton ansteigender Zustimmung
der Gruppe, je mehr sich das Individuum den Idealvorstellun-
gen nähert (Abb. 2). Beispielsweise sollte ein Wissenschaft-
ler umso mehr Anerkennung unter Kollegen erreichen, je mehr
seine Arbeit von wissenschaftlichen Grundsätzen getragen ist.
Er wird jedoch nie an das Ziel totaler Wissenschaftlichkeit
herankommen, weil methodische Schwächen immer noch besser
umgangen oder theoretische Zusammenhänge noch widerspruchs-
freier formuliert werden könnten. Die <u>Norm als erreichbares</u>
<u>Ideal</u> führt zur wachsenden Anerkennung bis der Standard er-

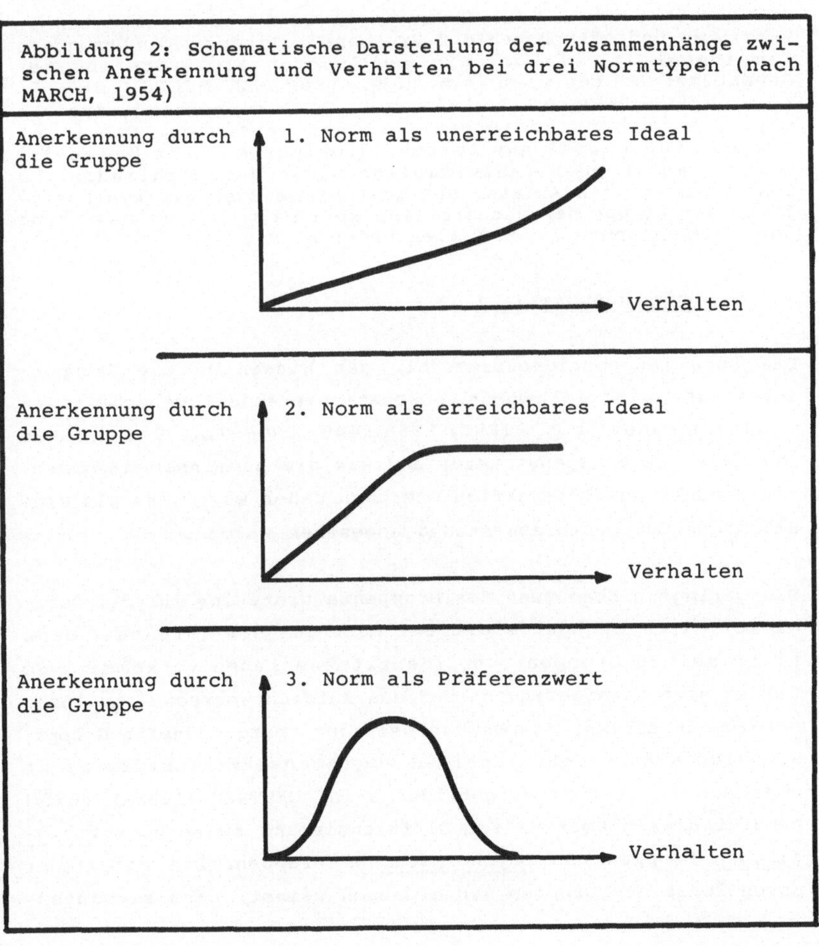

Abbildung 2: Schematische Darstellung der Zusammenhänge zwischen Anerkennung und Verhalten bei drei Normtypen (nach
MARCH, 1954)

füllt ist. Eine weitergehende Berücksichtigung des Zieles ist
nicht möglich oder sie wird sinnlos, wie im Fall der Pünkt-
lichkeit: wer am angesetzten Termin erscheint, findet Anerkennung, die sich nicht steigert, wenn man eine Viertelstunde
früher eintrifft. Die Norm als Präferenzwert liegt vor, wenn
Abweichungen nach oben und nach unten möglich sind und wenn
die Zustimmung der Gruppe anwächst bis zu dem allgemein
akzeptierten Wert, um dann wieder abzufallen. Dieser Normtyp
ist z.B. wirksam bei der Festlegung des Arbeitstempos durch
die Arbeitsgruppe oder bei der Bewertung des Körpergewichts
innerhalb einer Kultur.

Das Resultat normativer Erwartungen sind Gemeinsamkeiten in
Verhalten und Attributen der Gruppenmitglieder. Als besondere
Gemeinsamkeit, die von einigen Autoren als Kriterium der
Gruppe betrachtet wird (z.B. HARE, 1962, 10, MILLS, 1967, 2,
INSKO & SCHOPLER, 1972, 380), gilt das Gruppenziel, das oft
erst die vorher isolierten Personen vereinigt. Dabei ist
dieses Gruppenziel nur selten identisch mit der Summe der
vorher bestehenden individuellen Ziele der Mitglieder. Es
besteht aber kein Anlass, das gemeinsame Ziel als ein Spezi-
fikum der Gruppe herauszustellen, weil es nur eine Auswirkung
der Gruppennormen neben vielen anderen ist.

2.1.5. Gruppenbewusstsein

Das Zusammengehörigkeitsgefühl, das Wissen um die Gruppen-
identität, wird seltener als konstituierende Eigenschaft der
Gruppe genannt (z.B. WIESE, 1966, 449, CROSBIE, 1975, 2). Es
ist, wie die Gruppenstruktur und wie die gemeinsamen Normen,
ein Produkt der Interaktion und kann daher wie diese als eine
sekundäre Gruppenvoraussetzung angesehen werden.

Die geringere Bedeutung des Gruppenbewusstseins für die Definition einer Gruppe resultiert auch aus der Tatsache, dass
nicht selten Gruppen ohne Identitätserleben vorkommen. So
werden sich Strafgefangene und das Aufsichtspersonal zu ihren
Subgruppen zählen; das Bewusstsein der übergeordneten Gruppe,
die sich aus beiden Einheiten zusammensetzt, dürfte nicht
oder nur rudimentär ausgebildet sein. DEUTSCH (1968a, 467f.)
benutzt diesen Umstand zur Differenzierung zwischen soziolo-
gischen Gruppen und psychologischen Gruppen. Die Mitglieder
psychologischer Gruppen sehen danach selbst, dass sie inter-

dependente Ziele verfolgen, während für soziologische Gruppen nur die Tatsache der Interdependenz, nicht aber ihre Wahrnehmung durch die Gruppe entscheidend ist.

2.1.6. Dauer

Die Interaktion zwischen zwei oder mehr Personen kann einen Augenblick lang oder über Jahre fortgeführt werden. Da kurze Wechselbeziehungen nur Ansätze von Gruppenprozessen ermöglichen, lange Kontakte aber die Ausbildung vieler Gemeinsamkeiten gestatten, wird oft eine gewisse Dauer als Voraussetzung für eine Gruppe angesehen.

Dabei wird die Untergrenze nicht bestimmt. Die Kontinuität erscheint nur in sehr allgemeinen Formulierungen wie: "In einer bestimmten Zeitspanne" (HOMANS, 1960, 29), "andauernde Gesamtheit" (FICHTER, 1969, 71) oder "a collection of individuals whose existence as a collection" (BASS, 1960, 39). Ob bei einer Ansammlung von Menschen von "Gruppe" gesprochen werden kann oder nicht, entscheidet sich im Grunde nur an der Interaktion und deren Folgen. Es ist daher überflüssig, die Zeitdimension als weiteres Kriterium aufzunehmen. Sie wird jedoch eine Rolle spielen, sobald der Allgemeinbegriff Gruppe in verschiedene Arten von Gruppen differenziert werden soll.

2.1.7. Zur Beurteilung des Kriterienkataloges

Wir verfügen nur über einen Kriterienkatalog, der uns helfen kann zu entscheiden, ob eine Anzahl von Menschen eine Gruppe bildet oder nicht, der aber gleichzeitig ein Rüstzeug abgibt für die Differenzierung zwischen verschiedenen Gruppen. Wenn wir diesen Katalog vergleichen mit anderen Vorstellungen (s. Tabelle 2) finden wir viele Übereinstimmungen. Die Kriterienliste der fünf anderen Autoren zeichnen sich nur durch eine stärkere Aufgliederung einzelner Punkte aus (z.B.: das

Tabelle 2: Synopse verschiedener Kriterienkataloge zur Bestimmung von Gruppen

Minimalkatalog dieses Buches	CARTWRIGHT & ZANDER (1968, 48)	HARE (1962, 9f.)	v.WIESE (1966, 449)	ANGER (1966, 20)	ASCHAUER (1970, 9)
1. Mitgliederzahl	1. Häufige Interaktion	1. Mehrere Personen (collection of individuals)	1. Relative Dauer und relative Kontinuität	1. Gemeinsames Motiv oder Ziel	1. Kontinuität
2. Interaktion	2. Gruppenzugehörigkeit nach Eigenurteil	2. Interaktion	2. Organisiertheit (Funktionsteilung)	2. System gemeinsamer Normen	2. Rollenspezifizierung
3. Strukturierung[x]	3. Gruppenzugehörigkeit nach Fremdurteil	3. Gemeinsame Ziele oder Motive	3. Vorstellungen von der Gruppe bei den Mitgliedern	3. System von Positionen und Rollen	3. Normen
4. Gemeinsame Normen[x]	4. Gemeinsame Normen	4. Satz Normen	4. Traditionen und Gewohnheiten	4. Gefühlsmässige Wechselbeziehungen zwischen den Mitgliedern	4. Gruppenbewusstsein
5. Gruppenbewusstsein[x]	5. System verbundener Rollen	5. Satz Rollen	5. Wechselbeziehungen zu anderen Gebilden		5. Gruppenziel
6. Dauer	6. Identifikation der Mitglieder mit der Gruppe	6. Netzwerk interpersoneller Anziehung	6. Richtmass		
	7. Belohnungseffekt der Gruppenzugehörigkeit		7. spezifischer Gruppengeist (S. 451)		
	8. Interdependente Ziele der Gruppenmitglieder				
	9. Zusammengehörigkeitsgefühl				
[x] Sekundärkriterien	10. Einheitliches Verhalten gegenüber der Umgebung				

Kriterium "Gemeinsame Normen" umfasst auch die von CARTWRIGHT
& ZANDER aufgeführten interdependenten Ziele der Gruppenmitglieder und das gemeinsame Verhalten gegenüber der Umgebung)
und durch die implizite Annahme der Pluralität von Personen.

Wenn man an Hand einer dieser Listen eine soziale Einheit
danach überprüft, ob sie als Gruppe gelten kann, wird man nur
selten zu einem negativen Ergebnis gelangen. "Gruppe" steht
für eine sehr breite Fächerung von sozialen Gebilden. In
vielen Fällen ist keine feste Grenzlinie zu ziehen, von der
ab mit Sicherheit nicht mehr von einer Gruppe die Rede sein
kann. Man muss HARE (1962, 9) zustimmen, wenn er schreibt:

> "There is no definite cutting point in the continuum
> between a collection of individuals, such as one might
> find waiting for a bus on a corner, and a fully organized
> "group"."

Auch CAPLOW (1972), 17) weist auf die verschwimmenden Grenzen
des Gruppenbegriffs hin:

> "It follows from this definition, that the "groupness" of
> a group is a matter of degree."

GOLEMBIEWSKI (1962) stellt sich die Frage, ob ein so allgemeiner Terminus wie "Gruppe" überhaupt noch nützlich ist. Er
gelangt zu dem Schluss, das Gruppenkonzept sei ebenso nützlich, wie der Begriff "Tier" wertvoll ist, obwohl damit
primitive einzellige Lebewesen und hochentwickelte Säugetiere
umschrieben werden. Er erlaubt nämlich, Organismen mit fundamentalen Gemeinsamkeiten eindeutig gegenüber anderen Objekten
abzugrenzen. Wenn eine Anzahl von Menschen als Gruppe bezeichnet wird, ist sie daher abgehoben von allem, was mit
einem anderen Gattungsbegriff belegt ist. In Anlehnung an
HOFSTÄTTER (1957a, 23) ist in Abbildung 3 eine solche Systematik der menschlichen Gesellungsform versuchsweise zusammengestellt.

Für Wissenschaften, die sich mit den Bedingungen und Ausprä-
gungen des kollektiven Lebens befassen, ist jedoch eine stärkere Differenzierung des Gruppenbegriffs unumgänglich, genau
so wie die Biologie die Tiere in Stämme, Klassen, Ordnungen
und Familien unterteilt und dabei zu einer immer stärkeren
Verwandtschaft der angetroffenen Exemplare gelangt.

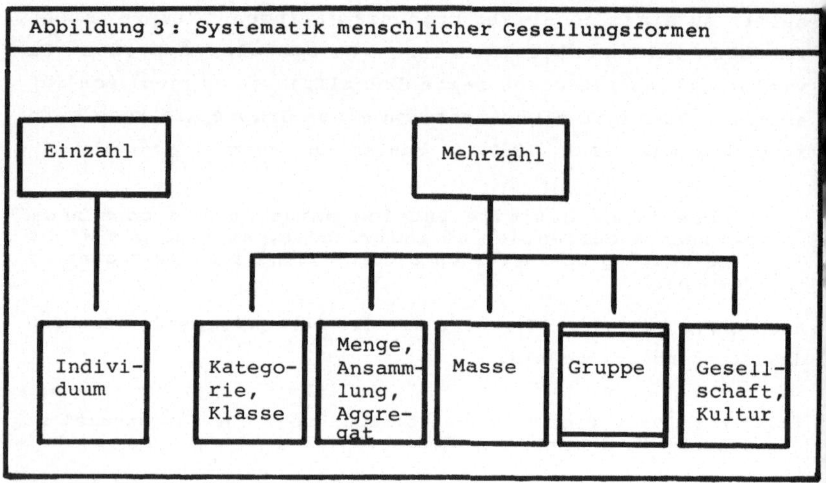

2.2. Verwandte Begriffe

Um die Bedeutung des Gruppenbegriffes weiter zu klären, wollen wir uns einigen verwandten Begriffen zuwenden.

2.2.1. Kategorie oder Klasse

"Eine Klasse umfasst sämtliche Träger der zum Definitions-
merkmal erhobenen Eigenschaftskombination" (HOFSTÄTTER;
1957a, 22)

So repräsentieren die Arbeitnehmer in der Metallindustrie
oder die Bevölkerung über 65 Jahre Klassen. Trotz einiger

Gemeinsamkeiten haben wir es nicht mit Gruppen zu tun. Darauf hatte LEWIN (1963) energisch aufmerksam gemacht und als zusätzlich notwendige Eigenschaft die gegenseitige Abhängigkeit der Mitglieder genannt. Sobald die Klassenmitglieder interagieren, entwickeln sich die sekundären Gruppenkriterien und eine Gruppe entsteht. Wie schwer es jedoch sein kann, aus zahlenmässig starken Klassen Gruppen zu machen, lässt sich aus mehreren gescheiterten Versuchen in Europa oder auch in den USA ersehen, die Rentner zu mobilisieren, damit sie einheitliche politische Ziele vertreten.

Andererseits können Gruppen auch zu Kategorien absinken, wenn ehemals benutzte Kommunikationskanäle verschwinden und eine Integration der Personen in andere Einheiten erfolgt, wie das mit den hochorganisierten Flüchtlingsverbänden in Deutschland nach dem 2. Weltkrieg oder mit den ehemaligen Kriegsteilnehmern geschehen ist.

Gelegentlich kommt es vor, dass man Klassen mit Gruppen verwechselt und bei ihnen die Existenz der Sekundärkriterien voraussetzt. So stellen z.B. die Studenten einer Nation nur eine Kategorie dar. Die kühne Annahme, durch Erfüllung der Forderungen einiger Antragsteller die vermeintlich gleichlautenden Wünsche der Gesamtstudentenschaft zu befriedigen, wird ganz einfach durch die Tatsache der Interessendivergenz der Klassenmitglieder aufgrund unterschiedlicher Gruppenzugehörigkeiten widerlegt.

2.2.2. Ansammlung, Aggregat oder Menge

Bei einer Ansammlung, einem Aggregat oder einer Menge haben wir es mit Individuen zu tun, die sich in räumlicher Nähe aufhalten, ohne Wechselbeziehungen und in deren Folge eine Struktur und gemeinsame Normen entwickelt zu haben. Es sind

"... alle Personen, die zur gleichen Zeit am gleichen Ort
- z.B. in einer U-Bahnstation - anwesend sind"
(HOFSTÄTTER, 1957a, 22).

Es sind die Wartenden am Bahngleis, die Bummler in der City,
die neuangekommenen Rekruten vor der Begrüssung und Einführung in die neue Organisation. Diese Beispiele zeigen, wie
die Menge aus einzelnen Individuen zusammengesetzt sein kann,
sofern diese Personen (noch) beziehungslos nebeneinander zu
finden sind. Wegen der räumlichen Nähe sind eine Interaktion
und eine nachfolgende Normierung leicht möglich. Hier erleben
wir den direkten Uebergang zur Gruppe. In Ausnahmefällen ist
als Zwischenstadium die Zustandsform der Masse eingeschaltet.

2.2.3. Die Masse

Die Masse ist eine Menge mit gemeinsamem Ziel. Wenn KRONER
(1972, 1458) als Definition vorschlägt:

> "Unter der aktuellen Masse wird verstanden, dass sich (a)
> viele (b) unterschiedliche Menschen, die sich (c) un-
> tereinander nicht kennen, (d) an einem Ort (e) dicht
> gedrängt (f) ohne eine feste, vorgegebene soziale Struk-
> tur (g) auf ein gemeinsames Objekt konzentrieren",

so hat er in dieses Konglomerat alles aufgenommen, was je zur
Masse gesagt worden ist, mit der Ausnahme, dass die Konzentration auf das gemeinsame Objekt mit starken Emotionen verbunden sein soll (s. z.B. ALLPORT, 1924, 292). Gerade die
Kennzeichnung der Masse durch eine starke emotionale Tönung
und die negative Bewertung der spontanen Verhaltensweisen
durch die frühen Massentheoretiker LE BON (1973), ORTEGA Y
GASSET (1964) und SIGHELE (1891) hat zu dem starken Interesse
philosophisch-antropologisch orientierter Kreise an Massener-
scheinungen geführt. Die Masse als irrationale, beeinfluss-
bare, leichtgläubige, herrschsüchtige, in der Anonymität

gedeckte, einheitlich handelnde Zusammenrottung von Menschen ist jedoch ein sehr seltenes Phänomen. Paniksituationen im Theater ereignen sich zum Glück fast nie. Da sie nicht vorausgesagt werden können, entziehen sie sich der kontrollierten Beobachtung. Die abwertenden Beschreibungen der Masse hatten wohl - wie HOFSTÄTTER (1957a) meint - die Funktion, den Leser im Bewusstsein seiner Überlegenheit zu bestärken und sollten deshalb sehr kritisch gesehen werden.

Da die Masse ausserdem zur Organisation und damit zum Übergang zur Gruppe neigt, empfiehlt es sich, anstelle des gefühlsgeladenen Massekonzeptes den wertfreieren Begriff der Gruppe zu verwenden und die der Masse nachgesagten Eigenschaften - wenn sie überhaupt in dieser Form existieren - aus den Ergebnissen der Einstellungsforschung, der Gruppenpsychologie und der Kommunkationsforschung zu verstehen.

Masse, diese rare und bisher kaum fassbare kurzzeitige Konfiguration vieler Menschen sollte somit entmythologisiert und als kurzes Zwischenstadium zwischen Menge und Gruppe gesehen werden.

2.3. Klassifikationsversuche der Gruppenarten

Wir stellten fest, dass es sinnvoll ist, den allgemeinen Gruppenbegriff in mehrere Kategorien zu unterteilen, damit die besonderen Auswirkungen einzelner Spielarten nicht auf alle Gruppen übertragen werden. Nur durch eine ausreichend differenzierte Gruppentypologie lassen sich Missverständnisse bei der Nutzung von Forschungsergebnissen vermeiden. Die Gruppenpsychologie verfügt noch nicht über eine allgemein anerkannte theoriebezogene Systematik der Gruppenarten. Bis heute sind erst einzelne Typen vorgeschlagen worden, ohne dass die Beziehung zwischen ihnen so abgeklärt wäre, wie beispielsweise die Systematik der Elemente in der Chemie oder die Tier- und Pflanzensystematik in Zoologie und Botanik. Wir werden uns den bestehenden Klassifikationen trotz gewisser Zufälligkeiten ihrer Entstehung und der gelegentlichen Theorieferne deshalb zuwenden, weil sie zur Differenzierung von Befunden beitragen können.

Dabei werden wir uns zunächst an die Gruppenkriterien halten, die es ja erlauben, konkrete Gruppen auf einem Kontinuum von einer schwachen bis zu einer starken Ausprägung des Merkmals einzuordnen. Da jedoch die Klassifikationen über die einzelnen Kriterien hinausgehen, werden wir uns bald von diesem Gliederungsprinzip lösen und zusätzliche Gesichtspunkte einbeziehen.

2.3.1. Die Mitgliederzahl als differenzierendes Merkmal

2.3.1.1. Kleingruppe und Grossgruppe

Der Begriff der "Kleingruppe" soll zum ersten Mal von BALES 1946 als Titel eines Seminars verwendet worden sein (HARE, 1962, VII). Die Abtrennung der Kleingruppe von grösseren Gruppen ist ausser wegen der qualitativen Unterschiede vor allem technisch bedingt: die Mehrzahl der empirischen Arbeiten benutzte als ökonomische soziale Einheit Gruppen von 2 bis 8 Personen, weil eine solche Anzahl Studenten, Schulkinder oder Arbeiter relativ leicht zusammengerufen werden kann. In der Folge wurde das gesamte Arbeitsgebiet "Kleingruppenforschung" oder auch "Gruppendynamik" (s. S.260 ff.) genannt.

Seitdem versucht man, zahlenmässig einzugrenzen, in welchem Rahmen von Kleingruppen gesprochen werden soll und kommt entweder zu blumenreichen Formulierungen wie "mehr als die Grazien" und "weniger als die Musen" (MC DAVID & HARARY, 1968, 235) oder zu mehr oder weniger genauen quantitativen Angaben. HARE (1966, 217) schreibt z.B.:

> "Small groups have from 2 to about 20 members ... Even larger groups can be considered "small" if face-to-face interaction is possible, and collections of fewer than 20

individuals may actually contain several smaller groups."

Genau so rückt ANGER (1966, 19) von der zunächst gewagten Zahlenangabe "zwischen zwei und zwei Dutzend" ab:

"Es gibt keinen genau angebbaren Gruppenumfang, oberhalb dessen man notwendig von einer "grossen" und unterhalb dessen man in jedem Falle von einer "kleinen" Gruppe sprechen müsste."

SHAW (1981, 3) relativiert ebenfalls zahlenmässige Grenzen:

"For example, a group of thirty persons might function as a small group if all its members were closely related to one another and highly motivated to cooperate toward the achievement of a common goal."

Wenn EISERMANN (1969) Einheiten mit mehr als zwei und weniger als 30 Personen unter den Begriff der Kleingruppe fassen will, entspricht das seiner Ablehnung der Dyade als Gruppe. Er steht damit aber in offenem Gegensatz zu der Forschung, die - nach einer Auszählung von 166 Arbeiten aus den wichtigsten Schulen durch DE LAMATER, MC CLINTOCK & BECKER (1965) - immerhin in 15% der Publikationen Dyaden (neben 40% mit individuenzentrierter und 45% mit transdyadischer Fragestellung) untersuchte.

FRIEDMAN (1978, 37 ff.) spricht von einer "kritischen Gruppe", unter der er die maximale Gruppengrösse versteht, mit der die Funktion der Gruppe noch gesichert bleibt. Je nach der Art der Elemente und der Funktion variiert die Mitgliederzahl der kritischen Gruppe. In der Regel liegt sie im Kleingruppenbereich, wie auch ein illustrierendes Beispiel einer kritischen Gruppe von 12 Personen zeigt.

Andere Autoren (z.B. v. WIESE, 1966, BERNSDORF, 1969) bestimmen die Kleingruppe qualitativ, indem sie ihr Überschaubarkeit, face-to-face-Kontakt und starke emotionale Bindungen zuschreiben. Wenn sich dieser Vorschlag allgemein durchgesetzt hätte, könnte nur ein kleiner Ausschnitt der Kleingruppenforschung der so definierten Kleingruppe gelten, weil sehr viele kleine Gruppen ohne direkten visuellen Kontakt und ohne intensivere Gefühlsbeziehungen untersucht wurden. Es dürfte sinnvoll sein, die genannten Eigenschaften nicht für die Kleingruppe zu reservieren, sondern sie mit der _Primärgruppe_ zu verbinden, der sie auch historisch zuerst zugeordnet wurden.

Die Begriffe Kleingruppe und Grossgruppe sind also nur Resultat eines groben Klassifikationsversuches, um die an sozialen Einheiten mit kleiner Mitgliederzahl gewonnenen Befunde auf die Untersuchungseinheiten zu beschränken und um Übertragungen auf Grossgruppen zu problematisieren. Damit war jedoch nicht ausgeschlossen, dass immer wieder Ergebnisse der Kleingruppenforschung auf Grossgruppen angewendet werden, ohne die besonderen neuartigen Bedingungen ausreichend zu berücksichtigen.

2.3.1.2. Dyaden und Triaden

Schon SIMMEL (1908) hatte auf die Tatsache hingewiesen, dass die "Zweierverbindung" zu bestehen aufhört, wenn nur ein Mitglied ausscheidet, und daraus geschlossen, die beiden Personen seien stärker gegenseitig voneinander abhängig als die Mitglieder jeder anderen Gruppe. Diesen Gedankengängen folgend hatte man in der Dyade maximale Intimität und Intensität der Beziehungen erwartet. V. WIESE (1966) unterstrich mit dem Begriff des "Antipaars", dass die Gefühle nicht nur positiv sondern auch negativ gerichtet sein können.

Diese Annahmen wurden nie genauer geprüft, denn die empirischen Arbeiten verwendeten meist im Labor gebildete Zweiergruppen mit anfänglich weitgehend neutralen Gefühlen. Auch die oft als Beispiele für die Intimitätshypothese angeführten Fälle der Ehe und der Zweierfreundschaften haben keinen Beweiswert, denn sehr starke Intimitätsverhältnisse sind auch dort nur selten.

THIBAUT & KELLEY (1959) benutzen die Dyade als Prototyp, mit dem soziale Einheiten untersucht werden können. Die Dyade erscheint hier als die einfachste Gruppe und nähert sich dem Begriff des Paares bei TARDE (s. KÖNIG, 1958, 105), das als Grundelement der sozialen Beziehungen beschrieben wurde. Die häufig erwähnte Sonderstellung der Dyade ist nach THIBAUT &

KELLEY weniger bedeutsam, weil mit dem Ausscheiden eines Partners nicht jede Möglichkeit zu sozialen Kontakten unterbunden ist. Vielmehr steht beiden Personen der Eintritt in neue Gruppierungen offen.

In der empirischen Forschung wurden die Dyaden nicht zuletzt aus ökonomischen Gründen oft im Sinne einer modellartigen sozialen Beziehung verwendet (s. z.B. Kap. 3.6.).

Auch für die Triade wurde als Charakteristikum die Wirkung des - wenn auch nur temporären - Ausscheidens eines Mitgliedes herangezogen. SIMMEL (1908) beschrieb die resultierenden Konstellationen der Einzelperson gegenüber der Dyade: als Vermittler hält sie die Dyade zusammen oder als Schiedsrichter trägt sie zur Lösung der Konflikte zwischen den beiden anderen Partnern bei; als tertius gaudens profitiert sie vom Zwist zwischen den beiden anderen, indem beide ihre Unterstützung erstreben; als Streitstifter ruft sie Zwistigkeiten zwischen den Partner hervor, um daraus ihre Vorteile zu ziehen; als Ausgeschlossener, worauf z.B. v. WIESE (1966) aufmerksam macht, unterliegt sie dem vereinten Paar.

Die Triade ist daher eine potentiell labile Gruppe. Wegen der Tendenz zur Untergruppenbildung wurde sie oft herangezogen, um die Bedingungen der Koalitionsbildungen zu untersuchen. Wir werden dort (s. S.183ff.) die Situation in der Triade genauer kennenlernen.

2.3.2. Die Qualität der Interaktionen als differenzierendes Merkmal

Die Primärgruppe ist vielleicht die am weitesten verbreitete Gruppenkategorie. Ihre Bedeutung wurde von COOLEY (1909, 23) festgelegt, als er fünf Elemente der Primärgruppe beschrieb. Zunächst muss eine intime und direkte Beziehung und Kooperation zwischen den Partnern vorhanden sein. Die einzelnen

Mitglieder gehen, zumindest partiell, in der Gruppe auf, so
dass ihre Persönlichkeiten durch die Normen und überhaupt
durch die Existenz der Gruppe geprägt ist. Ausdruck dieser
Integration der Individuen in die Gruppe ist das Wir-Gefühl.
Die Primärgruppe erlangt somit eine überragende Bedeutung für
das soziale Wesen des einzelnen und für die von ihm vertretenen Werte. Weiter erfährt das Individuum zuerst in der Primärgruppe das Gefühl sozialer Ganzheit. Schliesslich ist sie
relativ überdauernd und wenig Veränderungen unterworfen.
Diese Kriterien verdeutlichen, dass COOLEY die Primärgruppe
ganz im Rahmen der frühkindlichen Entwicklung sieht. Auch die
von ihm genannten Beispiele - Familie, Spielgruppen, Nachbarschaft, Gemeinde - unterstreichen diesen Aspekt. Später ak-
zentuierte man den Intimitätscharakter und vernachlässigte
die Sozialisationsfunktion. So setzt SHILS (1950) die kleinste Einheit beim Militär mit der Primärgruppe gleich; er
zeigte 1951, wie die Primärgruppe immer mehr eine informelle
face-to-face Gruppe wird. NEWCOMB (1959) betont den langen
und unmittelbaren Kontakt zwischen den Partnern.

Wenn heute die Primärgruppe nur als die face-to-face-Gruppe
mit starken emotionalen Bindungen der Mitglieder und mit
grossem Einfluss auf ihre Persönlichkeit und ihr Verhalten
gilt, ist damit die Ausweitung vollzogen, dass auch Erwachsene ausserhalb der Sozialisationsinstanzen Primärgruppen
angehören können.

Sekundärgruppen sind dann alle übrigen Gruppen. In ihnen
herrscht demnach nur ein schwaches Wir-Gefühl, der direkte
Kontakt und die Bedeutung der Gruppe für die Mitglieder sind
gering.

Im deutschen Sprachbereich findet auch der Begriff Intimgrup-
pe von DUNKMANN (1931) Verwendung. Er ist weitgehend identisch mit der heute gebräuchlichen Primärgruppe. Dagegen ist
das oft zitierte Paar "Gemeinschaft und Gesellschaft" von
TONNIES (1887) durch den Gegensatz "organisch gegenüber organisiert" gekennzeichnet. Obwohl die Gemeinschaft eine beson-

ders innige Form der sozialen Beziehung darstellt, ist sie wegen ihrer Wertbezogenheit nicht mit der Primärgruppe gleichzusetzen.

2.3.3. Die Dauer als differenzierendes Merkmal

Gruppen existieren, solange die Mitglieder interagieren und solange Wirkungen dieser Beziehungen zu beobachten sind. Nun hat gerade die Kritik an den Gruppenexperimenten, bei denen vorher unbekannte Personen als "ad-hoc-Gruppe" bestimmte Aufgaben erfüllen, zur Beachtung der Zeitdimension geführt.

So wiesen POLLIS & CAMMALLERI (1968) nach, dass Freundespaare - als schon länger bestehende Gruppen - im Versuch weniger beeinflussbar waren als neugebildete Paare. Auch in dem Experiment zum Verhalten in Unfallsituationen von LATANE & RODIN (1969) eilten Freunde der anscheinend verletzten Versuchsleiterin eher zu Hilfe als fremde Versuchspersonen. Bei Aufgaben, die Gruppenentscheidungen forderten, erwiesen sich schon länger bestehende Gruppen als effizienter und kreativer (HALL & WILLIAMS, 1966).

Wenn man der Gefahr entgehen will, Versuchsergebnisse ungerechtfertigt auf den Alltag zu übertragen, sind Zusatzexperimente zur Kontrolle der verwendeten Versuchsgruppe nötig. Dabei genügt es nicht, zwischen ad hoc- und länger existierenden Gruppen zu unterscheiden. Notwendig ist, den tatsächlichen Entwicklungsstand der beobachteten Gruppen zu berücksichtigen, denn die Zeit ist nur eine indirekte Einflussvariable, in der sich andere Einflüsse auswirken können.

2.3.4. Das Gruppenziel als differenzierendes Merkmal

2.3.4.1. Formelle und informelle Gruppen

Während ihrer berühmten HAWTHORNE-Studie stellten ROETHLIS-BERGER & DICKSON (1939) überrascht fest, dass neben der formellen Betriebsorganisation, die dem Ziel der Produktivität verpflichtet war, informelle Gruppierungen mit oftmals stark abweichenden Zielsetzungen existierten. Diese Entdeckung ist der Ausgangspunkt der Unterscheidung zwischen formellen und informellen Gruppen.

KRUSE (1972) schlägt im Anschluss an MC DAVID & HARARY (1968) vor, dann von formellen Gruppen zu sprechen, wenn verschiedene Gruppendimensionen <u>explizit</u> <u>fixiert</u> sind, wie das etwa für eine Handballmannschaft gilt. Informelle Gruppen haben ihre Ziele, Normen, Rollen usw. dagegen nur implizit vorliegen, wie z.B. eine Kinderspielgruppe.

Der entscheidende Sachverhalt ist jedoch, dass formelle Gruppen in denselben sozialen Einheiten mit denselben Personen <u>gleichzeitig</u> <u>nebeneinander</u> <u>existieren</u> können. So haben beispielsweise in vielen Nationen die Ehepartner formell dieselben Rechte. Wie die Forschungen zur Machtverteilung in Familien zeigen, ist jedoch häufig informell die Dominanz einer Seite anzutreffen. Die Unterscheidung zwischen formellen und informellen Gruppen geht daher auf einen Zielkonflikt zurück, der zwischen der offiziellen Aufgabe der Gruppe und den tatsächlich bestehenden Wünschen herrscht. Ob Ziele und Gruppenstruktur schriftlich niedergelegt sind oder nicht, ist nur eine Nebenerscheinung, denn auch eine Bierrunde ohne genaue Aufgabenbeschreibung kann neben ihrem eigentlichen Ziel der Geselligkeit mit oder ohne Aufrechterhaltung der alten Struktur völlig abweichende Aufgaben, wie z.B. die Beratung des unzureichend informierten Gastwirts in Steuerfragen, übernehmen.

Deshalb sollte die Trennung zwischen formellen und informellen Gruppen nicht verwechselt werden mit der Differenzierung nach dem Grad der Organisiertheit, wie das in der manchmal zu findenden Gleichsetzung mit den Gegensätzen: organisiert - nicht organisiert, institutionell - nicht institutionell, strukturiert - unstrukturiert (KRUSE, 1972, 1565 f., SBANDI, 1973, 101 f.) geschieht.

2.3.4.2. Sozio- und Psychegruppen

Oft sind informelle Gruppen stärker auf die persönlichen Bedürfnisse der Mitglieder und weniger auf das überpersönliche Gruppenziel ausgerichtet. Diesen Aspekt hatte JENNINGS (1950) herausgestellt, als sie Soziogruppen, in der die Beziehungen eher unpersönlich, formal und von der Gruppenaufgabe bestimmt sind, und Psychegruppen mit privaten, persönlichen und von Spontaneität gekennzeichneten Beziehungen beschrieb. In ähnlicher Weise finden sich die Gegensatzpaare zwangsweise - spontan und aufgabenorientiert - emotional orientiert.

2.3.5. Die Zugänglichkeit als differenzierendes Merkmal

ZILLER (1965) machte darauf aufmerksam, wie wichtig es ist, zwischen offenen und geschlossenen Gruppen zu unterscheiden. Offene Gruppen sind nach ihm:

> "an interacting set of persons in a continuous state of membership flux" (165).

Zugänge und Abgänge von Mitgliedern ist bei ihnen eine häufige Erscheinung. Nun sind alle Gruppen mehr oder weniger offen. Auch bei der eher als geschlossen zu charakterisierenden Familie treten durch Geburt oder Heirat neue Partner ein und Tod oder Wegzug führen zum Austritt. Andererseits sind die Organe der studentischen Selbstverwaltung Gruppen mit relativ grosser Offenheit, weil die Mitglieder durch Neuwahlen und Studienverpflichtungen sehr rasch wechseln.

ZILLER sieht vor allem, wie die Position einer Gruppe auf der Dimension der Offenheit die Stabilität des Gruppenlebens beeinflusst. So ist die Zeitperpektive offener Gruppen durch die unmittelbare Zukunft bestimmt, weil sich in der ferneren Zukunft die Zusammensetzung der Partner und als Folge davon auch Normen und Strukturen in nicht vorhersehbarer Weise ändern. Die Anfälligkeit gegenüber dem Mitgliederwechsel ist vor allem bei sehr kleinen Gruppen erheblich, weil schon der Austausch nur einer Person oft zu einem radikalen Wandel führt. Andererseits bieten die vielfältigen Erfahrungen der Mitglieder offener Gruppen und die mit dem Neueintritt von Personen verbundenen neuen Ideen günstige Voraussetzungen für kreative und einsichtige Aufgabenlösungen.

Wenn diese Überlegungen auch sehr oft an die Konsequenzen grosser oder geringer Mitarbeiter-Fluktuation in Betrieben erinnern, so ist damit doch eine Fragestellung aufgezeigt, die auch für Kleingruppen verschiedener Art eine Rolle spielt. So kommt es etwa in der Gruppenpsychotherapie darauf an, die in geschlossenen Gruppen allmählich Sicherheit gewinnenden Patienten durch Öffnung der Gruppengrenzen zum Leben in einer sich wandelnden Umwelt zu befähigen (FOULKES & ANTHONY, 1965).

2.3.6. Der Standort der Person als differenzierendes Merkmal

2.3.6.1. Eigen- und Fremdgruppen

Es ist zu erwarten, dass man Gruppen, denen man selbst angehört, anders beurteilt als externe Gruppen. Die Trennung in ingroups und outgroups geht auf SUMNER (1906, zit. nach KRUSE, 1972) zurück. HOFSTÄTTER (1957a, 97) führt dafür die Übersetzung "Wir"- und "Die-Gruppe" ein. Verschiedene Definitionen stellen zum Teil nur die topologischen Verhältnisse dar, wie z.B.:

> "The term ingroup is used to designate the relationship between two individuals who are participants in the same organizational system; all non-participants of that system are then said to constitute the outgroup" (MC DAVID & HARARY, 1968, 291).

Da mit dieser Scheidung noch nicht viel gewonnen ist, gehen

andere Begriffsbestimmungen einen Schritt weiter und berücksichtigen auch die spezifischen Qualitäten der Wahrnehmung,
wie etwa SECORD & BACKMAN (1964, 413):

> "An ingroup consists of persons who experience a sense of
> belonging, a sense of having a like identity. An out-
> group, considered from the point of view of ingroup
> members, is a group of persons who definitely have some
> distinctive characteristics of their own that set them
> apart from the ingroup."

Zur Eigengruppe fühlt man sich hingezogen, man überschätzt
die zu erwartenden Gratifikationen, während man die Fremdgruppe abwertet oder sogar ablehnt. Besonders im Rahmen der
internationalen Stereotypenforschung (z.B. BUCHANAN & CAN-
TRIL, 1953) wurde diese Sichtweise erschreckend deutlich
aufgezeigt. Aus dieser Sicht fallen nur solche Gruppen in die
Kategorie der Fremdgruppen, denen man selbst nicht angehört
und die man gleichzeitig negativ bewertet.

2.3.6.2. Bezugsgruppe

Die Bezugsgruppe (reference group) wird oft unberechtigt der
Mitgliedschaftsgruppe gegenübergestellt. Während diese einer
Eigengruppe im rein topologischen Sinn entspricht, kann man
der Bezugsgruppe angehören oder auch nicht. Der Begriff
stammt von HYMAN (1942) und bezeichnet dort die Menschengrup-
pe, mit der man sich vergleicht, wenn man seinen eigenen
Status klassifizieren will. Später wurde seine Bedeutung
erweitert, indem er für alle Gruppen steht, die zur Orientierung über die eigene Lage dienen.

So weisen MERTON & KITT (1950) den Einfluss unterschiedlicher
Bezugsgruppen auf Angehörige der amerikanischen Streitkräfte
im II. Weltkrieg auf die Beurteilung der angetroffenen Le-
bens- und Kampfbedingungen nach. Beispielsweise fühlten sich
Soldaten in der Etappe in Übersee stärker von zuhause abge-
schnitten, sie empfanden eine grössere "relative Depriva-
tion", wenn sie sich mit Soldaten in den USA verglichen als
wenn sie an die Frontsoldaten dachten. Auf diese Funktion
trifft die Erläuterung von JONES & GERARD (1967, 81) zu:

"A reference group is one in terms of which the individual views or evaluates himself, one whose standards are
used as a comparison point for the individual's behavior."

SHERIF & SHERIF (1953) erinnern daran, dass die Bezugsgruppen
als Verankerungspunkte zur Beurteilung der eigenen Situation
dienen und daher auch als "Ankergruppen" bezeichnet werden
könnten. Neben dieser <u>Vergleichsfunktion</u> kommt der Bezugsgruppe nach KELLEY (1968) auch eine <u>normative</u> Funktion zu. In
diesem zweiten Fall übernimmt man die Verhaltensrichtlinien
der Bezugsgruppe, um ihre Zustimmung zu erlangen, bzw. um
ihren Sanktionen auszuweichen. Das Individuum ist bewusst
Mitglied der Gruppe oder es möchte es durch die Anpassung an
die dort geltenden Normen werden. Diesen zweiten Fall bezeichnen MERTON & KITT (1950) als "antizipatorische Sozialisation".

In der normativen Funktion können die Bezugsgruppen nicht nur
positiv, sondern auch negativ in Erscheinung treten. Dann
stellen sie für das Individuum den Gegenstandard dar, dem es
auf keinen Fall ähnlich werden möchte.

Eine dritte Bedeutung der Bezugsgruppe wird von SHIBUTANI
(1955) diskutiert. Er weist darauf hin, dass die Bezugsgruppe
dem einzelnen Strukturierungshilfen oder <u>"Perspektiven"</u> für
die Wahrnehmung seiner Umwelt liefert. Das kann zu Missver-
ständnissen führen, wenn etwa ein Tourist das Brauchtum eines
fremden Landes mit den Augen seiner Kultur sieht. Ebenso gut
bereitet diese Funktion der Bezugsgruppe auf notwendige An-
passungen vor, wie in dem Falle eines Bauernsohnes, der über
die Lage und die künftige Entwicklung der Landwirtschaft
nicht die Meinung des Dorfes, sondern die der Agrarwissen-
schaftler akzeptiert.

2.3.8. Weitere Differenzierungen

Mit den bisher besprochenen Typenbildungen sind die Vorschläge noch nicht erschöpft. Je nach Fragestellung werden bestimmte neue Aspekte relevant. So beschäftigt sich ZILLER (1972) mit der Heterogenität der Gruppenmitglieder hinsichtlich Geschlecht, Rasse, Status und Persönlichkeitseigenschaften. Die unterschiedliche Gruppenleistung je nach dem Heterogenitätsgrad, die in vorangegangenen Experimenten gefunden worden war (s. HOFFMANN, 1965), bot Anlass zur getrennten Betrachtung von homogenen und heterogenen Gruppen.

CROTT (1979, 217) unterscheidet selbst- und fremdbestimmte Gruppen, deren Normen und Ziele entweder von den Gruppenmitgliedern oder von aussen festgesetzt werden.

SOROKIN, ZIMMERMANN & GALPIN (1930) trennten elementare Gruppen, die nur ein einziges Bedürfnis des Individuums befriedigen, von den kumulativen Gruppen, die mehrere Bedürfnisse erfüllen.

Diese Aufzählung könnte fortgeführt werden. Wir könnten auf freiwillige, experimentelle, abhängige Gruppen und ihre jeweilige Gegenpositionen eingehen, würden dadurch aber wenig neue Kenntnisse gewinnen.

Die bisherige Typisierung von Gruppen hat zu einer kleineren Zahl deskriptiver und/oder theoretischer Modelle geführt, die für begrenzte Aufgaben wertvoll sind. Die fehlenden Beziehungen zwischen den einzelnen Konzepten und die faktische Willkürlichkeit, die hinter der Typenbildung steht, hat schon früh Versuche provoziert, zu allgmeingültigen Dimensionen der sozialen Gruppe vorzustossen. Sobald die statistische Technik der Faktorenanalyse entwickelt war, hoffte man mit ihrer Hilfe dem Ziel näher zu kommen.

Da die extrahierten Faktoren von den eingegebenen Informationen abhängig bleiben, sind die gewonnenen Ergebnisse ebenfalls nicht frei von Willkür. Nach einer Klassifikation durch
GOLEMBIEWSKI (1962, 78) hatten CATTELL & WISPE (1948) für
ihre Faktorenanalyse 3 Strukturvariablen, 30 Verhaltensvariablen und 8 Populationsvariablen verwendet. CATTELL, SAUNDERS
&STICE (1953) benutzten dagegen 5 Struktur-, 53 Verhaltens-
und 35 Populationsvariable, während BORGATTA & COTTRELL
(1955) mit einer Struktur-, 29 Verhaltens- und 4 Populationsvariablen rechneten. So bringen die Ergebnisse zwar eine
gewisse Ordnung in die Vielfalt der sozialen Gruppen; ihr
Gültigkeitsanspruch kann jedoch nur begrenzt sein.

Die von BORGATTA, COTTRELL & MEYER (1956) nach einem Vergleich der damals vorliegenden Faktorenanalysen des Gruppenverhaltens ausgesprochene Hoffnung, durch Replikationen und
Verwendung von Markierungsvariablen zu einer Konzentration
der Faktorenvielfalt auf eine sinnvolle Grössenordnung zu
gelangen, hat sich bisher nicht erfüllt. Das Interesse an
Faktorenanalysen des Gruppenverhaltens konnte durch die ersten Versuche nicht geweckt werden, so dass die in Analogie
zur Persönlichkeitsanalyse vorgehende Gruppenanalyse noch in
den Anfängen steckt.

2.4. <u>Sind Gruppen real?</u>

Wenn wir umgangssprachlich oder auch im wissenschaftlichen
Schrifttum von Gruppenaktivitäten berichten, gebrauchen wir
Wendungen wie: "der Gesangverein bereitet ein Konzert vor"
oder "die Gruppe leistet, entwickelt sich, wünscht". Tatsächlich sind es nur Individuen, die Chorsingen üben, Aufgaben
lösen, ihre Beziehungen erweitern und Wünsche äussern. In
diesen beiden Perspektiven liegen zwei anscheinend nicht zu
vereinbarende Standpunkte über die Realität von Gruppen.

Am Anfang sozialpsychologischen Denkens war man unter dem

Einfluss der Philosophie von der Existenz überindividueller Wirklichkeiten überzeugt. In der Tradition von HERDER und HEGEL sprach man von der Volksseele (LAZARUS & STEINTHAL, 1860) oder vom group mind (MC DOUGALL, 1920).

Auf empirischem Wege gelangte CATTELL (1948) zu einer verwandten Ansicht. Sein Ziel war es, zu messen, was das Gruppenverhalten in jeder Situation prognostizieren hilft. Da man auf der Ebene des Individuums in diesem Zusammenhang von Persönlichkeit (personality) spricht, schlug er für die Gruppenebene den neugeprägten Begriff "syntality" vor. Sie umfasst dynamische (motivationale), temperamentsmässige und leistungsmässige Wesenszüge der Gruppe. Die Syntalität lässt sich nach CATTELL durch die Faktorenanalyse einer Selektion von Verhaltensvariablen erfassen.

Die Vernachlässigung der individuenbezogenen Seite, die in der Gleichsetzung von Persönlichkeit und Gruppensyntalität hervortritt, begründet er mit den Sachverhalten:

- Beibehaltung von Verhaltensgewohnheiten und Strukturen auch bei Mitgliederwechsel;
- "Gedächtnis", das in den Gruppenerfahrungen zum Ausdruck kommt;
- Antwort der Gesamtgruppe auf Reize, die sich an einzelne Glieder richten;
- Vorhandensein von Motiven und Stimmungen bei Gruppen;
- Vorhandensein von kollektiven Aktivitäten.

Bei diesem Konzept erscheint nur die Gruppe als Handelnder. Die Tatsache, dass auch die einzelnen Mitglieder tendentiell gruppenunabhängig und vor allem von ihrer eigenen Persönlichkeit bestimmt sein können, ist noch nicht befriedigend integriert.

Schon gegen Ende des 19. Jahrhunderts regte sich Widerstand gegen die Reifikation des Volksgeistes. PAUL (1880, zit. nach HOFSTÄTTER, 1957b, 318) stellte fest:

"Alle psychischen Prozesse vollziehen sich in den Einzel-
geistern und nirgends sonst. Weder Volksgeist noch Elemente des Volksgeistes, wie Kunst, Religion usw., haben
eine konkrete Existenz, und folglich kann auch nichts in
ihnen und zwischen ihnen vorgehen. Daher weg mit diesen
Abstraktionen."

In der gleichen Schärfe wandte sich ALLPORT (1924) gegen die
Hypostasierung der Gruppe:

"There is no psychology of groups which is not essential-
ly and entirely a psychology of individuals" (4) und:

"All theories which partake of the group fallacy have the
unfortunate consequence of diverting attention from the
true locus of cause and effect, namely, the behavioral
mechanism of the individual" (9).

Zwischen dem Standpunkt, der der Gruppe eine Existenz weitge-
hend ohne Berücksichtigung der Individuen zuschreibt, und dem
Gegenpol, der das Handeln der Gruppe ausschliesslich als die
Summe der individuellen Verhaltensweisen sieht, gibt es eine
Reihe von Zwischenstufen, die GOLEMBIEWSKI (1962, 39 ff.)
diskutiert.

Wenn wir uns nun möglichen Lösungen des Problems zuwenden, so
finden wir zunächst Vorschläge, die Gruppenrealität als ein
Wahrnehmungsproblem zu interpretieren und sie mit gestaltpsychologischen Prinzipien zu verstehen (CAMPBELL, 1958,
DEUTSCH, 1968b). Gerade diese psychologische Schule hatte
sich ja intensiv mit dem Wirklichkeitscharakter des anschaulich, aber nicht objektiv Vorhandenen befasst (z.B. METZGER,
1954).

Nach CAMPBELL und nach DEUTSCH hängt es von der Wirksamkeit
einzelner Gestaltfaktoren, wie den Faktoren der Nähe, der
Ähnlichkeit, des gemeinsamen Schicksals, der gemeinsamen
Grenze, aber auch der "Prägnanz"-Tendenz ab, ob eine Anzahl
von Personen in ihrem Verhalten als Individuen oder als

Gruppe gesehen werden. Wie sich beim Erleben von einfachen
visuellen Reizen dem Betrachter einzelne Zusammenhänge als
wirklich aufdrängen (s. Abb. 4), so bestimmen dieselben
Wahrnehmungsprinzipien, ob man einzelne Menschen oder Gruppen
handeln, zögern oder Gefühle ausdrücken sieht.

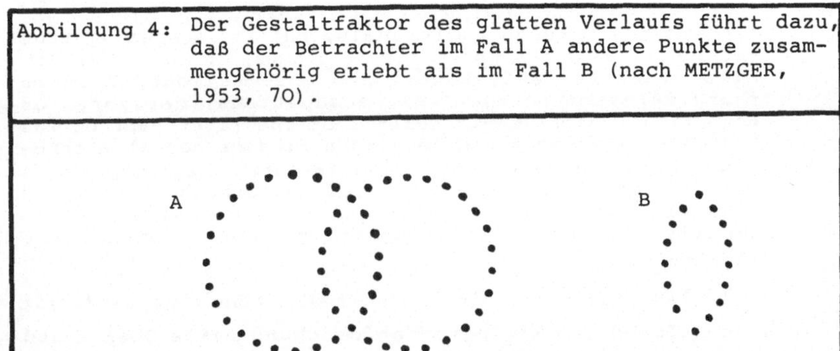

Abbildung 4: Der Gestaltfaktor des glatten Verlaufs führt dazu,
daß der Betrachter im Fall A andere Punkte zusam-
mengehörig erlebt als im Fall B (nach METZGER,
1953, 70).

Diese Verlagerung des Problems der Gruppenrealität in die
Person des Beobachters beantwortet aber nur die Frage, wieso
eine Gruppe oft als Handelnde erlebt wird, obwohl nur einzelne Mitglieder aktiv sind. Die Realität der Gruppe zeigt sich
darüber hinaus auch in den Fällen, in denen die Gruppe kei-
nesfalls mit einer Aufsummierung der Mitgliederwünsche beschrieben werden kann. MILLS (1967, 70) nennt als Beispiel
zwei Schachspieler, die als Individuen gewinnen und damit den
Partner schlagen wollen, die aber als Gruppe einen Wettkampf
- also den Verlauf der Auseinandersetzung und nicht das Ergebnis - anstreben. Diesen Diskrepanzen zwischen Motiven und
Verhalten der einzelnen Gruppenmitglieder und der Gruppe
setzen die Wirklichkeit der Gruppe und die Realität der sie
konstituierenden Partner voraus.

An die Stelle des Entweder Individuum - oder Gruppe tritt
nach diesen Überlegungen das Sowohl - als auch. Diesen Standpunkt finden wir z.B. bei WARRINER (1956), der zuerst Argu-

mente gegen die Verwendung der Gruppe als realistisches Un-
tersuchungskonzept infragestellt und dann konstatiert, beide
Ansichten, die individuen- und die gruppenzentrierte, spiegeln einen Teil der Wirklichkeit wider. Auch MOORE (1969),
289) argumentiert so:

> "Groups act through individuals, but it is equally true
> hat individuals act <u>on behalf of groups</u>, or in conformity
> with other socially sanctioned expectations, such as
> those relevant to age, sex, occupational category, or
> educational attainment. Neglect of the first part of the
> preceding statement can lead to a kind of social anthro-
> pomorphism, or the "group mind fallacy" (Allport, 1924).
> But neglect of the second part of the statement can lead
> to a kind of atomistic view of human behavior that is
> equally fallacious. One position is as inane as the
> other."

Wenn die Individuen und die Gruppe reale Phänomene sind, ist
es also Aufgabe der Kleingruppenforschung beide Ebenen und
ihre Wechselwirkungen zu untersuchen. Dazu tritt die Gesellschaft als drittes Niveau, die sich ihrerseits aus einer
Vielzahl sich teilweise überschneidender Gruppen zusammensetzt (ANGER, 1966, KRUSE, 1972, s. Abb. 5).

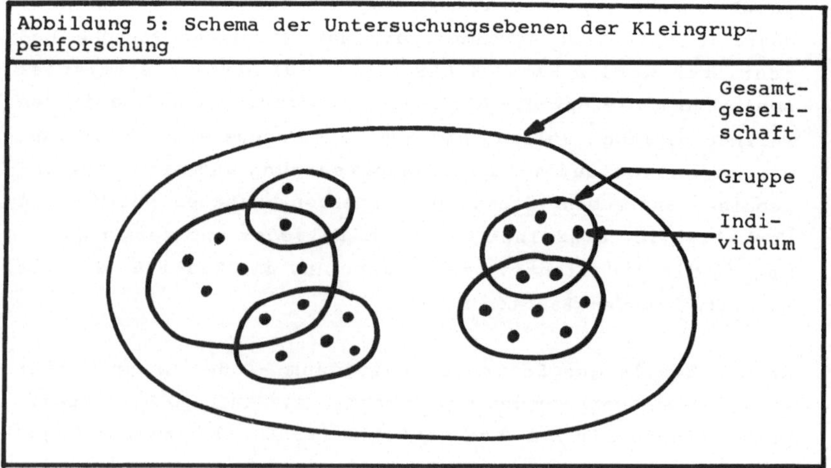

Abbildung 5: Schema der Untersuchungsebenen der Kleingruppenforschung

Diese Abhängigkeit des Gruppenverhaltens von den in der Gesamtgesellschaft herrschenden Erwartungen und die Wechselwirkungen zwischen Gruppe und Gesellschaft waren bisher nur in Ausnahmefällen und oft nur durch Zufall Forschungsobjekte. Die Kritik an der Kulturgebundenheit sozialwissenschaftlicher Forschung (GERGEN, 1973) lenkt die Aufmerksamkeit besonders auf den gesellschaftlichen Kontext. Durch interkulturelle Studien kann diese dritte Ebene sozialer Realität stärker berücksichtigt werden.

Im folgenden wollen wir uns den Ergebnissen der drei Aspekte zuwenden, so wie sie durch die zurückliegende Forschung erarbeitet wurden.

3. Ergebnisse der Kleingruppenforschung

3.1. Die Entwicklung von Gruppen

Das Neugeborene ist nur als Gruppenmitglied lebensfähig. Es wächst also in einer Gruppe - einer Primärgruppe - heran und lernt dabei grundlegende Verhaltensmuster, die in der gegebenen Kultur von einem Menschen erwartet werden. Die Bildung neuer Gruppen erfolgt daher immer durch gruppenerfahrene Individuen. Wir werden uns mit drei Fragestellungen beschäftigen, die empirisch und/oder theoretisch bearbeitet wurden: wie aus einer Ansammlung von Menschen eine Gruppe wird, welche Bedingungen häufige Interaktionen zwischen Individuen fördern und in welcher Reihenfolge spezifische Prozesse bei der Entstehung von Gruppen zu beobachten sind.

3.1.1. Der gemeinsame Nutzen als Ursache der Gruppenbildung

3.1.1.1. Die Entwicklung der Gruppe aus einer Ansammlung
Wir haben gesehen, wie die Gruppenhaftigkeit einer Gruppe graduell abgestuft ist (s. auch SHERIF, 1968, 276). Es fehlt

ein fester Punkt, von dem an man von "Gruppe" sprechen würde;
vielmehr gibt es einen weiten Übergangsbereich, zwischen der
Ansammlung, Menge oder Masse auf der einen Seite und der
Gruppe auf der anderen Seite. In diesem Sinne schreibt v.
WIESE (1966) von der Möglichkeit, dass die Gruppe eine späte
Entwicklungsstufe der Masse sein kann, sobald sie sich organisiert und auf Dauer einrichtet. HOFSTÄTTER (1957a) sieht
aus der Menge die Gruppe hervorgehen, wenn die Personen, die
sich zur gleichen Zeit am gleichen Ort befinden, durch ein
Ereignis gesamthaft betroffen werden und bestimmte Rollen
übernehmen. Die Masse als aktivierte Menge, die noch kein
Rollensystem entwickelt hat, bezeichnet er als Gruppe in
statu nascendi.

Auch neuere Untersuchungen (z.B. ARONSON, 1970, BERSCHEID &
WALSTER, 1969) stellen fest, dass die räumliche Nähe die
Gruppenbildung erleichtert. So hatten beispielsweise DARLEY
& BERSCHEID (1967) Studentinnen beurteilen lassen, wie sympathisch sie Kolleginnen finden, mit denen sie entweder in
Kürze zusammenkommen oder die sie nicht näher kennenlernen
würden. Von diesen unbekannten Personen wurden diejenigen
sympathischer eingeschätzt, mit denen man zusammenzutreffen
rechnete.

Entscheidend ist für die Gruppenbildung in jedem Fall das
Vorhandensein oder das Entstehen eines gemeinsamen Ziels. Die
Gruppe erhält dadurch eine instrumentelle Bedeutung; sie
trägt dazu bei, Bedürfnisse ihrer Mitglieder zu befriedigen.
Die Ziele können den verschiedensten Motiven entstammen: dem
Bedürfnis nach Nahrung, nach Geselligkeit, nach Anerkennung,
nach Dominanz, nach Leistung usf. Wenn SHAW (1981, 83) als
Gründe für die Gruppenbildung interpersonelle Anziehung,
Gruppenaktivitäten, Gruppenziele, Gruppenmitgliedschaft und
instrumentelle Wirkungen der Gruppenmitgliedschaft aufzählt,
so handelt es sich dabei nur um einen notwendigerweise unbe-
friedigenden Versuch, Beispiele der gemeinsamen Ziele zu
liefern. JONES & GERARD (1967) ordnen die Vielfalt möglicher
Bedingungen, warum Menschen gemeinsam mit anderen ihre Ziele

verfolgen, unter die beiden Kategorien der Abhängigkeit von Informationen und von Wirkungen. So wird man Kontakt mit anderen suchen, um seine Ansichten oder sein Selbstbild bestätigt zu finden (Information) oder um einen schweren Gegenstand zu transportieren (Wirkung).

Das kollektive Ziel, das zur Gruppenentwicklung anregt, kann von aussen aufgezwungen sein, wie bei der Arbeitsgruppe im Betrieb oder bei den Rekruten, die sich zum ersten Mal auf dem Kasernenhof versammeln. Es kann durch ein äusseres Ereignis kurzfristig entstehen, wie Wahlen ähnlichdenkende Staatsbürger veranlassen, Bürgerinitiativen zur Unterstützung einzelner Kandidaten zu gründen. Schliesslich kann es sich allmählich entwickeln, wie das für Nachbarschaftsgruppen in Neubaugebieten oder für neuentstehende informelle Ziele in bestehenden Organisationen gilt.

CARTWRIGHT & ZANDER (1968, 54ff.) unterscheiden zwischen absichtlicher und spontaner Gruppenbildung und zwischen Gruppenbildung auf Grund externer Anordnung. Zu den absichtlich gebildeten Gruppen rechnen sie Arbeits-, Problemlöse-, Aktionsgruppen usw. Gemeinsames Merkmal ist ihre Zweckorientierung. Spontane Gruppen entstehen, weil die Mitglieder hoffen, durch den Zusammenschluss ihre Wünsche nach Geselligkeit zu befriedigen. Durch externe Anordnung werden Gruppen gebildet, wenn die Umwelt die Träger bestimmter Merkmale absondert und ihnen nur den Weg der Binnenkontakte offenlässt.

Voraussetzung für den Zusammenschluss einer Reihe von Menschen zu einer Gruppe ist die Möglichkeit der Interaktion. Die beschriebenen Kategorien unterscheiden sich durch die Umstände, die zu den Kontaktchancen führen. Wir werden uns im folgenden einigen dieser Bedingungen für die Kontaktaufnahme und damit für die Gruppenbildung zuwenden.

3.1.1.2. Die Gruppe als Ergebnis der Kosten-Nutzen-Analyse

Auf sehr formalem Niveau entwickelten THIBAUT & KELLEY (1959) ein Konzept, das die Bildung von Gruppen bzw. den Anschluss eines Individuums an eine bestehende Gruppe beschreibt. Sie gehen davon aus, dass jede Handlung von dem Verhältnis des erwarteten Nutzens zu den aufzuwendenden Kosten bestimmt wird. Ob man in einer gegebenen Situation z.B. ein Buch liest, hängt davon ab, ob die Kosten in Form von Verzicht auf alternative Tätigkeiten, von Geld, von Müdigkeit usw. auf einer subjektiven Bewertungsskala unter dem Nutzen liegen, der im Wissen, in der Anerkennung oder auch in der Freude am geistigen Training bestehen kann. Aber selbst wenn die Kosten den Nutzen übersteigen, kann das Verhalten ausgeübt werden, falls keine günstigeren Alternativen in Sicht sind.

In gleicher Art hängt die soziale Interaktion von dem Vergleich der Aufwendungen und Erträge ab. Die Ergebnisse der Analyse werden am <u>Vergleichsniveau</u> (comparison level, CL) und am <u>Vergleichsniveau</u> <u>für</u> <u>Alternativen</u> (CL_{alt}) bewertet. Das Vergleichsniveau ist ein Standard und zwar die Kosten-Nutzen-Relation, die in der gegebenen Lage erfahrungsgemäss erwartet werden darf. Sofern der Zusammenschluss mit anderen Menschen einen Nutzen über dem Vergleichsniveau in Aussicht stellt, ist diese Gruppe attraktiv. Das Vergleichsniveau für Alternativen ist der kleinste Ertrag, den man angesichts anderer Gelegenheiten gerade noch akzeptiert. Eine Gruppe muss, wenn man sich an ihr beteiligen soll, daher einen Nutzen erwarten lassen, der über diesem Vergleichsniveau für Alternativen liegt. Es ergeben sich daraus die in Tabelle 3 zusammengestellten Konstellationen.

Die Interdependenz der Gruppenmitglieder kommt in der Beziehung zum Ausdruck, dass der Nutzen des ersten Partners A umso höher sein kann, je niedriger B's Vergleichsniveau für Alternativen ist. THIBAUT & KELLEY verwenden häufig die Matrizenform, um die gegenseitige Abhängigkeit von Nutzen und Kosten der Gruppenmitglieder zu illustrieren (Abbildung 6). Wenn sich eine Gruppe zwischen den beiden Personen A und B entwickeln soll, müssen beide Partner alle Verhaltensmöglichkeiten unterlassen, die den langfristigen Nutzen unter das Ver-

Tabelle 3: Zusammenhänge zwischen dem Nutzen einer potentiellen Gruppe, Vergleichsniveau (CL), Vergleichsniveau für Alternativen (CL_{alt}) und die Chancen dere Gruppenbildung	
Verhältnis von erwartetem Nutzen, CL und CL_{alt}	Chancen für Gruppenbildung
Erwarteter Nutzen über CL und über CL_{alt}	starke Tendenz zur Gruppenbildung
Erwarteter Nutzen unter CL und über CL_{alt}	schwache Tendenz zur Gruppenbildung
Erwarteter Nutzen über CL und unter CL_{alt}	sehr schwache Tendenz zur Gruppenbildung
Erwarteter Nutzen unter CL und unter CL_{alt}	keine Gruppenbildung

gleichsniveau der Alternativen senken würden. In ihrem neuen Buch betonen KELLEY & THIBAUT (1978) gerade, wie eine gegebene Auszahlungsmatrix über verschiedene Prozesse in eine wirksame Matrix übergeführt wird, die für beide Partner höhere Erträge sichert.

3.1.1.3. Die Bedrohung als Auslösemoment der Gruppenentwicklung

Nach MC DOUGALL (1917) ist die Bereitschaft des Menschen, mit Partnern Gruppen zu bilden, auf den Herdeninstinkt zurückzuführen, den er so umschreibt:

" a mere uneasiness in isolation and satisfaction in being one of a herd" (84)

Auch die modernere Psychologie geht von der Existenz eines Bedürfnisses nach Geselligkeit aus, das mehr oder weniger ausgeprägt sein kann (s. ATKINSON, 1958), ohne jedoch die biologische Bedingtheit weiter zu vertreten. Ob dieses Geselligkeitsbedürfnis in einer bestimmten Situation so stark ist, dass eine Interaktion mit anderen Menschen angestrebt wird, hängt aber von der Gesamtheit der einwirkenden Faktoren ab.

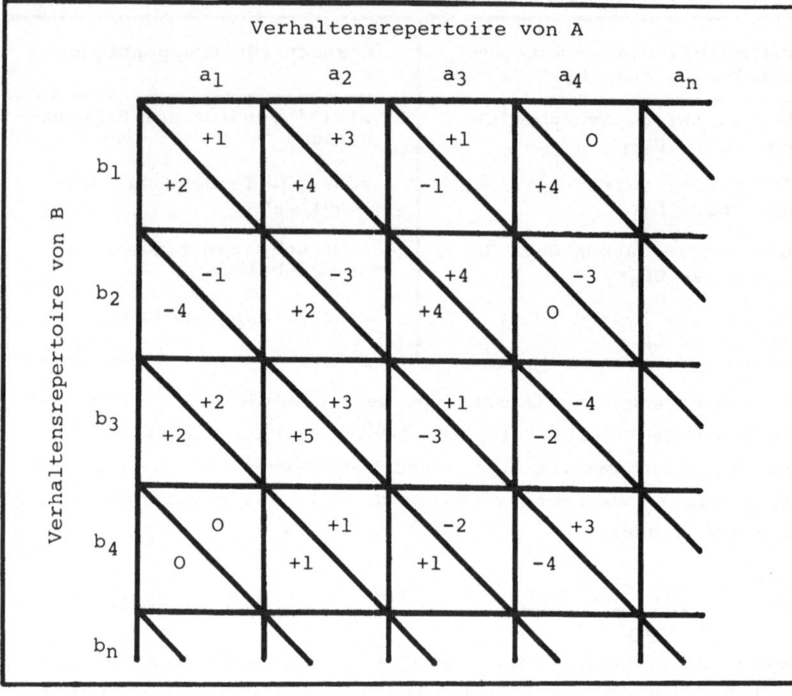

Heute kann angenommen werden, der Zusammenschluss zu Gruppen werde durch ein Gefühl der Bedrohung gefördert. In Laborexperimenten informierte SCHACHTER (1959) eine Gruppe von Versuchspersonen, sie würden an einem schmerzhaften Versuch mit Elektroschocks teilnehmen, während er anderen Studentinnen das Experiment als angenehm und schmerzfrei beschrieb. Die Personen, welche die furchtinduzierende Instruktion gehört hatten, neigten dazu, gemeinsam mit anderen Versuchspersonen zu warten, bis sie an der Reihe waren, während die furchtfreie Gruppe eher alleine wartete. SCHACHTER erinnert an FESTINGER's Theorie des sozialen Vergleichs (s. S. 59) und vermutet, die Tendenz zum gemeinsamen Warten geht zurück auf

den Wunsch der Versuchspersonen, die Reaktionen der Leidens-
genossen mit den eigenen Gefühlen zu vergleichen. SARNOFF &
ZIMBARDO (1961) machten darauf aufmerksam, dass man zwischen
den Zuständen der <u>Furcht</u> vor einem Objekt oder Ereignis und
der <u>Angst</u>, die ohne eindeutig erkennbare Ursache als diffuses
Gefühl herrscht, unterscheiden muss. Sie konnten ihre Hypothese, nur bei Furcht suche man mit anderen Personen zusammen
zu sein, experimentell bestätigen.

MULDER & STEMERDING (1963) wiesen denselben Sachverhalt in
einer - aus ethischen Überlegungen anfechtbaren - Feldstudie
nach. Sie teilten kleineren Einzelhändlern angebliche Pläne
mit, einen Supermarkt am Ort einzurichten, der einen Umsatz-
rückgang des bestehenden Handels um 25-30% (grosse Bedrohung)
oder 5-6% (geringe Bedrohung) bewirken würde. Personen, die
sich sehr bedroht fühlten, waren eher bereit, den Anfangskon-
takt fortzusetzen.

Dass nicht nur Gefühle des Bedrohtseins die Gruppenbildung
fördern, lässt die Arbeit von RADLOFF (1961) erkennen. Studentinnen wurden um ihre Meinung über die Finanzierung der
Universitätsausbildung bei rapide steigenden Kosten in den
siebziger Jahren gefragt. Nachdem sie keine oder fingierte
Meinungen verschiedener Personengruppen gesehen hatten, bestand Gelegenheit, mit anderen Studentinnen über diese Frage
zu diskutieren. Das Interesse an der Zusammenkunft war umso
grösser, je geringer die Bedeutsamkeit der mitgeteilten Meinungen für die Versuchspersonen war. Das von FESTINGER (1951)
beschriebene Bedürfnis nach einem Vergleich der eigenen Ansicht mit der Meinung relevanter Personen zum Aufbau einer
sozialen Realität hatte die Bereitschaft zur Gruppenbildung
beeinflusst.

3.1.2. <u>Bedingungen</u> <u>interpersoneller</u> Attraktivität

Die Entscheidung, ob man mit einem oder mehreren fremden
Menschen in nähere Beziehung treten will, hängt neben anderen
Faktoren davon ab, wie sympathisch man diese Partner ein-
schätzt. Das seit 1960 steigende Interesse an der Frage,
welche Einflüsse die Attraktivität einer Person bestimmen,
hat eine Vielzahl von Autoren veranlasst, die Ergebnisse in

Sammelreferaten zu präsentieren (LOTT & LOTT, 1965, BERSCHEID & WALSTER, 1969, BRAMEL, 1969, BYRNE, 1969, ARONSON, 1970, MURSTEIN, 1971a, BYRNE & GRIFFITT, 1973, s. auch HUSTON, 1974, DUCK, 1977). Während LOTT & LOTT sich überwiegend darauf beschränken müssen, die Ergebnisse von korrelativen und experimentellen Studien zu referieren, gewinnen in jüngster Zeit theoretische Auseinanderstzungen an Bedeutung. Wir wollen in unserer Betrachtung beide Aspekte berücksichtigen.

3.1.2.1. <u>Körperliches</u> <u>Aussehen</u>

Von unseren Alltagsbeobachtungen her würden wir vermuten, dass man sich zu gut aussehenden Personen eher hingezogen fühlt als zu hässlichen Menschen. Dieser im Grunde banale Sachverhalt wurde von WALSTER, ARONSON, ABRAHAMS & ROTTMANN (1966) in einem Feldexperiment überprüft. Im Rahmen einer Tanzveranstaltung für neu eingetretene Studenten bildeten sie zufallsmässig heterosexuelle Paare. Alle Teilnehmer waren von neutralen Personen nach ihrer Attraktivität beurteilt worden. Gegen Ende des Abends beantworteten sie einen Fragebogen. Dabei zeigte sich, dass - unabhängig vom Aussehen des Beurteilers - körperlich gut aussehende Partner mehr geschätzt wurden, dass man mit ihnen eher wieder zusammenkommen wollte (Abb. 7), und dass man sich auch tatsächlich eher mit ihnen traf.

Dieser Befund wurde in zahlreichen anderen Untersuchungen bestätigt (z.B. BYRNE, LONDON & REEVES, 1968, SIGALL & ARONSON, 1969, BYRNE, ERVIN & LAMBERTH, 1970, STROEBE, INSKO, THOMPSON & LAYTON, 1971). Zum Verständnis dieser Ergebnisse wird immer wieder auf THIBAUT & KELLEY's Nutzen-Konzept hingewiesen, nach dem hübsche Personen eine gewichtigere Belohnung liefern als weniger hübsche. Denkbar wäre jedoch auch die Anwendung kognitiver Konsistenztheorien, etwa der kognitiven Dissonanztheorie von FESTINGER (1957). Nach dieser Theorie strebt das Individuum die Übereinstimmung zweier Bewusstseinsinhalte an (P ist hübsch; ich schätze P). Bei

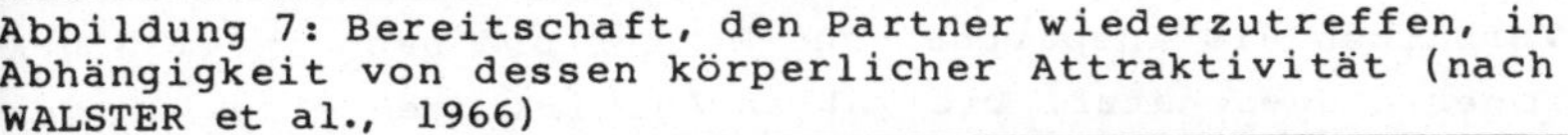

Abbildung 7: Bereitschaft, den Partner wiederzutreffen, in Abhängigkeit von dessen körperlicher Attraktivität (nach WALSTER et al., 1966)

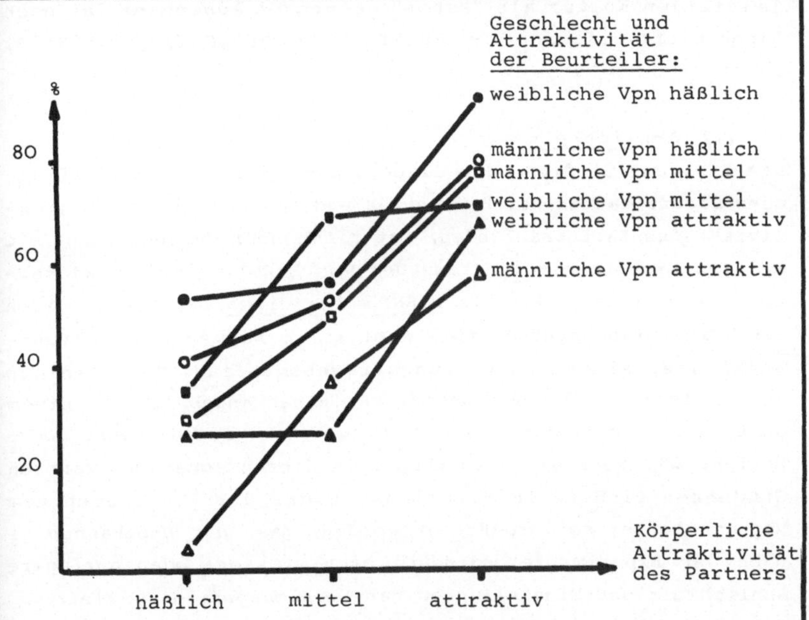

Dissonanz dieser kognitiven Elemente (z.B. ich schätze P; P ist hässlich) ist mit einer Änderung des Urteils (ich schätze P nicht bzw. ich stehe P neutral gegenüber) oder der Perzeption (P ist eigentlich doch hübsch) zu rechnen.

Wie sehr ein attraktives Aussehen in die Bewertung einer Person einfliesst, zeigten DION, BERSCHEID & WALSTER (1972), indem sie Fotos einer attraktiven, mittleren und wenig attraktiven Studentin nach verschiedenen Fähigkeiten der abgebildeten Person beurteilen liessen. Die attraktive Studentin wurde nicht nur nach der Wahrscheinlichkeit einer Heirat, sondern auch z.B. nach der beruflichen Stellung, nach dem

Verhalten als Ehepartner und Mutter und nach ihrem Glück höher eingeschätzt. Die vollen Auswirkungen eines in der jeweiligen Kultur als "schön" geltenden Aussehens ist noch lange nicht erforscht (s. ADAMS, 1977, BERSCHEID & WALSTER, 1974).

3.1.2.2. Ähnlichkeit

Die Zahl der Studien, die einen Zusammenhang zwischen ähnlichen Eigenschaften bei Beurteiler und Partner mit der Attraktivität des Partners finden, ist nicht mehr zu übersehen. Die meisten Experimente benutzen den von BYRNE (1961) entwickelten Versuchsplan, der als BYRNE's Paradigma bekannt geworden ist. Die Versuchsperson füllt, meist im Rahmen einer Studentenklasse, einen Einstellungsfragebogen aus. Nach einigen Wochen legt ihr der Versuchsleiter einen angeblich von einem anderen Studenten ausgefüllten Fragebogen vor und lässt beurteilen, wie nett die Versuchsperson diesen sonst unbekannten Studenten findet. In Wirklichkeit war der Fragebogen vom Versuchsleiter so vorbereitet worden, dass der Unbekannte je nach der Experimentalbedingung eine grössere oder geringere Ähnlichkeit der Einstellungen zur Versuchsperson aufwies.

Mit seltener Übereinstimmung zeigt sich in diesen Versuchen, dass Personen mit ähnlichen Einstellungen vorgezogen werden (BYRNE & RHAMEY, 1965, BYRNE & NELSON, 1965, BYRNE, NELSON & REEVES, 1966, NEWCOMB, 1961). Aber nicht nur die Ähnlichkeit der Einstellungen, sondern auch die Ähnlichkeit der Aufgabenleistung (SENN, 1971), der Schulbildung, Intelligenz, Körpergrösse, des Alters, des Status, der Konfession (s. BERSCHEID & WALSTER, 1969, MIKULA & STROEBE, 1977) wirken in derselben Weise. Dass diese globalen Aussagen von Fall zu Fall differenzierter betrachtet werden müssen, geht aus den Versuchen von LERNER & BECKER (1962) hervor, die demonstrierten, wie entgegengesetzte Zielsetzungen der Partner in Wettbewerbssituationen zur Wahl unähnlicher Personen und voneinander abhängige Ziele in Kooperationsbedingungen zur Wahl ähnlicher

Personen führten.

Zur Erklärung dieser Befunde dienen vor allem fünf Theorien: FESTINGER's Theorie des sozialen Vergleichs, die Balancetheorie von HEIDER bzw. die revidierte Form von NEWCOMB, die Verstärkungstheorie, die Equity-Theorie und die Theorie der impliziten Bewertung von ARONSON & WORCHEL.

Mit seiner Theorie des sozialen Vergleichs legte FESTINGER (1954) eine Vorform der kognitiven Dissonanztheorie vor. Er geht von dem allgemeinen Bedürfnis aus, dass wir Sicherheit über die Richtigkeit unserer Meinungen erhalten wollen. Im Gegensatz zu Fragen der physikalischen Umgebung lassen sich Ansichten der "sozialen Realität" nie objektiv sichern. Wir sind deshalb auf das Urteil unserer Umgebung angewiesen. Dieser Vergleich mit der sozialen Umgebung wird umso eher ausgeführt, je ähnlicher uns diese Umgebung ist, weil dann begründete Hoffnungen bestehen, dass dort unsere Ansichten bestätigt werden. Bei Diskrepanzen zwischen der eigenen Meinung und den Ansichten der Umgebung wird entweder der Vergleich unterlassen, eine Umgebung mit verwandteren Ansichten gesucht oder die eigene Meinung dem Standpunkt der Umwelt angeglichen.

Die Tendenz zur Wahl ähnlicher Personen als Partner ist nach dieser Theorie ein Versuch, die eigenen Einstellungen zu stabilisieren. Partner mit abweichenden Meinungen würden dagegen eine Neuorientierung der kognitiven Organisation erfordern.

Ganz im Sinne dieser Theorie stellen BYRNE, NELSON & REEVES (1966) fest, dass die Zuneigung zu solchen Personen grösser ist, die ähnliche Wert- und Geschmacksurteile abgeben. Ähnliche Meinungen, die sofort objektiv zu überprüfen waren, hatten dagegen eine geringere Wirkung. Zahlreiche spezifische und weiterführende Untersuchungen zu FESTINGER's Theorie des sozialen Vergleichs finden sich bei SULS & MILLER (1977).

Mit seiner Balancetheorie versucht HEIDER (1958) die Stabilität oder Veränderung von Dreiecksbeziehungen zwischen zwei Personen (O und P) und einem Meinungsgegenstand (X) vorauszusagen. Bei den Beziehungen unterscheidet er Einheits- (z.B. besitzen, zusammen sein) und Gefühlsrelationen (z.B. lieben, ablehnen). Ein Gleichgewicht liegt dann vor, wenn alle drei Elemente positiv verbunden sind oder wenn zwei negative und eine positive Beziehung vorliegen (Abb. 8). Ungleichsgewichtsrelationen tendieren zur Veränderung.

Wenn eine Person mit einer bestimmten Einstellung, z.B. pro Marktwirtschaft, erfährt, dass ein bisher unbekannter poten-

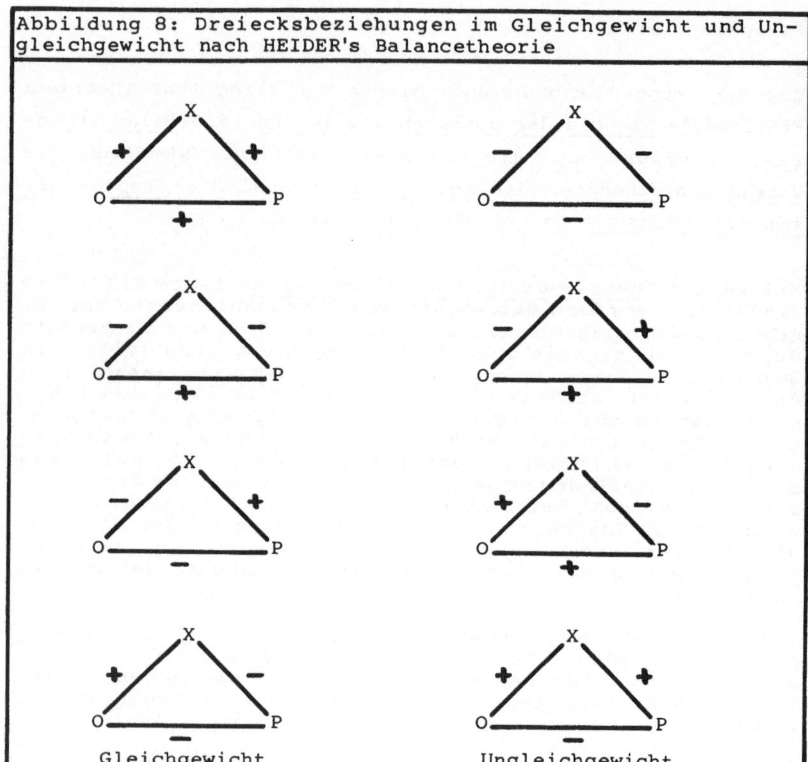

tieller Partner dieselbe Einstellung vertritt, wird sie im
Sinne eines Gleichgewichtes der Beziehungen diesen Partner
schätzen. Bei unterschiedlichen Meinungen ist dagegen eine
gegenseitige Ablehnung zu erwarten.

Schwächen der Balancetheorie wurden z.B. diskutiert von KIES-
LER, COLLINS & MILLER (1969), MURSTEIN (1971c), CARTWRIGHT
& HARARY (1956), ROSENBERG & ABELSON (1963) und von NEWCOMB
(1961, 1968, 1971). Es werden vor allem folgende Kritikpunkte
vorgetragen:

- HEIDER geht von einseitigen Beziehungen aus. In gegenseitigen Beziehungen können positive und negative Einstellungen vorkommen, eine Situation, die von der Balancetheorie nicht erläutert wird.

- Komplexe Beziehungen sind nicht berücksichtigt. So kann

das Verhältnis zwischen zwei Personen von mehreren Objekten beeinflusst werden, zu denen beide Partner unterschiedliche Beziehungen unterhalten. Aber ebenso gut können sich Gefühls- und Einheitsbeziehungen widersprechen, wie im Falle von Romeo und Julia, die sich liebten, aber voneinander getrennt waren.

- Eine Beziehung umfasst oft mehrere Dimensionen, z.B. wirtschaftliche, religiöse, politische, ästhetische. Die gleichzeitige Wirkung der verschiedenen Dimensionen wird nicht diskutiert.

- Die Gefühls- und Einheitsbeziehungen sind nicht klar definiert. Nach HEIDER würde man erwarten, dass Hundefreunde, weil sie Hunde lieben, auch Hundekuchen lieben müssten; ebenso würde man voraussagen, dass sich zwei Personen, die sich am selben Ort befinden, z.B. vor der einzigen Umkleidekabine, gegenseitig positiv beurteilen. Diese Illustrationen dokumentieren, wie wichtig eine klarere Definition der Beziehungen ist.

- Quantitative Unterschiede werden nicht berücksichtigt, obwohl es für das gegenseitige Verhältnis zwischen zwei Partnern nicht unbedeutend sein dürfte, wenn A gegenüber einem Objekt sehr hohe Aufwendungen, B jedoch nur geringe Aufwendungen leistet.

- Die Beziehungen in der Triade sind nicht äquivalent, wie es HEIDER vereinfachend annimmt. So wird eine negative O-P-Relation bei Gleichgewicht der Triade als unangenehmer empfunden als eine positive Relation und als angenehmer als eine negative Beziehung bei Ungleichgewicht. Die besondere Qualität dieser Beziehung ist in der Erwartung begründet, dass der Partner P ein ebenso negatives Urteil über den Beurteiler O liefern kann und dass er Ausgangspunkt eines Urteils über X ist. Deshalb schlägt NEWCOMB vor, zu unterscheiden zwischen Triadenrelationen im positiven Gleichgewicht, im positiven Ungleichgewicht und Triaden ohne Gleichgewicht ("nonbalance"). Triaden ohne Gleichgewicht weisen eine negative Beziehung zwischen O und P auf.

- Die Bedeutung der Beziehungen in der Triade hängen von den aktualisierten Rollenvorstellungen ab. So kann die gleichzeitige Wertschätzung eines Mädchens durch zwei Freunde (positives Gleichgewicht) nur andauern, solange die Freunde sich nicht als Rivalen sehen (kein Gleichgewicht).

- Es genügt nicht, einfach von Anziehung zu sprechen. Die Bedeutung der Anziehung sollte differenziert werden danach, ob vom Partner z.B. Belohnung, Entgegnung der positiven Meinung oder Unterstützung erwartet wird.

NEWCOMB (1968) kann seine Erweiterung durch mehrere empirische Belege absichern. Die Differenzierung nach der aktualisierten Rolle und nach der Qualität der Anziehung entspricht
der Forderung von KIESLER & GOLDBERG (1964), die Multidimen-
sionalität der interpersonellen Anziehung zu berücksichtigen.

Der Beitrag der Balancetheorie für das Verständnis der Entstehung von Gruppen liegt in dem Postulat, dass Gleichgewicht
oder Ungleichgewicht der Relationen motivationale Bedingungen
darstellen. Ähnliche Haltungen mehrerer Personen gegenüber
verschiedenen Objekten erleichtern den Zusammenschluss, während unterschiedliche Auffassungen als Hindernis der Gruppenbildung wirken.

Die Verstärkungstheorie, die auch als Theorie der antizipierten Belohnung in künftigen Interaktionen (INSKO & SCHOP-
LER, 1971, 270) bezeichnet wird, wird vor allem von BYRNE und
Mitarbeitern vertreten. Jeder Reiz mit Verstärkungseigen-
schaften (z.B. eine Einstellung zum Kapitalismus) wirkt als
unbedingter Reiz (UCS) für eine gefühlsmässige Reaktion auf
den Kontinuum "angenehm - unangenehm". Die Verstärkungseigenschaft eines Reizes hängt von seiner Fähigkeit ab, Reak-
tionswahrscheinlichkeiten zu ändern. Tritt ein Reiz (z.B. die
Person B) mit dem unbedingten Reiz gemeinsam auf, so kann er
in der Folge als bedingter Reiz die Gefühlsreaktion auslösen.
BYRNE (1969) und CLORE & BYRNE (1974) geben sogar eine Formel
an. Danach ist die Attraktivität der Person B:

$$A_B = m \cdot \frac{\sum (PV_B \cdot I)}{\sum (NV_B \cdot I) + \sum (PV_B \cdot I)} + k$$

PV_B = mit B verbundene positive Verstärkungen
I = Intensität der Verstärkungen
NV_B = mit B verbundene negative Verstärkungen
m,k = Konstante

Sind die Summen der gewichteten positiven oder negativen
Verstärkungen gleich gross, so wird der Nenner = 0 und die
Attraktivität von B geht in eine neutrale Haltung über.

Andere lerntheoretische Versuche der Erklärung interperso-
neller Attraktivität stammen von LOTT & LOTT (1968, 1974) und
von STAATS (1968).

Personen sind hier zu Reizen geworden. Durch ihre ähnlichen
Einstellungen ermöglichen sie positive Verstärkungen, die
letzten Endes eine Tendenz zur Gruppenbildung bewirken. Kritisch merkt hier MURSTEIN (1971c) an, dass mit einer Person
so viele Verstärkereigenschaften verbunden sind, dass eine
Rückführung auf eine gleiche oder ungleiche Einstellung
Schwierigkeiten bereiten dürfte. Damit ist aber nichts gegen
die Gültigkeit der Lerntheorie, sondern nur gegen den Nach-

weis der Wirkung ausgesagt.

Die _Equity-Theorie_ konzentriert sich auf die Aussage der Austauschtheorie, dass Nutzen und Kosten in einer Beziehung gerecht verteilt werden müssen ("distributive justice"-HOMANS, 1968), wenn das Verhältnis aufrechterhalten werden soll. WALSTER, WALSTER & BERSCHEID (1978) hatten für die Equity-Theorie vier Propositionen formuliert (s. auch WALSTER, BERSCHEID & WALSTER, 1973):

1. Individuen versuchen ihre Erträge zu maximieren (Ertrag = Belohnungen - Kosten)

2. Gruppen maximieren die Erträge ihrer Mitglieder, indem sie Systeme einer gerechten Verteilung innerhalb der Gruppe entwickeln. Sie belohnen Beachtung dieser Gerechtigkeitsnormen und bestrafen Missachtung.

3. Die Beteiligung an ungerechten Beziehungen führt zu einem Zustand des Unbehagens (distress).

4. Personen versuchen ungerechte Beziehungen in Richtung auf mehr Gerechtigkeit zu verändern, um ihr Unbehagen zu reduzieren.

Was eine gerechte Beziehung ist, fassen sie in Erweiterung der von ADAMS (1964) vorgeschlagenen Gleichung

$$\frac{\text{Output A}}{\text{Input A}} = \frac{\text{Output B}}{\text{Input B}}$$

in die relativ komplexe Formel, die genereller verwendbar ist als ihre verständlichere Vorgängerin:

$$\frac{O_A - I_A}{|I_A|^{KA}} = \frac{O_B - I_B}{|I_B|^{KB}}$$

$$
\begin{aligned}
O_A, \ O_B &= \text{wahrgenommene Erträge (outcome)} \\
I_A, \ I_B &= \text{wahrgenommene Aufwendungen (input)} \\
K_A, \ K_B &= \text{Korrekturkoeffizient} = \text{Vorzeichen} \\
&\quad\ \text{von I x Vorzeichen von O-I}
\end{aligned}
$$

Bei subjektiv ungerechten Beziehungen werden A und B versuchen, die wahrgenommenen eigenen Aufwendungen und Erträge und/oder die des Partners zu verändern, bis die Ungleichung in eine Gleichung verwandelt ist. Das kann durch Modifikation der objektiven und/oder der subjektiven Grössen geschehen.

Für die interpersonelle Attraktion ist es wichtig, dass als Erträge schon das Zusammensein mit dem Partner, aber auch Konsequenzen dieser Interaktion, wie Wissen, Status, Unterhaltenwerden, gesehen werden können. Aufwendungen können

sein: gutes Aussehen, Bildung, Bemühungen um die Zusammen-
kunft usw. Die Equity-Theorie sagt damit voraus, dass zwei
Partner vor allem dann in Kontakt treten (und den begonnenen
Kontakt fortsetzen), wenn die wahrgenommenen Erträge und
Aufwendungen beider Partner in demselben Verhältnis stehen.
Bei Ungleichheit der Verhältnisse kommt der Kontakt entweder
nicht zustande oder die einzelnen Grössen werden verändert,
um dem Unbehagen zu entgehen.

Diese Theorie hat viele empirische Bestätigungen erfahren
(siehe WALSTER et al., 1978, MIKULA, 1980). Kritisch wird vor
allem vermerkt, dass die subjektiven Grössen in der Gleichung
schwer zu messen sind, so dass die Gültigkeit der Theorie
kaum unter Beweis gestellt werden kann. Aber auch die Grundannahme, Gerechtigkeit bilde die Basis von Sozialbeziehungen,
wurde in Zweifel gezogen; wahrscheinlich muss dieses Gerech-
tigkeitsstreben erst im Sozialisationsprozess erlernt werden.
Zusätzlich können weitere Einflüsse wirksam sein.

Die Theorie der impliziten Bewertung (ARONSON & WORCHEL,
1966) postuliert, A vermute, ein Partner B mit ähnlichen
Einstellungen hege gegenüber A positive Gefühle. Da auch die
Wertschätzung eines Partners die Sympathie ihm gegenüber
fördert (s. S. 66ff.), findet A seinen Partner B attraktiv.
Wenn wir diese Theorie nach dem Kriterium der Einfachheit
beurteilen, kann sie keine volle Zustimmung finden. Anstelle
direkter Kausalzusammenhänge baut sie nämlich eine Kausal-
kette von der Ähnlichkeit über die implizierte Wertschätzung
zur Sympathie auf. Da eindeutige empirische Entscheidungen
über die Validität der fünf Theorien noch fehlen, sind für
den Regelfall der interpersonellen Attraktivität weniger
komplexe Erklärungsansätze vorzuziehen; für spezifische Situationen aber dürfte auch die Theorie der impliziten Bewertung wertvoll sein.

Überhaupt ist zu den fünf Theorien zu sagen, dass sie alle in
überlappenden Bereichen Gültigkeit haben. Statt des Ideal-
falls, in dem eine Theorie alle Aspekte der Ähnlichkeitsbe-
dingung abdeckt, liegen mehrere Vorschläge vor, die Teilprob-
leme erklären und sich z.T. ergänzen können. Beispielsweise
heisst die "Gefühlsbeziehung" HEIDER's in lerntheoretischer
Terminologie "Verstärkungseigenschaft" und weist schon in der
Begriffswahl auf Berührungsstellen hin.

3.1.2.3. Komplementarität

Während in immer neuen Anwendungsbereichen die Ähnlichkeit
als Bedingung der Attraktivität aufgezeigt wurde, stand man

vor einem Rätsel, sobald man die Persönlichkeitszüge der Partner untersuchte. In Experimenten, die nach BYRNE's Paradigma vorgingen (z.B. BYRNE, GRIFFITT & STEFANIAK, 1967, GRIFFITT, 1966) fand man, dass ähnliche Persönlichkeitseigenschaften die Attraktivität begünstigen. Wurden tatsächliche Freundschaften oder sogar langjährige Ehepaare betrachtet, traten nur geringe oder Nullkorrelationen zwischen den Persönlichkeitseigenschaften der Partner auf (z.B. MILLER et al., 1966, DAY, 1961).

Die von WINCH (1955, 1958) entwickelte Theorie der komplementären Bedürfnisse bei der Gattenwahl war ein erster Schritt zur Lösung des Rätsels. WINCH machte darauf aufmerksam, dass viele Persönlichkeitszüge in einem Komplementärverhältnis stehen. Zwei dominante Personen werden kaum lange Freundschaft halten können, während die Kombination "dominant - submissiv" beide Bedürfnisse erfüllt. An Ehepaaren konnte er demonstrieren, dass solche komplementären Konstellationen bei langfristigen Beziehungen häufig auftreten. KERCKHOFF & DAVIS (1962) erweiterten diese Theorie, indem sie die Zeitdimension in die Überlegungen einbezogen. In der ersten Phase dient die Ähnlichkeit der Einstellungen und Werte dazu, erste Kontakte und eine gemeinsame Ebene des Gesprächs zu ermöglichen. Nach längerer Zeit erfolgt die Selektion auf Grund der Komplementaritätsrelationen der betroffenen Persönlichkeiten. Damit wird erklärt, dass bei kurzen Bekanntschaften und mit dem BYRNE'schen Paradigma ähnliche Einstellungen und Persönlichkeitszüge, bei langfristigen Beziehungen aber die Harmonie auf Grund komplementärer Eigenschaften wichtig sind.

Auf dem Hintergrund dieser teilweise empirisch begründeten Theorien konzipierte MURSTEIN (1971b) seine SVR (Stimulus-Value-Role)-Theorie der Partnerwahl.

In der Stimulus-Phase entscheidet sich, ob potentielle Partner überhaupt Kontakt aufnehmen. Die äussere Erscheinung, das in der Öffentlichkeit demonstrierte Verhalten und die subjektive Erfolgswahrscheinlichkeit einer Annäherung beeinflussen die Bereitschaft, zu potentiellen Partnern Verbindung aufzunehmen. Sobald man miteinander kommuniziert, beginnt die Wert-Phase, in der geprüft wird, wieweit sich die Werte und Einstellungen beider Partner vereinbaren lassen. Falls sich eine ausreichende Ähnlichkeit der Werte ergeben hat, beginnt die Rollen-Phase, in der komplementäre Rollen eingeübt werden und in der erprobt wird, wie weit die beiden Persönlichkeiten zueinander passen. Schliesst auch diese Prüfphase zur beiderseitigen Zufriedenheit ab, ist die Chance für eine langfristig existierende Gruppe gegeben.

Wendet man diese zunächst für die eheliche Partnerwahl entwickelte Theorie auf die allgemeinere Fragestellung der Entstehung von Gruppen an, so integriert sie die verschiedenen bisher referierten Einzeldaten. Obwohl einzelne Versuche der empirischen Kontrolle der Phasenfolge bisher wenig ermutigend verliefen (z.B. LEVINGER, SENN & JORGENSEN, 1970), dürfte die SVR-Theorie wegen des Einbezuges von Detailbefunden die künftige Forschung beeinflussen. Zunächst sind jedoch noch methodische Fragen zu lösen, damit künftige Arbeiten eindeutigere Ergebnisse liefern und nicht, wie das bis jetzt der Fall ist, mehrere Alternativinterpretationen erlauben.

3.1.2.4. <u>Sympathie</u>

Wir fühlen uns zu den Menschen hingezogen, die uns schätzen. Auch diese Aussage kann sich auf eine grosse Anzahl von Untersuchungen stützen (z.B. JONES, BELL & ARONSON, 1972, WALSTER & WALSTER, 1963, s. auch BRAMEL, 1969, 13). Wir gewinnen nämlich Macht über diese Personen, weil sie bereit sind, uns Gefälligkeiten zu erweisen. Zusätzlich helfen sie uns, unser positives Selbstbild in der sozialen Realität zu verankern. Diese Zusammenhänge lassen sich durch die Theorien des sozialen Vergleichs und auch durch die Balancetheorie verstehen.

Wie wichtig der Gesichtspunkt der sozialen Absicherung des Selbstkonzeptes ist, zeigt eine Studie von ARONSON & LINDER (1965). Durch eine überzeugende cover story von dem eigentlichen Ziel des Experimentes abgelenkt hörte die Versuchsperson, wie ein Versuchspartner sie siebenmal beurteilte. In der Zwischenzeit hatte sie Gelegenheit, festzuhalten, wie sehr sie diesen Partner schätzte. Der Versuchspartner wechselte seine Meinung über die Versuchsperson im Laufe der sieben Gespräche entweder von positiv zu negativ oder umgekehrt oder er blieb konstant bei einer positiven oder negativen Haltung.

Die Versuchsperson schätzte ihren Partner am meisten, wenn er sie zunächst abgelehnt hatte und dann allmählich zu einer positiven Meinung übergegangen war (Abb. 9). Nach anfängli-

Abbildung 9: Mittlerer Sympathiewert ("liking") in den Bedingungen des Versuchs von ARONSON & LINDER (1965)		
Einstellung des Partners zur Versuchsperson		**Mittlerer Sympathiewert**
zu Beginn	am Ende	
negativ	positiv	
positiv	positiv	
negativ	negativ	
positiv	negativ	

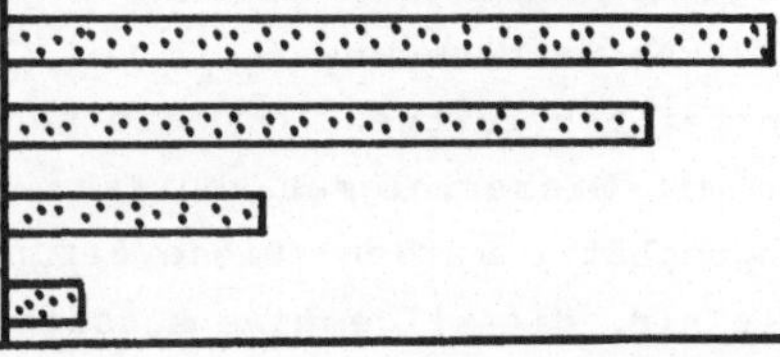

cher Erschütterung des Selbstbildes hatte in dieser Bedingung der Partner zur Wiederaufrichtung des alten Selbstbildes beigetragen. Er hatte damit der Versuchsperson erspart, das Selbstkonzept zu reorganisieren und es an die neue soziale Realität anzupassen. In der Gegenbedingung stand die Versuchsperson am Ende des Versuchs vor dieser mühsamen Aufgabe. Deshalb schätzt sie dort den Partner am wenigsten. In diesem Versuch kommt klar zum Ausdruck, wie die Veränderungen der

Sympathie in der Zeit auf die Tendenz zur Gruppenbildung stärker einwirken als statische Verhältnisse, die in der Regel experimentell erforscht werden.

Nun sehen wir uns nicht immer positiv; in einzelnen Bereichen sind wir uns sogar ausgesprochen unsympathisch. Findet uns ein potentieller Partner in einer solchen Situation nett, ist zu erwarten, dass wir ihn ablehnen. Andererseits könnten die Sympathiebezeugungen gegenüber einer Person mit geringem Selbstbewusstsein gerade dieses Selbstbewusstsein heben und damit den Partner attraktiv erscheinen lassen. WALSTER (1965) stellte fest, dass Studentinnen mit angeblich schlechten Ergebnissen eines Persönlichkeitstests einen unbekannten Kommilitonen, der ihnen vor dem Versuch ein privates Zusammensein angeboten hatte, sympathischer fanden als Studentinnen mit angeblich guten Persönlichkeitswerten. Reine Schmeichelei, die mit positiven Stellungnahmen wider besseres Wissen operationalisiert wurde, mit dem Ziel, sich beliebt zu machen, führt jedoch zur Ablehnung (JONES, 1964).

Mit der Manipulation von Erfolg und Misserfolg in einer Aufgabe bereiteten DEUTSCH & SOLOMON (1959) ein hohes und niederes Selbstbewusstsein vor. Personen mit Erfolgsmeldungen beurteilten Partner, die sie schätzten, günstiger als Personen mit Misserfolgserlebnissen, die positiv oder die negativ eingeschätzt wurden. Diese Befunde weisen auf die Notwendigkeit hin, die allgemeine Aussage, wir mögen die Menschen, die uns schätzen, zu relativieren. Gerade diese differenzierteren Fragestellungen sind erst wenig untersucht, so dass abschliessende Aussagen und theoretische Einordnungen noch nicht möglich sind.

Gruppen bilden sich, wie wir gesehen haben, leichter aus Menschen, die gut aussehen, ähnliche Stellungen besitzen, der Persönlichkeitsstruktur nach zu den Partnern und zu den künftigen Rollen passen und die sich auf Grund tatsächlich vor-

handener Vorzüge schätzen. Weitere Einflüsse - die räumliche
Nähe und der Blickkontakt - werden später noch dargestellt
(S.   84, 106 ff.). Sind die genannten Bedingungen neben
einer Vielzahl bisher noch nicht erforschter Einflüsse nicht
gegeben, müssen zusätzliche situative Faktoren (z.B. Zwang,
Isolationsgefahr) einwirken, damit sich Menschen zu Gruppen
zusammenschliessen.

Im Zusammenhang mit der SVR-Theorie hatten wir schon einen
Versuch der Bestimmung aufeinanderfolgender Schritte bei der
Entwicklung der ehelichen Dyade kennengelernt. Der Frage der
Entwicklungsphasen von Gruppen wollen wir uns jetzt ausführ-
licher zuwenden.

3.1.3. Phasen der Gruppenentwicklung

Eine Gruppe, unabhängig davon, wie sie definiert ist und
welchen spezifischen Typ sie repräsentiert, bietet nicht von
Anfang an das Bild emotionaler Ruhe, wirksamer Strukturierung
und optimaler Effizienz. Die Mitglieder müssen erst in einer
längeren Konstituierungsperiode die Voraussetzungen für das
Neben- und Miteinander schaffen, das die Erreichung des gemeinsamen Zieles erleichtert. In den meisten Fällen dürften
diese optimalen Bedingungen nicht vollständig realisiert
werden, weil die Mitglieder in einem Vorstadium stehen bleiben.

Es liegen eine Reihe von Versuchen vor, die aufeinanderfol-
genden Verhaltensweisen bis zur ausgebildeten, relativ stabi-
len Gruppenstruktur zu systematisieren. TUCKMAN (1965) sich-
tete die Literatur und stellte häufige Übereinstimmungen
hinsichtlich vier Phasen fest.

Die erste Phase ("forming") ist gekennzeichnet durch ein
Ausprobieren, welche Verhaltensmuster in der Gruppe akzep-
tiert werden und welche Aktivitäten Widerstand hervorrufen.
Dabei begibt man sich gern in Abhängigkeit herausragender

Gruppenmitglieder oder möglicherweise schon bestehender Normen. Gleichzeitig erfolgt eine erste Orientierung über das Gruppenziel und über die Wege seiner Bewältigung.

In der zweiten Phase ("storming") ereignen sich Intragruppenkonflikte. Die einzelnen Mitglieder stellen sich gegen ihre Partner und gegen die Normen. Das Gefühl der Zusammengehörigkeit ist noch nicht entwickelt. Gegen das Gruppenziel erhebt sich emotionaler Widerstand, weil es die persönliche Freiheit einengt.

In der dritten Phase ("norming") entwickelt sich die Gruppenkohärenz. Jedes Mitglied akzeptiert die übrigen Partner, selbst wenn sie durch Eigenwilligkeit hervortreten, und arbeitet auf den Fortbestand der Gruppe hin. Die Lösung der Gruppenaufgaben wird durch Informationsaustausch und Bereitstellung der individuellen Ressourcen vorbereitet.

Während der vierten und letzten Phase ("performing") widmet sich die Gruppe den anstehenden Aufgaben, wobei sich die in der zweiten Phase gebildeten funktionalen Rollenbeziehungen festigen. Deshalb sind jetzt Lösungen der Gruppenprobleme möglich.

In den Therapie- und Trainingsgruppen, die TUCKMAN betrachtete, werden die vier Phasen oft erwähnt (Tab. 4), ein Hinweis auf eine gewisse Allgemeingültigkeit dieser Klassifikation. Deshalb sind die Übereinstimmungen mit anderen Vorschlägen zur Strukturierung der Gruppenentwicklung recht hoch. MILLS (1967) oder (1970) geht beispielsweise von Lerngruppen aus und spricht von der Aufeinanderfolge von Zusammentreffen, Erfahrungen der Grenzen und Rollenentwicklung, Aushandlung eines eigenen normativen Systems, Produktivität und Auflösung.

Speziell für Sensitivity-Training-Gruppen legten BENNIS &

Tabelle 4: Häufigkeit, mit denen die vier Phasen in überprüften Berichten auftreten (Zusammengestellt nach TUCKMAN, 1965)		
	Therapiegruppen N = 26	Trainingsgruppen N = 11
Forming	18	9
Storming	13	10
Norming	22	11
Performing	12	8

SHEPHARD (1956) eine Theorie der Gruppenentwicklung vor. In einer ersten Hauptphase ist nach dieser "Theorie" die Abhängigkeit vom Trainer problematisiert. In den Subphasen: Abhängigkeit, Rebellion und Lösung wird diese Thematik allmählich bewältigt. Die zweite Hauptphase betrifft die Interdependenz der Teilnehmer. Von einer unwirklich erscheinenden Harmonie aller Mitglieder ausgehend erfolgt eine Aufspaltung in Untergruppen mit mehr oder weniger starker Betonung der Individualität. In der letzten Subphase gelingt es den Personen, Verständnis für die Ängste und Wünsche aller Mitglieder zu finden, so dass eine offene Kommunikation möglich wird.

SHAW & COSTANZO (1970) weisen auf den eingeschränkten Geltungsbereich dieser Theorie hin. Ausserdem seien die Faktoren nicht spezifiziert, die auf das Entwicklungstempo und auf die Entwicklungsphasen einwirken. Das Vorhandensein einer storming- und norming-Phase in beiden Hauptphasen erinnert jedoch an das TUCKMAN-Modell, dessen Phasenfolge auch aus der Beobachtung von 22 Diskussionsgruppen durch BALES & STRODTBECK (1951) gestützt wird.

Die Autoren unterteilten die gesamte Diskussionszeit ihrer Gruppen in eine Anfangs-, Mittel- und Lösungsphase. Zu Beginn hatten die Orientierungshandlungen der Gruppe ein Maximum, um dann allmählich abzufallen (s. Abb. 10). Hier ist eine Entsprechung zur "forming"-Phase zu erkennen. In der zweiten

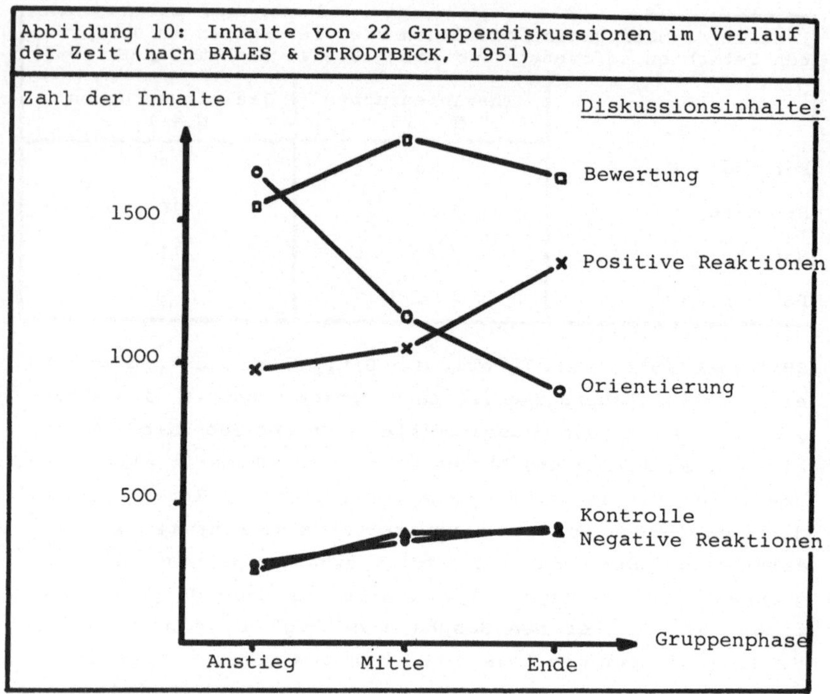

Beobachtungseinheit liegt ein Gipfel der Bewertungsinhalte,
der auf storming- und norming-Prozesse hindeutet. Die kontinuierlich bis zum Ende steigenden positiven, negativen und
kontrollierenden Diskussionsinhalte dürften mit der harten
Argumentation in der performing-Phase zusammenhängen. Obwohl
diese Entwicklung des Gruppenverhaltens an Diskussionsgruppen
gewonnen wurde, lassen sich auch hier die Übereinstimmungen
mit dem TUCKMAN-Gruppenentwicklungsmodell erkennen.

Einen Zusammenhang zwischen dem ontogenetischen Erfahrungs-
stand der Gruppenmitglieder und der Entwicklung der Gruppe
zeigte TUCKER (1973) auf. Damit ist gleichzeitig die Unmög-
lichkeit eines einzigen Grundschemas für die Gruppenentwicklung aufgezeigt: die Veränderungen in der Gruppe hängen ab

von dem Potential ihrer Mitglieder und nicht von vielleicht einmal erhofften Gruppengesetzmässigkeiten.

MANN (1967) schlägt einen zyklischen Verlauf der Gruppenentwicklung vor, der vor allem deutlich werden kann, wenn Gruppen über längere Zeit beobachtet werden.

Die TUCKMAN'schen Phasen liefern also kein Gesetz der Gruppenentwicklung, sondern erst einen guten Ansatz eines gemittelten Verlaufs. Mehr ist zu erwarten, wenn TUCKMAN einmal leistungszentrierte Gruppen stärker berücksichtigen und wenn er andererseits in seiner Literaturdurchsicht auf die Bedingungen von Ausnahmen dieser Regel aufmerksam machen würde. Der Wert seiner Phaseneinteilung liegt daher hauptsächlich darin, dass sie ein grobes Klassifikationsinstrument der Gruppenentwicklung darstellt, das die Hoffnung nach einer grösseren Differenzierung wachhält.

Eine andere Systematik der Gruppenbildung stammt von SHERIF (1968). Er verzichtet auf die Festlegung der zeitlichen Reihenfolge und spricht deshalb statt von Phasen von unabdingbaren Voraussetzungen (essentials) der Gruppenentwicklung, die durchlaufen werden müssen, bis eine voll funktionsfähige Gruppe entsteht.

Die motivationale Voraussetzung ist identisch mit dem Gruppenziel. Eine Gruppe bildet sich nämlich nach SHERIF erst dann, wenn mehrere Individuen allein nicht in der Lage sind, ihre Wünsche zu realisieren. Ist erst einmal die Gruppe entstanden, können sich ihre Motive wandeln. Die Strukturierung beinhaltet die Verteilung von Rollen und Status, wobei zunächst die extremen Ränge zugeteilt werden. Die mittleren Ränge folgen zuletzt. Ausserdem werden Gruppennormen gebildet, das sind Standards, nach denen die Gruppenmitglieder ihr Verhalten ausrichten müssen. Am Ende lassen sich Wirkungen der Gruppe im Verhalten nachweisen, indem Einstellungen, Verhaltensweisen und Arbeitsleistungen durch die Gruppe beeinflusst oder ermöglicht werden.

Trotz der offensichtlichen Gemeinsamkeiten der Modelle der Gruppenentwicklung sind noch viele Fragen offen. So sind die Zeitdauer der einzelnen Phasen und die Abhängigkeit des Verlaufs von äusseren Faktoren kaum behandelt worden. Auch die Bedeutung von vorgegebenen Strukturierungshilfen in bestehenden Organisationen für die Gruppenentwicklung ist noch unbekannt.

3.2. Kommunikation in der Gruppe

3.2.1. Begriff und Funktion der Kommunikation in der Gruppe

Unter Kommunikation wird meistens der Austausch von Information verstanden (z.B. "exchange of ideas and experience between individuals", MC DAVID & HARARY, 1968, 158, "a transmission of information, consisting of discriminative stimuli from a source to a recipient", NEWCOMB, 1953, 393 oder "Human communication refers to the broad range of behaviors where one or more communication sources encodes a message and transmits it to one or more receivers. The communication recipients may complete the cycle by sending a return message to the original source", RUFNER & BURGOON 1981, 2). GRAUMANN (1972, 1109) verwendet den Begriff der Interaktion synonym zur Kommunikation:

> "Wo immer zwei oder mehr Individuen sich zueinander verhalten, sei es im Gespräch, in Verhandlungen, im Spiel oder Streit, in Liebe oder Hass, sei es um einer Sache oder um ihrer selbst willen, sprechen wir von sozialen Interaktionen oder zwischenmenschlicher Kommunikation."

Wir werden deshalb Interaktion und Kommunikation in der Bedeutung vielgestaltiger Prozesse des gegenseitigen Aufeinandereinwirkens von Individuen oder Gruppen verwenden, die den Austausch von Information voraussetzen. Damit stimmen wir auch mit HOMANS (1960, 117) überein, der schreibt:

> "Wir können die Interaktion auch ohne Gefahr als Kommunikation bezeichnen, vorausgesetzt wir erinnern uns daran, dass die Kommunikation nicht unbedingt verbal vor sich zu gehen braucht."

Nach FESTINGER (1950) hat die spontane Kommunikation in der Gruppe vier Hauptursachen. Zunächst ist man bemüht, seine Meinungen und Einstellungen abzusichern, damit man diese Überzeugungen mit gutem Grund vertreten kann. Je weniger die Meinungen an die physikalische Realität gebunden sind, desto notwendiger ist der Aufbau einer sozialen Realität, das Wissen um ähnlichdenkende nahestehende Menschen. Man wird mit den Mitgliedern seiner Gruppe über Themen sprechen, um sich ihrer Zustimmung zu versichern oder um ihre Meinungen an die eigene Überzeugung anzunähern.

Damit die Gruppe selbst ihre Ziele erreichen kann, üben die Partner einen Druck zur Uniformität (später ist der Begriff "Konformität" gebräuchlicher) aus. Diese Gleichheit der Meinungen setzt die Kommunikation zwischen den Partnern voraus. Aber auch die Koordination der Aufgaben einzelner Gruppenmitglieder verlangt die gegenseitige Verständigung.

Als dritte Ursache weist FESTINGER auf den Wunsch eines Mitgliedes hin, seine Position in der Gruppe zu verändern. Die Status- oder Rollenänderung (Lokomotion) erfordert Kommunikation. Schliesslich nimmt FESTINGER ein Bedürfnis nach Mitteilung der Gefühlszustände an. Nach den Arbeiten, die SCHACHTER (1959) und SCHACHTER & SINGER (1962) anregten, kann man jedoch diese Ursache von Kommunikation mit der Tendenz zum Aufbau einer sozialen Realität gleichsetzen.

GOLEMBIEWSKI (1962) fasst die Bedingungen der Kommunikation in der Gruppe in zwei Klassen zusammen. So müssen interne und externe Probleme des Gruppenlebens gelöst und Individualbedürfnisse befriedigt werden. Beispielsweise muss die Gruppe sich strukturieren oder sie muss die Einstellungen der einzelnen Mitglieder homogenisieren. Oder die Mitglieder schaffen bei unklaren Verhältnissen eine soziale Realität und sichern sich Anerkennung.

Bei den Überlegungen zur Typologie von Gruppen stellten wir fest, wie durch die Interaktion der Partner die sekundären Kriterien entstehen (s. S. 18ff.). Struktur, Normen und Gruppenbewusstsein sind ohne Kommunikation nicht denkbar. Damit können wir die Genese und Dauer der Gruppe ebenfalls als Bedingungen der Interaktion bezeichnen.

3.2.2. Analyse von Kommunikationsprozessen in Kleingruppen

3.2.2.1. Analyse der Inhalte

Die bekannteste und am häufigsten benutzte Methode zur Analyse der Kommunikationsinhalte ist die "Interaktions-Prozess-Analyse" von BALES (1950, 1970). Beobachter registrieren das Interaktionsverhalten in 12 Kategorien (s. Abb. 11), die sich

Abbildung 11: Das Kategoriensystem der Interaktions-Prozess-Analyse von BALES (1950; in Klammern: BALES, 1970)

	Positive Reaktionen	Negative Reaktionen	
Sozial-emotionaler Bereich	Zeigt Solidarität (scheint freundlich)	Zeigt Antagonismus (scheint unfreundlich	Integration
	Fördert Entspannung (dramatisiert)	Zeigt Spannung (zeigt Spannung)	Spannung
	Stimmt zu (stimmt zu)	Lehnt ab (lehnt ab)	Entscheidungen
Aufgabenbereich	Macht Vorschläge (macht Vorschläge)	Bittet um Vorschläge (bittet um Vorschläge)	Kontrolle
	Äußert Meinungen (äußert Meinungen)	Bittet um Meinungen (bittet um Meinungen)	Bewertung
	Orientiert (gibt Information)	Bittet um Orientierung (bittet um Orientierung)	Orientierung
	Antwortverhalten	Frageverhalten	

in verschiedene Hauptbereiche des Verhaltens zusammenfassen lassen. Die Übereinstimmung zweier Beobachter liegt bei gutem Training nach BALES zwischen r=.75 und r=.95, so dass von einer ausreichenden Zuverlässigkeit gesprochen werden kann. Weitere Kategoriensysteme zur Registrierung von Gruppenverhalten werden von MERKENS & SEILER (1978) beschrieben.

Die reine Dokumentation der Interaktionshäufigkeit zeigt bei Problemlösediskussionen ein Überwiegen der Bewertung, Orientierung und der positiven Reaktionen vor Kontrolle und negativen Reaktionen. Abweichungen davon - etwa die sehr geringe Häufigkeit der positiven Reaktionenn in psychiatrischen Interviews - machen auf modifizierende Bedingungen in der Gruppe aufmerksam.

Das Kommunikationsverhalten hängt sehr von der Gruppengrösse ab. SCHULENBERG (1957) replizierte an Volkshochschülern den bekannten Befund, dass mit der Gruppengrösse der Anteil der aktiven Gruppenmitglieder sinkt (Tab. 5).

Tabelle 5: Anteil der aktiven und passiven Gruppenmitglieder in Abhängigkeit von der Gruppengrösse (nach SCHULENBERG, 1957)

| Gruppengrösse | Anteil der: | | |
	Sprecher %	Wenig-Sprecher %	Schweiger %
4 - 9	98	0	2
10 - 13	90	7	3
14 - 15	87	10	3
16 - 17	81	9	10
18 - 20	77	7	16
21 - 25	74	17	9
26 - 30	60	22	18

Dabei wirkt sich die Tendenz zur Monopolisierung vor allem in grösseren Gruppen aus. Der Anteil der Aktivität der nach

ihrer Beteiligung ranghöchsten Mitglieder steigt mit zunehmender Gruppengrösse an. Wenn man nach den von BALES (1970)
wiedergegebenen Kommunikationshäufigkeiten der Mitglieder von
Zwei- bis Achtpersonengruppen den Anteil des ranghöchsten
Sprechers an den Kommunikationsakten der zwei führenden Mitglieder berechnet, steigen die Werte von 57% in der Dyade auf
71% in der Achtergruppe an.

Grössere Gruppen (3-5 Personen) sind nach O'DELL (1967) gegenüber der Dyade in Gruppendiskussionen aktiver, wenn man
ihnen die Zeit lässt, ihr grösseres Potential einzusetzen.
Inhaltlich zeigt die Dyade mehr Spannung, während sie in
allen anderen Kategorien weniger oder gleiche Aktivität wie
die grösseren Gruppen erkennen lässt. Wichtiger als die Sonderstellung der Dyade ist an diesem Befund, dass die grösseren Gruppen untereinander keine Differenzen in ihrem Kommunikationsverhalten aufweisen.

Der Berücksichtigung von Einflussvariablen auf das Kommunikationsgeschehen in der Gruppe wurde wenig Beachtung geschenkt.
Ergebnisse der zeitlichen Entwicklung haben wir schon kennengelernt; Befunden über rollenspezifisches Verhalten werden
wir uns später zuwenden. Insgesamt aber ist die Fruchtbarkeit
dieses methodischen Ansatzes der Interaktions-Prozess-Analyse
bisher nur gering, so dass die ursprünglichen Erwartungen
nicht in Erfüllung gegangen sind.

3.2.2.2. Analyse der Richtung

Die Aktivität der einzelnen Gruppenmitglieder ist nicht
gleich. Es besteht eine Tendenz zur Monopolisierung der kom-
munikativen aktiven und passiven Handlungen. BALES (1970, 467
ff.) demonstriert an Gruppen von zwei bis acht Personen, wie
der Aktivste von allen anderen Gruppenmitgliedern am häufigsten angesprochen wird. Dabei wird er öfter angeredet als er
sich selbst an einzelne Personen wendet. Er richtet sich eher
an die gesamte Gruppe. Gruppenmitglieder auf einer niedrigeren Position in der Kommunikationshierarchie sprechen dagegen
öfter einzelne Personen an als die Gesamtheit der Gruppe. Die
Kommunikation verläuft somit von den Schwachen zu den Star-

ken.

Die Monopolisierung und der aufwärts gerichtete Kommunikationsfluss finden auch RILEY et al. (1954), die nicht die Kommunikation selbst beobachteten, sondern erfragten, mit welchen Kolleginnen Mädchen aus Highschools über verschiedene Themen sprechen wollen. Auch HURWITZ, ZANDER & HYMOVITCH (1968) stellten bei der Beobachtung von fachlichen Diskussionen zwischen Psychiatern, Psychologen und Pflegepersonal fest, dass die einflussreichen Personen am meisten redeten und dass die einflusslosen sich mehr an die hierarchisch übergeordneten als an die gleichgestellten wandten.

COHEN (1962) verglich (schriftliches) Kommunikationsverhalten von Versuchspersonen, die erwarten konnten, im Laufe des Versuchs eine interessantere Tätigkeit auszuüben, mit dem Verhalten von Personen ohne Aufstiegshoffnungen. Die aufstiegsorientierten Versuchspersonen richteten weniger Wörter an Ranggleiche und gleichzeitig umfangreichere Botschaften an ranghöhere Partner. Die aufwärtsgerichtete Kommunikation scheint daher Ausdruck von Mobilitätserwartungen zu sein. Wer mit keinem Aufstieg mehr rechnet, intensiviert den Kontakt mit den ranggleichen Personen.

Dass die Statusunterschiede nicht nur auf Menge und Richtung, sondern auch auf die Qualität der Interaktion einwirken, geht aus einem Experiment von ALKIRE et al. (1968) hervor. Mitglieder einer Studentenvereinigung und Bewerber um die Mitgliedschaft bildeten Zweiergruppen mit der Aufgabe, unregelmässige visuelle Muster zu beschreiben und nach dieser Beschreibung zu zeichnen. Dabei war die Genauigkeit der Zeichnungen bei den Gruppen am geringsten, bei denen der statushohe Partner das Muster beschrieb und der statusniedere es zeichnete. Dieser stellte signifikant weniger Zusatzfragen, die seine Leistung hätten verbessern können. Die Zurückhaltung der Rangniederen wird daher selbst dann nicht aufgegeben, wenn mit einem schlechteren gemeinsamen Ergebnis zu rechnen ist.

3.2.2.3. Das Kommunikationsverhalten wird gelernt

Interkulturelle Unterschiede im Kommunikationsverhalten lassen vermuten, dass Formen, Inhalte und Häufigkeit der Interaktionen gelernt werden. Diesen Lernprozess haben GREENSPOON (1955) und VERPLANCK (1955) in Labor- bzw. Feldexperimenten mit Zweiergruppen demonstriert. Durch "Ja", "Hm", Wiederholung der Aussage durch den Versuchsleiter mit seinen eigenen Worten, durch Lächeln, Kopfnicken oder Vorbeugen konnten diese Autoren oder spätere Studien (s. WILLIAMS, 1964) bestimmte Wortformen wie "ich", Pluralbildungen, aber auch Meinungsäusserungen und Führungsverhalten provozieren.

Dieser Anstieg in der Benutzung bestimmter Wörter oder Wortformen wurde als Verstärkungslernen aufgefasst: die Versuchsperson erlebt die Reaktion ihres Partners als Bekräftigung. Dadurch erhöht sich die Wahrscheinlichkeit der erneuten Benutzung der verstärkten verbalen Reaktion. Diese Interpretation vertritt z.B. HOMANS (1967, 33 - zitiert nach GRAUMANN, 1972, 1138):

> "Je häufiger die Tätigkeit einer Person belohnt worden ist, desto wahrscheinlicher wird sie diese Tätigkeit ausüben".

Andererseits dürften in diesem Prozess auch kognitive Momente eine Rolle spielen, denn der Verstärkungseffekt ist bei solchen Versuchspersonen grösser, denen das Partnerverhalten bewusst geworden war (s. ARGYLE, 1972a, 174f.).

Andere Experimente zeigen, dass auch in grösseren Gruppen die Verstärkung bestimmter Interaktionsformen oder die Bekräftigung des Verhaltens bestimmter Gruppenmitglieder dazu führt, dass sie häufiger auftreten oder dass diese Personen häufiger aktiv werden. So liessen BAVELAS et al. (1965) nach allen Aussagen eines Gruppenmitgliedes, das sich an einer Eingangsdiskussion in mittlerem Masse beteiligt hatte, ein grünes Licht und nach Beiträgen der redefreudigeren Person ein rotes

Licht aufleuchten. Den Versuchspersonen war bekannt, dass ein grünes Licht diskussionsfördernde und ein rotes Licht diskussionsbehindernde Beiträge signalisiert. Mit diesem Vorgehen gelang es ihnen, die Beteiligung dieser Personen an dem Gespräch und ihr Ansehen in der Gruppe entscheidend zu verändern. ZDEP & OAKES (1967) belohnten ihren kritischen Diskussionsteilnehmer für Beiträge durch grüne Lichter und sie bestraften ihn durch rote Lichter für Schweigsamkeit. Die übrigen Gruppenmitglieder erhielten grüne Signale, wenn sie der kritischen Person zustimmten und rote Signale, wenn sie viel redeten oder eigene Meinungen äusserten. Auch hier stiegen Redezeit und Ansehen der kritischen Person an.

Wenn nicht nur verbale Reaktionen, wie Zustimmung oder Widerspruch, sondern auch nichtverbale Signale wie Lächeln oder Blickkontakt das Interaktionsverhalten beeinflussen können, ist gerade die Kleingruppe für das Kommunikationsgebaren eines Menschen entscheidend. Aber nicht nur die langfristige Aneignung von Verhaltensstilen durch verstärkende oder bestrafende Reaktionen aus den Primärgruppen im Laufe der Ontogenese, sondern auch das Kommunikationsverhalten in aktuellen Situationen hängt von den Steuerungsmechanismen der Gruppe ab. Diese Interdependenz der Gruppenmitglieder ist Inhalt des _Kontingenzmodells_ der _dyadischen Interaktion_ von JONES & GERARD (1967).

Danach ist das Verhalten der Partner in unterschiedlichem Masse voneinander abhängig. In der _Pseudokontingenz_ laufen die Aktivitäten beider Personen nach zwei getrennten Plänen ab; sie sind nur zeitlich aufeinander bezogen wie in den rituellen Abläufen eines Gottesdienstes oder einer Festveranstaltung. _Asymmetrische_ Kontingenz liegt vor, wenn das Übergewicht eines Partners so stark ist, dass der andere nur darauf reagieren kann und durch seine Reaktionen die Ziele der dominanten Person verwirklichen hilft. Die _reaktive_ Kontingenz setzt eine selten vorkommende Planlosigkeit beider

Partner voraus, die nur auf die jeweilige Aktion des Gegenüber reagieren. So wird das Verhalten zweier Schachspieler in
einem Stadium, in dem sie das Spiel überhaupt noch nicht
beherrschen, weitgehend diesem Typ entsprechen. Die wechsel-
seitige Kontingenz schliesslich findet sich im normalen Kommunikationsverhalten. Jede Reaktion ist zum Teil determiniert
von den eigenen Zielsetzungen und Gewohnheiten und von der
Reaktion des Partners. In diesem Sinne stellt sich auch das
Kommunikationsverhalten in Kleingruppen als eine wechselsei-
tige Kontingenz dar, indem Häufigkeit, Inhalt und Form der
Aktivitäten eines Individuums von seinem Bedürfnissystem und
von den wahrgenommenen Reaktionen der Partner bestimmt werden.

Mit diesem Modell wird verständlich, wenn bestimmte Personen
in verschiedenen Gruppen völlig unterschiedliches Kommunikationsverhalten zeigen. Nicht die Motive, die Persönlichkeit
oder erlernte Verhaltensweisen bestimmen das Verhalten in
einer konkreten Gruppensituation, sondern das Zusammentreffen
dieser Faktoren mit der Reaktion der Gruppe, die in kurzer
Zeit ein Verhalten produzieren, das diesem Bedingungsgeflecht
angemessen ist.

3.2.3. Der Zusammenhang zwischen Kommunikation und Sympathie

HOMANS (1960) hatte in der Originalausgabe seines Buches
schon 1950 den aufregenden Zusammenhang formuliert:

> "Je häufiger Personen miteinander in Interaktion stehen,
> desto mehr tendieren die zwischen ihnen vorhandenen
> Freundschaftsgefühle zur Verstärkung" (S. 145) oder
> sogar: "... dass Personen, die häufig miteinander in
> Interaktion stehen, dazu tendieren einander zu mögen" (S.
> 125).

Er demonstrierte diese Hypothese an der Drahtarbeitergruppe
der Hawthorne-Studie. Personen, die dort räumlich und funk-
tional zusammenarbeiteten, beurteilten sich nämlich als sympathisch.

Nun expliziert HOMANS den Zusammenhang zwischen Kontakt und Sympathie durch die Annahme, Personen, die sich mögen, suchen gemeinsame Aktivitäten, um verstärkende Interaktionen zu erfahren. Die "HOMANS'sche Regel" lautet also zunächst: Sympathie → Kontakt. Damit begnügt er sich aber nicht, sondern er erweitert die Beziehung: Sympathie ⇌ Kontakt, d.h. Sympathie führt zu Kontakt und Kontakt führt zu Sympathie. Er legt 1968 mehrere Beispiele vor, um den zweiseitigen Wirkungszusammenhang empirisch abzusichern.

So hatte SCHACHTER (1951) gefunden, dass sich eine Gruppe nach einer Phase intensiver Zuwendung von einem Mitglied zurückzieht, wenn es nicht bereit ist, seine abweichende Meinung zu ändern. Befragungen zeigten, dass die Gruppe dem Nonkonformisten nur wenig Sympathie entgegenbringt. Diese geringe Sympathie habe die Interaktion reduziert. Noch verständlicher wird dieses Ergebnis, wenn man das von HOMANS selbst ausgearbeitete Verstärkungsmodell der Zuneigung verwendet. Danach hatte die Interaktion für die Gruppe keinen Gratifikationseffekt, weil der Nonkonformist seine abweichende Meinung beibehielt. Die Enttäuschungen löschten die bestehende Zuneigung aus. Um weitere Enttäuschungen zu vermeiden, verminderte die Gruppe den Kontakt.

Als anderes Beispiel führt er POTASHIN's (1946) Befund an, der beobachtet hatte, wie Mädchengruppen, die sich vorher durch den soziometrischen Test gewählt hatten, länger über ein Thema diskutierten als Gruppen mit Partnern ohne gegenseitige Wahlen.

Allzu unkritische Anwendungen der These, die Sympathie zwischen Personen sei proportional ihrer Interaktionshäufigkeit, musste HOMANS (1968, S. 157f.) eine begrenztere Interpretation entgegenstellen. Er betont, der Satz gelte nur, <u>wenn der Kontakt für beide Seiten eine Belohnung darstelle</u>. Wenn eine Person die Kommunikation negativ erlebt, wird sie sich andere Partner suchen. Ist der Abbau des Kontaktes bei mangelnder Sympathie nicht möglich, ist mit Feindseligkeit zu rechnen.

Wie Kommunikation zu Feindschaft führen kann, so kann Feindschaft auch durch Kommunikationsunterbindung erhalten bleiben. Diesen Fall beschrieb NEWCOMB (1947) in seiner Hypothese über <u>autistische Feindseligkeit</u>. Danach wird man den Kontakt zu negativ bewerteten Personen einschränken. Gerade diese Interaktionsunterbrechung verhindert aber jede Korrektur des Feindbildes. Damit ist in <u>negativer Form</u> die HOMAN'sche Regel schon vorweggenommen.

Auch die Forschungen zur interpersonellen Anziehung legten weitgehend unabhängig von HOMANS Ergebnisse vor, die eine Beziehung zwischen Kommunikation und Sympathie vermuten lassen. So beurteilten die Versuchspersonen von DARLEY & BERSCHEID (1967) angebliche künftige Diskussionspartnerinnen, nachdem einige mehrdeutige Informationen vorgelegt worden waren. Eine zweite Versuchspersonengruppe beurteilte Diskussionsteilnehmerinnen, mit denen sie jedoch nicht selbst zusammentreffen würden. Die prospektiven Partnerinnen wurden zu diesem frühen Zeitpunkt schon mehr geschätzt als die Vergleichspersonen. Diese Wirkung des nur antizipierten Kontaktes wurde auch von ALDERMAN (1969) und LERNER, DILLEHAY & SHERER (1967) gefunden. THYLER & SEARS (1977) stellten fest, dass zunächst negativ bewertete Partner schon dann besser beurteilt werden, wenn man erfährt, dass man mit ihnen zusammenarbeiten wird. Sie interpretieren dieses Ergebnis nicht mit Hilfe der HOMAN'schen Regel sondern mit Hilfe von HEIDER's Balancetheorie.

Zahlreich sind auch die Feldstudien, die eine Beziehung zwischen der räumlichen Nähe und der gegenseitigen Sympathie aufzeigen. FESTINGER, SCHACHTER & BACK (1950) berichten in ihrer bekannten Untersuchung über den Einfluss der Wohnungsökologie auf die soziale Aktivität der Bewohner von umso mehr Freundschaften, je näher die Wohnungen in einem Gebäude oder die Häuser in einer Siedlung beieinander lagen.

SEGAL (1974) konnte an Polizeiaspiranten, die in der Schule in alphabetischer Reihenfolge sassen, hochsignifikante Korrelationen zwischen den alphabetischen Rängen der Wähler und Gewählten feststellen. Die räumliche Nähe begünstigte Interaktionen.

Damit dürfte die HOMAN'sche Regel unter der Einschränkung der beiderseitigen Gratifikationswirkung der Kommunikation gültig sein. Sie lässt sich dann im Rahmen der Austausch- und der Lerntheorie verstehen. Sofern die Nutzen-Kosten-Relation beider Partner über dem Vergleichsniveau für Alternativen liegt, wird die Interaktion fortgesetzt. Die ständigen Belohnungen während des Zusammenseins lassen den Partner, der zunächst unbedingter Reiz ist, zu einem bedingten Reiz werden, wodurch sich das positive Urteil über ihn verselbständigt.

Praktische Bedeutung erlangte die HOMAN'sche Regel in den Bemühungen um die Verbesserung von Beziehungen zwischen verschiedenen Gruppen. Wir werden in diesem Zusammenhang noch einmal auf den Erfolg der Anwendungen eingehen (S. 288 ff.).

3.2.4. Die Struktur der Kommunikationsnetze

Auch in Kleingruppen sind die Kommunikationskanäle begrenzt.
So können selten alle Mitglieder mit allen anderen zum selben
Zeitpunkt Informationen austauschen, weil einzelne Kanäle nur
einseitig benutzt werden können, weil zentrale Relaisstellen
eingebaut sind, weil Störungen die Botschaftsinhalte entstel-
len können usw. Der Frage: welche Auswirkungen haben bestimmte Einschränkungen der Interaktion? hat sich die sogenannte
Kommunikationsnetzforschung zugewandt. Sammelreferate oder
ausführliche Darstellungen von Befunden liefern GLANZER &
GLASER (1961), FISCHER (1962), SHAW (1964), ZIEGLER (1968),
COLLINS & RAVEN (1969) und THOLEY (1973).

3.2.4.1. Die Methode der Kommunikationsnetzforschung

Wie kaum ein anderer Bereich der Gruppenpsychologie ist die
Kommunikationsnetzforschung seit Beginn einem bestimmten
Typus des Laborexperimentes treu geblieben. Deshalb soll die
Methode, die für die ersten Versuche und für die späteren
Variationen gilt, ausführlicher dargestellt werden.

LEAVITT (1951) trat mit einer Versuchsanordnung hervor, die
von S. SMITH und BAVELAS (1950) entworfen worden war. Die
Versuchspersonen sitzen allein in Kabinen, die durch Schlitze
miteinander verbunden werden können. Die Kommunikation erfolgt schriftlich über Karten. In Abbildung 12 sind einige
Beispiele der verwendeten Kommunikationsnetze wiedergegeben.

Die Versuchspersonen erhalten eine Aufgabe. Die zur Lösung
benötigte Zeit, die Zahl der Botschaften, die Richtigkeit der
Lösung und die Zahl der von der Gruppe rechtzeitig eliminier-
ten Fehler sind übliche Masse der Leistung. Die Zufriedenheit
mit dem Ablauf und die Voraussage der Führerperson in der
Gruppe betreffen die subjektive Seite. Die gewählten Aufgaben
zeichnen sich durch eine gewisse Künstlichkeit aus. So legte
LEAVITT seinen Versuchspersonen eine Karte mit 6 geometri-
schen Figuren vor. Nur eines der 6 Zeichen befand sich auf
allen Karten. Welches Zeichen dies war, galt es herauszufinden. Die Aufgabe war gelöst, sobald alle Versuchspersonen
über das gemeinsame Zeichen Bescheid wussten. SHAW (1954)
liess bestimmen, wieviele Lastwagen für einen Umzug benötigt

werden, wenn z.B. 12 Schreibmaschinen, 48 Stühle und 12 Tische transportiert werden sollen und eine Ladung entweder 24 Stühle, 3 Tische oder 12 Schreibmaschinen umfasst. Dabei verfügte jeder Teilnehmer zu Beginn des Versuchs nur über unzureichende Einzelinformationen. HEISE & MILLER (1951) baten ihre Versuchspersonen, Wortlisten, Sätze und Anagramme aus Einzelinformationen zu rekonstruieren.

Verlangt schon die Versuchsanordnung durch die restringierten Kommunikationsformen (schriftlich und nur zu bestimmten Partnern) von den Versuchspersonen, ihre normalen Reaktionsweisen auszuschalten, so dürfte der geringe Aufforderungscharakter der simplen Aufgaben bei intelligenten Gruppenmitgliedern (Studenten) erst recht zu Verhaltensweisen führen, die nicht dem Handeln im Alltag entsprechen. Damit sind von diesen Experimenten nur Befunde über grundlegende Auswirkungen der Kommunikationsstruktur auf das Verhalten zu erwarten, die noch wenig beeinflusst sind.

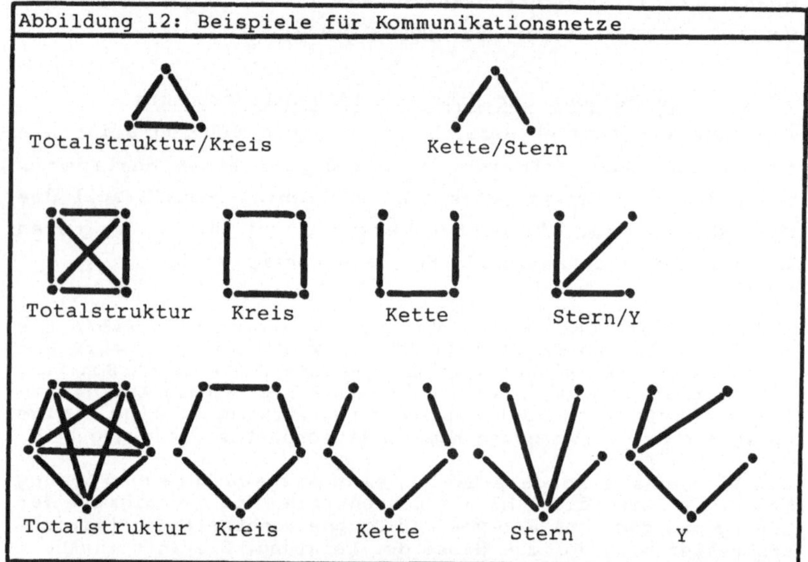

Abbildung 12: Beispiele für Kommunikationsnetze

Um die unterschiedlichen Kommunikationsnetze oder die einzelnen Positionen als quantitative Variable in die Auswertung einbeziehen zu können, wurden verschiedene Indices vorgeschlagen:

- Entfernung. BAVELAS (1950) addierte die Entfernungen zwischen allen Punkten. Für den 5-Personen-Stern der Abbildung 12 ergibt sich so: 4x die Entfernung jedes Rand-

gliedes (2+2+2+1) + die Entfernungen der Zentralposition
= 32. Da der Kreis einen Entfernungsindex von 30 erhält,
differenziert dieses Mass nur gering zwischen den tatsächlich realisierten Netzen.

- Relativer Zentralitätsindex. Von dem Entfernungsmass
eines Netzes errechnete BAVELAS für jede Position den
relativen Zentralitätsindex, indem er die Summe der Entfernungen der Gruppe durch die Summe der Entfernungen
einer Positon dividierte.

- Relativer Randindex. LEAVITT (1951) substrahierte den
Zentralitätsindex der zentralsten Position eines Netzes
von dem Zentralitätsindex der zu untersuchenden Position.

- Maximaldistanz. Von der Graphentheorie ausgehend wurde
die Entfernung einer Position auf kürzestem Wege zum
weitesten Punkt bestimmt. Damit lassen sich das Zentrum
bzw. die Zentren eines Netzes dort fixieren, wo die
Maximaldistanz den geringsten Wert hat.

- Unabhängigkeit. SHAW (1964) schlug vor, die Unabhängigkeit einer Position zu berücksichtigen. Sie ist bestimmt
durch das objektive Verhältnis der Zahl der von einer
Person ausgehenden Kanäle zur Gesamtzahl der Kanäle,
relativiert um die Zahl der Positionen im Netz. Gleichzeitig wirken situationale Momente, Aktionen anderer
Gruppenmitglieder und die Perzeption der Umstände durch
den Positionsinhaber auf die Unabhängigkeit ein. Während
die Unabhängigkeit als Erklärungsbegriff wertvoll ist,
dürfte eine mathematische Fassung der einwirkenden Komponenten Schwierigkeiten bereiten.

- Entscheidungszentralitätsindex (EZI). MULDER (1960) bemühte sich, von der objektiv gegebenen Struktur die tatsächlich verwirklichte Struktur abzuheben. Er schlug
deshalb vor, für jede Position zu bestimmen, wieviele
(nach ihrer Bedeutung gewichtete) Botschaften ausgesandt
wurden, diesen Wert auf den Gesamtwert der Gruppe zu
beziehen und die Differenz zwischen den zwei höchsten
Quotienten als EZI zu verwenden.

3.2.4.2. Die klassischen Ergebnisse der Kommunikationsnetzforschung

Die ersten Kommunikationsversuche von SMITH und von LEAVITT
benutzten die 5-Personen-Netze Kette, Kreis, Y und Stern. Die
Gruppen spielten 15 Symbolaufgaben hintereinander durch.
Kreis und Kette benötigten am meisten Zeit, während Y und
Stern am schnellsten die Lösung lieferten. Die Sonderstellung
von Kreis und Kette bleibt erhalten, wenn die fehlerhaften

Lösungen betrachtet werden: Y und Stern zeichnen sich durch deutlich weniger Fehler aus. Im Kreis wurden am meisten Botschaften ausgesandt, während Stern und Y mit weniger Kommunikationen auskamen. Die Zufriedenheit ("How much did you enjoy your job?") ist positions- und strukturabhängig. Im Kreis ist die Zufriedenheit aller Positionen hoch, während im Stern nur die Inhaber der zentralen Position hohe Zufriedenheitswerte nennen; die Randpositionen weisen extrem geringe Zufriedenheiten auf. Schliesslich ist die Einigkeit der Teilnehmer darüber, wer den Gruppenführer verkörpert, in Stern und Y am grössten.

Mit diesen ersten Ergebnissen war klargestellt, dass die Kommunikationsstruktur Leistung, Organisation und Zufriedenheit einer Gruppe beeinflusst. Die verheissungsvollen Anfänge provozierten eine reichhaltige Forschungstätigkeit, die zunächst die beschriebenen Resultate bestätigte, die sich aber bald weitergehenden Fragestellungen zuwandte.

3.2.4.3. Weitere Befunde

Die Entwicklung des Kommunikationsverhaltens
GUETZKOW & SIMON (1955) machten darauf aufmerksam, dass man eigentlich zwei Arten von Handlungen unterscheiden muss, die eine Gruppe im Kommunikationsnetz erfüllt. Sie muss zunächst die Organisation der Kommunikationskanäle kennenlernen und eine Aufgabenverteilung unter den Gruppenmitgliedern je nach den Möglichkeiten ihrer Positionen vornehmen. Erst dann kann sie sich der Problemlösung zuwenden, indem Detailinformationen ausgetauscht und durch ihre Weiterverarbeitung die Aufgaben beantwortet werden.

Die Kommunikationseinschränkungen im Netz bedeuten nur eine Komplikation der Organisationsfunktion. Sobald eine Gruppe organisiert ist, müssten daher die Leistungen aller Netze gleich sein. Der auch in ihrem Versuch gefundene Leistungsvorteil des Sterns liegt darin begründet, dass er von Anfang an strukturiert ist, während im Kreis erst eine Aufgabenteilung in Schlüssel-, Weitergabe- und Endpositionen erfolgen muss. GUETZKOW & DILL (1957) und GUETZKOW (1968) konnten nachweisen, dass die Mitglieder von Totalstrukturen in den Pausen zwischen den Aufgaben mehr planerische Aktivität zeigten als Sterngruppen. Die Arbeit von BURGESS (1968) bestätigte diese Überlegungen, indem er bis zu 1100 Aufgaben bearbeiten liess. Sobald die Gruppen ihre Leistung nicht mehr änderten - nach etwa 500 Aufgaben im Kreis und Stern - war in beiden Netzen ein gleiches Leistungsniveau erreicht. Allerdings ist hier kritisch anzumerken, dass nach so vielen Aufgaben nicht mehr die Kommunikationsstruktur, sondern motivationale Einflüsse der Sättigung die entscheidene Experimentalbedingung darstellen dürften.

Dagegen betont ein Experiment von MULDER (1960) den unterschiedlichen Entwicklungsverlauf in einzelnen Kommunikationsnetzen. Wegen der relativ komplexen "Umzugs"-Aufgabe erwartete er eine gewisse Überforderung des Inhabers der zentralen Position im Stern zu Beginn, die nach einer Einübungsphase verschwindet. Tatsächlich arbeiteten Vier-Personen-Sterne bei den ersten zwei Versuchen langsamer als Kreisnetze und sie machten mehr Fehler, um danach die Kreisstrukturen zu übertreffen. THOLEY (1973, 148ff.) berichtet von ähnlichen Befunden. In demselben Versuch überprüfte MULDER, ob in den Kreis- und Sternnetzen zentralisierte oder dezentralisierte Entscheidungsstrukturen realisiert waren. Dabei erwies sich nicht die topologische, sondern die Entscheidungsstruktur als wichtigste Bedingung hoher Leistung: stark zentralisierte Kreise arbeiteten schneller als schwach zentralisierte Sterne. Die Bedeutung der Kommunikationsstruktur manifestiert sich in der relativ hohen Fehler- und Botschaftszahl (s. Abb. 13).

Der Einfluss der Kommunikationsstruktur ist daher nach diesen

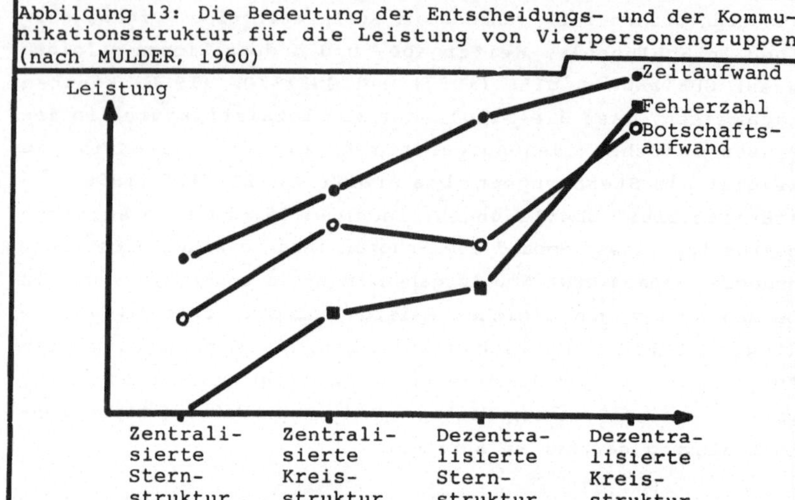

Befunden in der Erleichterung oder Erschwerung einer aufgabenadäquaten Organisation zu suchen. Nun werden sich ungünstige Kommunikationsbedingungen weniger negativ auswirken, wenn die Gruppenmitglieder durch vorausgehende Erfahrung die optimale Verteilung der Arbeit gelernt hatten. Diese Hypothese wurde von LAWSON (1965) überprüft, indem dieselben Gruppen zunächst im Stern und später in der Totalstruktur oder in umgekehrter Reihenfolge arbeiteten. Das Training der Zentralstruktur im Stern führte zu besseren Leistungen in der nachfolgenden Totalstruktur, während die umgekehrte Folge eine anfängliche Leistungsreduktion zeigte. Auch COHEN (1962) demonstrierte den Erfahrungseffekt.

MOORE, JOHNSON & ARNOLD (1972) legen Hinweise dafür vor, dass für die Effizienz der Gruppe die Kongruenz der Kommunikationskanäle mit den Statusmerkmalen der Gruppenmitglieder wichtiger ist als die Struktur eines Netzes. Auch die Unzufriedenheit in peripheren Positionen zeigte sich nur, wenn dort statushohe Versuchspersonen arbeiteten. Eine Fülle von Einflüssen wirkt also unterstützend oder behindernd gleichzeitig mit der topologischen Kommunikationsstruktur in der Kleingruppe. Erst die Berücksichtigung dieser Faktoren liefert ein vollständiges Bild der Situation in einer sozialen Einheit.

Die Schwierigkeit der Aufgabe

MULDER (1960) spricht von der "Verwundbarkeit" zentraler Positionen durch besondere Anforderungen. SHAW (1964) nimmt für denselben Sachverhalt den Begriff der Sättigung wieder auf, den GILCHRIST, SHAW & WALKER (1954) vorgeschlagen hatten, und erweitert gleichzeitig seine Bedeutung. Er versteht darunter die Grenze der Verarbeitungskapazität aller Input- und Outputanforderungen an eine Position, die von der Zahl der einmündenden und ausgehenden Kommunikationskanäle, von der Leistungsfähigkeit des Positionsinhabers, von der Art der Aufgabe und von der gegenseitigen Einwirkung dieser Faktoren abhängen. Der Schwierigkeitsgrad einer Aufgabe betrifft nicht nur die intellektuelle Beanspruchung, sondern auch z.B. die Notwendigkeit der Kooperation, die Reizambiguität, die Verteilung der Information und den Anteil irrelevanter Daten unter der Inputinformation. So hatten verschiedene ältere Arbeiten (z.B. HEISE & MILLER; 1951, MACY, CHRISTIE & LUCE, 1953, GILCHRIST, SHAW & WALKER, 1954, SHAW, 1958) Leistungsverminderungen bzw. geringere Leistungen gefunden, wenn in restriktiven Netzen die Zusammenarbeit der Gruppenmitglieder erforderlich war, wenn kaum unterscheidbare Marmorfarben klassifiziert werden sollten, wenn die Information massiert der Zentralposition übergeben und wenn Information, die für die Lösung der Rechenaufgaben unnötig war, unter die relevanten Daten gemischt wurde.

In solchen Fällen erwiesen sich zentrale Netze als anfälliger für Störungen. Dezentrale Strukturen gestatten Entlastungs- und Unterstützungsaktionen, so dass trotz schwierigerer Aufgaben kein vergleichbarer Leistungsabfall erfolgt. An die Stelle der ursprünglich propagierten Regel: "zentrale Netze leisten mehr" musste daher eine differenziertere Aussage treten: "bei einfachen Aufgaben sind zentrale Netze überlegen, bei schwierigen Aufgaben sind sie unterlegen".

Reaktionen der Gruppenmitglieder auf die Kommunikationsstruktur

Schon LEAVITT (1951) war auf die geringe Zufriedenheit der Randpersonen im zentralen Netz und auf die hohe Zufriedenheit aller Personen im dezentralen Netz gestossen. In einer zusammenfassenden Tabelle teilt SHAW (1964) mit, dass sich dieses Ergebnis in 17 von 19 Untersuchungen - unabhängig von dem Schwierigkeitsgrad der Aufgaben - findet, so dass wir hier eine hohe Übereinstimmung vor uns haben. SHAW hatte die Zufriedenheit zurückgeführt auf die <u>Unabhängigkeit</u> der Positionen, die ein hypothetisches Bedürfnis nach Autonomie befriedigt. Die Unabhängigkeit ist umso grösser, je mehr Kommunikationskanäle zur Verfügung stehen, je weniger andere Positionen auf die eigenen Handlungen einwirken, je übersichtlicher die Struktur und je besser die Aufgabe an die Kapazität des Positionsinhabers angepasst ist.

Eine experimentelle Studie mit grossem Interesse an den subjektiven Reaktionen der Versuchspersonen legten RAUSCH et al. (1965) vor. In einem Netz mit teilweie nur einseitig benutzbaren Kanälen führten fehlende Antwortmöglichkeiten zu Spannungen. Die Versuchspersonen erwarteten Erklärungen von den "schweigenden" Partnern. Da diese Erläuterungen ausblieben, suchte man selbst Begründungen und gelangte zu wenig schmeichelhaften Vermutungen. Der unterbundene Feedback führte zu Drohungen, verbalen und körperlichen Aggressionen (Fusstritte), Übertretungen der Instruktion und zur Nichtweitergabe von Informationen. Leider begnügen sich die übrigen Arbeiten mit der allgemeinen Frage nach der Zufriedenheit; eine ähnlich registrierfreudige Haltung der Experimentatoren bei den üblichen Kommunikationsnetzen mit zweiseitig benutzbaren Kanälen wie die von RAUSCH et al. dürfte die Wirkung der Kommunikationsmöglichkeiten auf die betroffenen Personen besser erfassen als es bisher geschehen ist.

<u>Das Dilemma des Vergleichs von Strukturen verschiedener Grössen</u>
Kommunikationsnetze werden an Dreier-, Vierer- und Fünfergruppen untersucht (s. Abb. 12). Es lag nahe, die Gruppengrösse als unabhängige Variable zu sehen und ihren Einfluss

auf das Verhalten in verschiedenen Kommunikationsmustern zu studieren.

Wie in Abbildung 12 angedeutet ist, ist es jedoch oft nicht möglich, bei zunehmender Mitgliederzahl der Gruppe eine klare Aussage über die realisierten Kommunikationsstrukturen zu machen. Beispielsweise kann die Triade mit zwei Kommunikationskanälen als ein Stern angesehen werden. SHAW (1964) begründet diese Haltung damit, dass die Zentralperson mit allen anderen Partnern kommuniziert, diese Partner aber nur mit der Zentralperson. Wenn man jedoch die Gruppe als Kette bezeichnet, ist nach COLLINS & RAVEN (1969) entscheidend, dass eine Randperson über alle anderen Partner die zweite Randperson erreicht.

Mit der Zunahme der Gruppengrösse variieren gleichzeitig Unabhängigkeit und Sättigung, so dass die quantitative Änderung von einer qualitativen Änderung begleitet ist. Eine eindeutige Zuordnung des Effektes zu einer verursachenden Bedingung ist damit nicht mehr möglich.

Wenn man nur die Sternstruktur in 3-, 4- und 5-Personengruppen berücksichtigt, lässt sich immerhin als Verallgemeinerung ein Sinken der Effizienz (gemessen an Zeitbedarf, Fehlerzahl und Botschaftszahl), der mittleren Zufriedenheit der Mitglieder und der Zustimmung zum zentralen Leiter feststellen. Ob dieses Ergebnis auf die mit der Mitgliederzahl steigenden Koordinationsanforderungen oder auf eine verstärkte Wettbewerbshaltung unter den Partnern mit notwendigerweise höheren Frustrationschancen zurückzuführen ist, lässt sich noch nicht entscheiden.

3.2.4.4. Der Nutzen der Kommunikationsnetzforschung

Die Kommunikationsnetzforschung hat gezeigt, dass die äussere Organisation des Informationsaustauschs in der Kleingruppe

auf Verhalten und Erleben der Gruppenmitglieder einwirkt.
Welche spezifischen Einflussfaktoren eine Rolle spielen, ist
aber noch unklar. Die theoretischen Begründungen für einzelne
Befunde sind so wenig präzise, dass ein Durchbruch zum Verständnis der Zusammenhänge noch nicht erfolgt ist. Die von
GLANZER & GLASER (1961, 19) veröffentlichte Aussage gilt noch
heute:

"At the present time, a theory concerning behavior in the
network does not exist".

Zunächst hatte man grosse Hoffnungen auf die Entwicklung von
Indices zur Erfassung der Eigenschaften eines Netzes gelegt.
Die ersten Indices zeigten jedoch zu geringe Zusammenhänge
und neuere Vorschläge sind zu unbestimmt oder zu schwer
fassbar als dass sie empirische Bedeutung erlangen könnten.
Deshalb besteht die Tendenz, zur blossen Deskription eines
Netzes zurückzukehren. Dabei gelingen Beobachtungen, die für
die Konstruktion einer Theorie wichtig sein könnten. So sieht
THOLEY (1973) eine Position in der Kommuniktionsstruktur
durch mindestens drei Eigenschaften bestimmt:

- sie muss Informationen weitergeben, damit die Lösung
  gefunden wird (W) oder die Informationsweitergabe ist
  nicht notwendig ($\overline{W}$);

- der Informationsaufwand ist variabel, d.h. man kann überflüssige Informationen senden, ohne es zu merken (V) oder
  überflüssige Informationen wird erkannt ($\overline{V}$);

- die notwendige Informationsmenge hängt von dem Verhalten
  anderer Gruppenmitglieder ab (I) oder sie ist unabhängig
  davon ($\overline{I}$) - siehe Abbildung 14.

Daraus leitet THOLEY ab: weil W-Positionen zunächst keine
Einsicht in ihre Übermittlungsfunktionen haben, besteht in
solchen Strukturen anfänglich ein hoher Zeitbedarf, V-Posi-
tionen verursachen unnötigen Botschaftsaufwand und I-Positionen bedingen ein anfänglich labiles Lösungsverhalten bis die
optimale Koordination erfolgt ist. Mit diesen rein deskripti-
ven Aussagen gelingt es THOLEY, mehr Versuchsergebnisse zu
verstehen als mit den Ansätzen anderer Autoren.

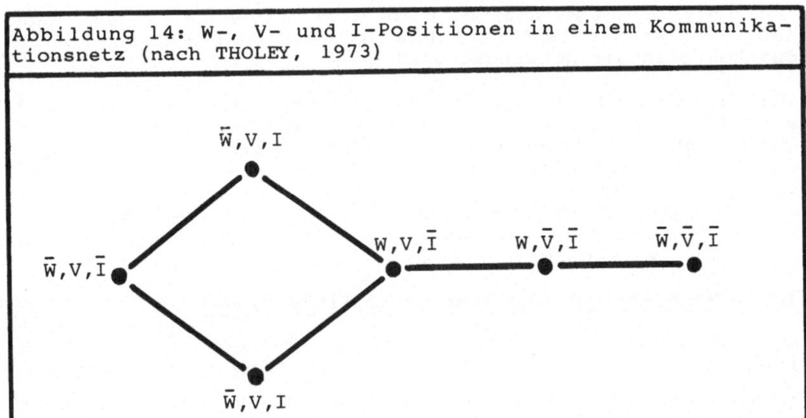

Abbildung 14: W-, V- und I-Positionen in einem Kommunikationsnetz (nach THOLEY, 1973)

HOETH (1975) schlug vor, gestaltpsychologische Konzepte auf die Kommunikationsnetzforschung zu übertragen. Man könne die "Ketten"-, "Kreis"- oder "Stern"haftigkeit eines Netzes als Gestaltqualität erleben und sich dementsprechend verhalten. Die Gestaltpsychologie betont auch, dass die Änderung eines Teils Rückwirkungen auf die erlebten Eigenschaften des Ganzen hat. Diese Erkenntnis ist wichtig zum Verständnis der Auswirkungen einer Struktur- oder Funktionsänderung auf das Verhalten der Gruppenmitglieder. Es wäre denkbar, die Klassifikation THOLEY's, die Versuche von SHAW zu Beschreibung von Unabhängigkeit und Sättigung oder von MULDER zur Differenzierung zwischen topologischer und realisierter Struktur in eine gestaltungspsychologisch orientierte Theorie einzubauen, aus der ein entscheidender Fortschritt der Kommunikationsnetzforschung erhofft werden darf. Dieses Ziel ist heute noch nicht erreicht.

Daher ist die praktische Bedeutung der Kommunikationsnetzforschung noch gering. Zwar finden sich bestimmte Kommunikationsbeschränkungen im Alltag - etwa zwischen Angehörigen verschiedener Statusklassen. Andererseits unterscheidet sich der Alltag von den vereinfachenden Annahmen der Kommunikationsnetzforschung, worauf zum Teil GLANZER & GLASER (1961) hinweisen, dadurch, dass sich Kommunikationseinschränkungen oft durch Unwege oder den Einsatz neuer Medien überwinden lassen, dass der einzelne über die strukturellen Bedingungen der Gruppe unterrichtet ist, dass meistens nicht alle Gruppenmitglieder zur Aufgabenlösung notwendig sind und dass zentrale Positionen bei Überlastung Hilfskräfte organisieren können. GLANZER & GLASER vermuten deshalb, die Kommunikationsnetzforschung sei nicht für Kleingruppen relevant, sondern allenfalls für Grossorganisationen wie Industriekonzerne oder das Militär, weil dort einzelne Abteilungen keine direkten Kontakte und keinen Überblick über die Gesamtorganisation haben und weil alle Abteilungen für die Funktionsfähigkeit der Makroeinheit notwendig sind.

Vielleicht sollte man nicht ganz so pessimistisch sein und einzelne Ergebnisse, wie z.B. die Verwundbarkeit zentraler Positionen, die Vergesellschaftung von allgemeiner Zufriedenheit und Dezentralisation oder die gestaltpsychologischen Interpretationen, unter der Kontrolle spezifischer Versuche auf Kleingruppen im Alltag anwenden. Solche ersten Theorieansätze sind die Voraussetzung, dass dieser Forschungsbereich praktisch relevant werden kann (s. SCHNEIDER, 1983).

3.2.5. Wann spricht man über persönliche Dinge?

Innerhalb der letzten 20 Jahre hat sich in den USA ein Forschungsgebiet entwickelt, dass unter dem Stichwort "self disclosure", d.h. "Selbstöffnung" oder "Selbstoffenbarung", beschrieben wird (s. COZBY, 1973, CHAIKIN & DERLEGA, 1976, GILBERT, 1976, CHERLUNE, 1979). Einfache Definitionen, Selbstöffnung seien alle Vorgänge, mit denen ein Individuum sich andern Menschen mitteilt, wurden bald z.B. von COZBY (1973, 73) differenziert:

"self-disclosure may be defined as any information about himself which Person A communicates verbally to Person B."

WORTHY, GARY & KAHN (1969, 59) dagegen fassen darunter nur die Vorgänge:

"when A knowingly communicates to B information about A which is not generally known and is not otherwise available to B".

Eine weitere Differenzierung erfolgt, wenn z.B. CHERLUNE (1979) Selbstöffnung als relativ konstanten Persönlichkeitszug abhebt von situationsabhängigem Kommunikationsverhalten. Im folgenden soll vor allem die Frage behandelt werden, welche Einflüsse dazu beitragen, ob eine Person einem Partner sehr persönliche Dinge über sich mitteilt oder nicht. Dieses Problem kann wichtig sein für viele Interaktions-Settings: Arzt-Patient, Therapeut-Klient, Richter-Angeklagter und vor allem auch das Gesprächsverhalten zwischen Fremden oder Freunden.

Selbstöffnung ist ein zweideutiger Vorgang: einerseits belohnt sie den Akteur, weil auch er über sich mehr erfahren kann und weil dieses Verhalten seinen Partner veranlassen kann, ihm Sympathie und Vertrauen entgegenzubringen. Andererseits gefährdet sie, weil der Akteur seinem Partner viel Intimes preisgibt, das einmal gegen ihn verwendet werden könnte. Dieser Doppelcharakter erklärt, warum wir nicht in jeder Situation unsere inneren Gedanken preisgeben.

Es wurden mehrere Erklärungen für das Phänomen vorgestellt.

Im Sinne der Austauschtheorie wurde vermutet, man biete einem Partner vor allem dann persönliche Informationen, wenn man von ihm intime Inhalte gehört hatte. JOURARD (1971) spricht hier vom dyadischen Effekt. WORTHY et al. (1969) bestätigen diese Interpretation (Abb. 15).

Je intimer die Kommunikation der Partner war, desto persönlicher waren die Gesprächsinhalte der Versuchspersonen. Dieser auch von anderen Autoren bestätigte Befund kann in der Weise interpretiert werden, dass persönliche Informationen für den Partner einen hohen Belohnungswert haben. Damit eine ausgeglichene Beziehung besteht, wird der Partner für seine Gesprächsinhalte einen ähnlich hohen Intimitätsgrad wählen.

Andererseits ist es auch möglich, die relative Handlungsweise als Imitation dessen zu sehen, was der erste Sprecher modellhaft präsentierte. Die Versuchsperson hätte dann soziales Lernen im Sinne von BANDURA (1977) gezeigt. In der unklaren

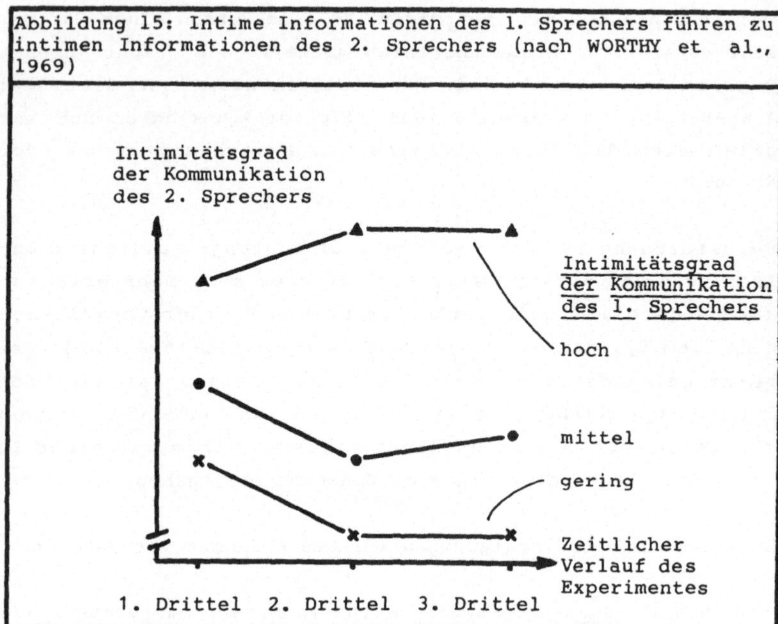

Situation eines psychologischen Experimentes liefert das
Verhalten des Partners Hinweise, was die Versuchsperson zu
tun habe. Es wird sogar darauf hingewiesen, dass es sich um
ein Artefakt handeln könnte: das Partnerverhalten enthält
"demand characteristics" (ORNE, 1969, s. S.138), welche die
Unsicherheit der Versuchspersonen senken und ihnen zeigen
kann, welche Handlungsweisen von ihr erwartet werden. In
einer natürlichen Umgebung wäre dagegen mit anderem Verhalten
zu rechnen.

Schon JOURARD (1959) hatte im Sinne einer Vertrauen-Attrak-
tions-Hypothese vermutet, dass eine Person aus den intimen
Informationen des Partners schliesst, er vertraue ihr. Aufgrund dieses Vertrauens empfindet sie ihm gegenüber Sympathie. Die eigene Öffnung wäre dann Ausdruck der Sympathiege-
fühle. Tatsächlich liegen mehrere Ergebnisse vor, die einen

Zusammenhang zwischen Sympathie und Selbstöffnung belegen. LYNN (1978) überprüfte die drei Theorien (Austausch-, Vertrauen-Attraktions- und Imitationstheorie, wobei er die dritte eher normativ formulierte) und stellte signifikante Resultate im Sinne der ersten zwei Erklärungen, aber nur eine tendentielle Bestätigung der dritten fest.

WORTMAN (1976) bringt Überlegungen, welche die einfache Sympathie-Erklärung differenziert. Wer sich zu Beginn eines Gespräches einem Fremden gegenüber weit öffnet, erntet für dieses unübliche Verhalten keine Sympathie, sondern Ablehnung. Erfolgt die intime Information erst am Ende eines Gespräches, kann man vermuten, man habe das Vertrauen, die Achtung des Partners gewonnen. Daraus kann die reziproke Sympathie folgen.

Damit ist die Selbstöffnung in einen Prozess hineingestellt. Je nach dem zeitlichen Ort desselben intimen Gesprächsinhaltes wird er anders bewertet werden. TAYLOR & ALTMAN (1973) hatten mit ihrer Theorie der sozialen Durchdringung (social penetration) ebenfalls den zeitlichen Verlauf der Interaktion einbezogen. In der ersten Phase eines Gespräches zwischen Fremden werden aus Vorsicht vor dem unbekannten Partner stereotype Formulierungen (Wetter usw.) ausgetauscht. Wenn die Interaktion andauert, kann das schon auf wachsende Sympathie zurückgeführt werden. Diese Attribution fördert ihrerseits eine immer tiefere und auf mehr Gegenstände bezogene Intimität des Gespräches (Abb. 16).

In dieser dritten Phase muss der Reziprozitätsaspekt der Austauschtheorie nicht mehr eine beherrschende Rolle spielen, weil gegenwärtiger Respekt und Vertrauen auch gewisse Ungleichheiten in der Austauschbeziehung tolerieren lassen. Auch diese Theorie kann auf empirische Bestätigungen verweisen (z.B. TAYLOR, 1968).

Abbildung 16: Die Beziehung zwischen Bekanntheit der Gesprächspartner, Tiefe (depth) und Breite (breadth) der ausgetauschten Information (nach TAYLOR & ALTMAN, 1973)

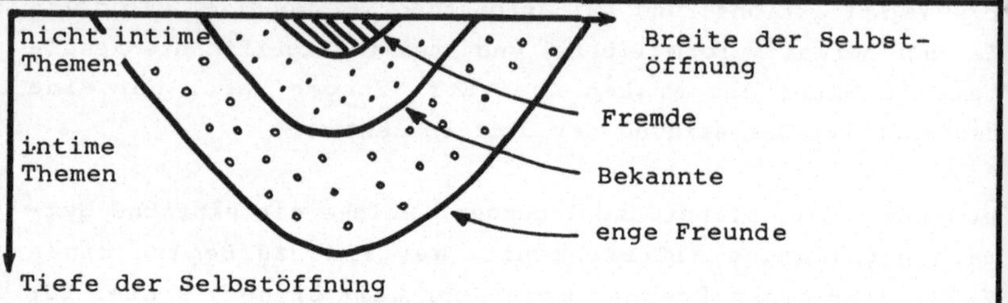

Wie diese Überlegungen zeigen, kann unangemessenes Verhalten gegenüber Fremden (zu viel Intimität) oder Freunden (zu wenig Intimität) Urteile wecken, welche die weitere Beziehung beeinflussen.

Eine praktische Relevanz zeigt sich zunächst in therapeutischen Situationen. Vor allem JOURARD (1971) fordert, dass der Therapeut eigene Intiminformationen bekannt gibt, damit der Klient im Austausch seine Selbstöffnung fortsetzt. Zumindest einige Studien stützen diese Forderung (s. DOSTER & NESBITT, 1979). Allerdings können für die Therapeuten-Klienten-Beziehung über diese disclosure-Effekte hinaus noch weitere Einflüsse, vor allem von spezifischen Rollenerwartungen, die ja am Anfang der Therapie entwickelt werden, wirken. Für Interviews mit offenen Fragen konnte VOLKEN (1983) eine signifikante Auswirkung der Selbstöffnung des Interviewers nachweisen. Danach erzielen diejenigen Interviewer mehr Antworten von ihren Befragten, die zu Beginn des Gespräches einige intime Informationen über sich preisgeben. Damit führt die self-disclosure-Forschung zu Resultaten, die bisherige Vorgehensweisen in Frage stellen.

3.2.6. Nichtverbale Kommunikation

3.2.6.1. Der Begriff der nichtverbalen Kommunikation

Bei dem Austausch von Information, der mit dem Kommunika-
tionsbegriff verbunden ist, denkt man zunächst an die Sprache
als Informationsträger. Deshalb stützen sich auch die meisten
der bisher in diesem Kapitel referierten Untersuchungen auf
das gesprochene oder das geschriebene Wort. Gerade in face-
to-face Gruppen kommt jedoch der nichtverbalen Informationsweitergabe eine besondere Bedeutung zu. Deshalb ist diese
Fragestellung auch als ein Teilgebiet der Kleingruppenforschung zu werten.

Nichtverbale Kommunikation wird unter den Begriffen "kinesics" (BIRDWHISTELL, 1968) "nonverbal communication, NVC"
(z.B. ARGYLE, 1972b, KNAPP, 1977) oder "body language" (FAST,
1971) diskutiert. Es handelt sich um ein relativ junges
Forschungsgebiet, so dass noch viele ungesicherte Alltagsbeobachtungen vorgetragen werden (z.B. FAST, 1971, GOFFMAN,
1971, SCHEFLEN, 1976). Immerhin haben systematische Beobachtungen oder Experimente schon Resultate erbracht, die Rück-
schlüsse erlauben auf die Wirkungen der nichtverbalen Kommunikation in der Kleingruppe.

Zunächst ist jedoch zu klären, was unter nichtverbaler Kommu-
nikation verstanden werden soll. Der Informationsaustausch
setzt ja eine Verschlüsselung der Information durch den "Sen-
der" in ein gemeinsames Zeichensystem, das Absenden, das
Übermitteln der verschlüsselten Information im Medium, ihre
Wahrnehmung und schliesslich ihre Entschlüsselung und das
Verstehen durch den "Empfänger" voraus. Fehlen einige dieser
Vorgänge, so liegt keine Kommunikation mehr vor. Darauf weisen WIENER et al. (1972) hin und erinnern daran, dass die
Mehrzahl der Arbeiten die Entschlüsselungsphase betonen. Wenn
aber ein Beobachter aus dem Verhalten eines Partners nur
dessen Zustand erschliesst, ohne dass der Partner bewusst

oder unbewusst diese Nachricht weitergeben wollte, sollte von nichtverbaler Kommunikation nicht gesprochen werden. So sind z.B. Schweisstropfen auf der Stirn, Erröten oder Erbleichen physiologische Begleitreaktionen emotionaler Zustände, die ein Beobachter interpretieren kann. Es sind aber keine Kommunikationen. Hier wird der Unterschied zwischen der Themenstellung der alten Ausdruckspsychologie und der Forschung zur nichtverbalen Kommunikation deutlich: dort erschliesst der Beobachter eine Information aufgrund korrelativer Zusammenhänge, die er vielleicht erst nach intensiver Beschäftigung mit dem Phänomen feststellen konnte; hier gibt der Handelnde etwas bekannt, das alle verstehen, die in die Bedeutung des Codesystems eingeweiht sind. Nonverbale Kommunikation unterliegt innerhalb gewisser Grenzen der willentlichen Kontrolle, während Ausdrucksverhalten in der Regel nicht gesteuert werden kann.

3.2.6.2. Räumliche Orientierung

Sofern die räumliche Distanz zwischen Gesprächspartnern frei gewählt werden kann, liefert sie Anhaltspunkte über die Intimität der ablaufenden Beziehungen. LITTLE (1965) drückte seinen studentischen Versuchspersonen Strichzeichnungen von zwei männlichen oder zwei weiblichen Personen vor dem Hintergrund eines Wohnzimmers, eines Büros oder einer Strassenecke in die Hand und erklärte: "Hier sind zwei sehr gute Freunde. Sie haben sich gerade in der Wohnung eines gemeinsamen Bekannten getroffen und unterhalten sich seit zwei Minuten. Legen Sie die beiden auf den Plan und erzählen Sie mir, worüber sie sprechen". Der Abstand zwischen den Figuren war vor dem Hintergrund der Strassenecke am geringsten, im Büro am grössten. Daneben variierte LITTLE auch den Bekanntheitsgrad der Gesprächspartner und erhielt bei "guten Freunden" die kleinste, bei "Fremden" die grösste Distanz. Auch bei der Verwendung ansprechenderer Plexiglassilhouetten oder wenn die Versuchspersonen Schauspielerinnen Regieanweisungen erteilen sollten, trat die zunehmende Nähe bei steigendem Intimitätsgrad der Partner zutage.

MEHRABIAN (1968) bat seine Versuchspersonen, sich einen Kleiderständer als einen geschätzten oder verachteten Gesprächspartner vorzustellen. Auch bei dieser eher improvisierten Anordnung war die räumliche Entfernung kleiner, wenn der Partner in einem positiven Verhältnis zum Beurteiler stand. Der Zusammenhang zwischen Abstand und psychologischer Nähe von Partnern wird auch z.B. von WILLIS (1966) bestätigt.

Dass diese Kommunikation per Distanzen auch verstanden wird, konnte RUSSO (1967) zeigen. Sie liess die Beziehungen zwischen Personen beurteilen, deren Sitzabstände bekannt waren. Mit zunehmendem Abstand wurden die Gesprächspartner als weniger bekannt, weniger freundlich und weniger gesprächsbereit eingeschätzt. Dass bestimmte Grenzen des Abstandes nicht unterschritten werden dürfen, zeigen nicht nur die krampfhaften Versuche in überfüllten Verkehrsmitteln, den dichtstehenden Fremden zu "übersehen", sondern auch ein Experiment zur Einstellungsänderung von ALBERT & DABBS (1970): bei geringem Abstand der Versuchsperson von ihrem unbekannten Partner änderte sich ihre Einstellung am wenigsten. Ihre Aufmerksamkeit wandte sich von der Information ab und richtete sich stattdessen auf das Erscheinungsbild des Partners. Die grösste informationsbezogene Aufmerksamkeit fand sich bei einer mittleren Distanz der Partner.

Auch der Einfluss der Statusvariable wurde für den Ver- und Entschlüsselungsprozess untersucht. LOTT & SOMMER (1967) gelangten durch Befragungen von Studenten, wo sie sich an einem Tisch niederlassen würden, wenn sie von einem Professor, einem Kommilitonen gleicher Semesterzahl und einem Studienanfänger interviewt würden, und durch ein Experiment zu dem Befund, dass die räumliche Entfernung mit der sozialen Distanz kovariiert. HUTTE & COHEN (zit. nach SOMMER, 1969, 19) filmten das Verhalten von Angestellten, von denen einer das Zimmer des Partners betritt und sich mit ihm unterhält.

> "Audiences were very consistent in rating the relative
> status of the two men. The caller was most subordinate,
> when he stopped just inside the door and conversed with
> the seated man at that distance, somewhat less subordi-
> nate when he walked halfway into the room and conversed,
> and he was least subordinate when he walked directly
> across to the desk".

Mit der räumlichen Entfernung während eines Gespräches signalisieren wir daher die psychologische Nähe zu dem Partner.
Diese Regel lässt sich z.B. anwenden, um bei Gruppendiskussionen das Interesse und die Übereinstimmung der Gruppenmitglieder abzuschätzen: wer sich weit zurücklehnt oder sogar
den Stuhl nach hinten schiebt, deutet unter Umständen seine
ablehnende Haltung an (LIFTON, 1972). Nun wirken aber noch
andere Faktoren, wie die kulturellen Gewohnheiten, das Geschlecht, das Alter, Persönlichkeitseigenschaften und die
räumlichen und akustischen Bedingungen der Situation auf die
Distanz ein, die wir anderen Menschen gegenüber einnehmen (s.
HAYDUK, 1978). So fand BAXTER (1970), dass Neger in den USA
einen grösseren Abstand als Weisse einhalten, dass Erwachsene
weiter entfernt bleiben als Jugendliche oder Kinder und dass
Männer eine grössere Distanz vorziehen als Frauen. Eine Kommunikation, die nur auf den Abstand zwischen interagierenden
Gruppenmitgliedern basiert, wird deshalb Missverständnisse
nicht vermeiden können.

Ansätze zu einer kognitiven Theorie des Abstandverhaltens
referieren EVANS & HOWARD (1973), nach der jede interpersonelle Distanz das Ergebnis von Situationsbewertungen darstellt. Ziel sei es, Aggression unter den Partnern zu vermeiden. Diese letzte von der Tierverhaltensforschung beeinflusste Aussage liesse sich vielleicht durch den Hinweis auf Annä-
herungs-Vermeidungs-Konflikte generalisieren. Dann wäre der
Abstand zwischen zwei Personen die Position, die sowohl die
erwünschte Interaktion zum Partner gestattet, die aber auch

noch genügend Schutz bietet vor unerwünschten Aktionen dieses Partners.

Die <u>Sitzordnung</u> an Tischen wurde vor allem von SOMMER (1969) untersucht. Die befragten Studenten zogen es vor, sich zur Unterhaltung an einem rechteckigen Tisch gegenüber oder über Eck zu setzen (Abb. 17a und b). Sollten sie gleichzeitig am selben Tisch aber unabhängig voneinander arbeiten, so wählten sie mehrheitlich c. Bei Zusammenarbeit ist das Nebeneinandersitzen (d) am wahrscheinlichsten, während bei Wettbewerb die Konfrontation (b) dominiert. An runden Tischen ist diese klare Trennung weniger leicht. SOMMER fand aber auch hier, dass die Sitzordnung g für Unterhaltung und Kooperation, h für gleichzeitiges Arbeiten und i für den Wettbewerb am häufigsten gewählt wurden.

Von einer grösseren Zahl von Autoren (HEARN, 1957, STRODTBECK & HOOK, 1961, LOTT & SOMMER, 1967, BASS & KLUBECK, 1952, HOWELLS & BECKER, 1962) wurde gefunden, dass Personen am Tischende oder gegenübersitzende Personen die grösste Aktivität, den grössten Einfluss und das höchste Ansehen aufweisen. SOMMER (1967) kritisiert mit Recht, dass diese Arbeiten die Bedeutung der Sitzverteilung auf Status und Einfluss nicht eindeutig nachweisen, weil die Wirkung der Persönlichkeit der Versuchspersonen nicht ausreichend kontrolliert worden war. Wenn dominante oder aktive Personen die in unserer Kultur mit der Leistungsfunktion verbundenen Plätze einnehmen, ist primär deren Persönlichkeit und nicht die räumliche Verteilung der Gruppenmitglieder für das Ergebnis verantwortlich. Der leichte gegenseitige Blickkontakt mit allen Gruppenmitgliedern von herausragenden Plätzen aus begünstigt andererseits die Kommunikation. Da auch aus der Kommunikationsnetzforschung bekannt ist, dass Positionen mit vielfältigen Kommunikationskanälen mehr Einfluss ausüben, kann jedoch die Hypothese des direkten Zusammenhangs zwischen Sitzordnung und Status·als wahrscheinlich angesehen werden.

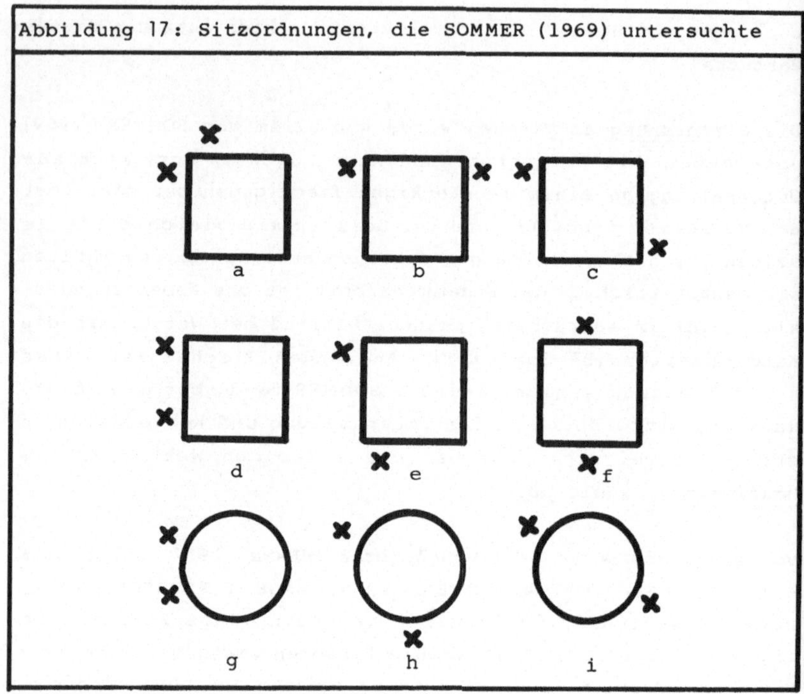

Abbildung 17: Sitzordnungen, die SOMMER (1969) untersuchte

3.2.6.3. Blickkontakt

GOFFMAN (1971) beschreibt einen jederzeit nachprüfbaren Vorgang, in dem der Blickkontakt das künftige Verhalten zweier
Personen steuert: die Begegnung auf der Strasse. Wenn sich
zwei Menschen auf dem Bürgersteig nähern, blicken sie sich
bis zu einer Entfernung von etwa drei Meter an. Falls einer
der Partner ein Gespräch eröffnen will, hält er den Blick
weiter aufrecht, sonst schlägt er ihn nieder. Wenn der Partner seinerseits den Blick erwidert, gibt er seine Bereitschaft zum Gespräch zu erkennen. Ohne Worte haben sich so
beide Personen unmissverständlich ihre Absichten mitgeteilt.
Die Rolle des Blickes bei der Koordination von Gesprächsbei-
trägen in der Dyade wurde von KENDON (1967, s. auch 1978)
untersucht. Während eine Person das Gespräch beginnt, sieht

sie ihren Partner nicht an; dieser aber wendet ihr seine ganze Aufmerksamkeit zu. Der Hörer blickt den Sprecher länger und öfter an als er seinerseits von dem Sprecher betrachtet wird. Der Sprecher kontrolliert, ob sein Zuhörer noch Interesse zeigt, indem er ihn gelegentlich nur kurzzeitig betrachtet. Bevor er das Wort an seinen Zuhörer übergibt, blickt er ihn länger als sonst üblich an und der Zuhörer wendet seinen Blick oft ab, um anzudeuten, dass er sich auf seine Antwort konzentriert. Dass die Art des Sprechens (Tonhöhe, Pausen usw. - "paralanguage", TRAGER, 1958) zur Steuerung der verbalen Interaktion im allgemeinen nicht ausreicht, erlebt man bei manchen Telefonaten.

Nach der "affiliative conflict theory" von ARGYLE & DEAN (1965) manifestiert sich die Intimität einer Beziehung zwischen zwei Personen an dem Punkt, an dem Annäherungs- und Vermeidungstendenzen im Gleichgewicht liegen. Neben anderen Faktoren wie z.B. der räumlichen Nähe, der Häufigkeit des Lächelns, der Intimität des Gesprächsthemas spielt der Blickkontakt eine wichtige Rolle bei der Festlegung des Gleichgewichtspunktes. Werden die anderen Faktoren verstärkt, sinkt die Häufigkeit des Blickkontaktes; werden sie reduziert, steigt die Blickfrequenz. Für diese Theorie sprechen neben einer Vielfalt von Alltagsbeobachtungen verschiedene empirische Befunde. So stellten ARGYLE & DEAN selbst fest, dass bei grösserer Nähe der Personen einer Dyade der Blickkontakt zurückgeht. Ihre Versuchspersonen näherten sich ausserdem einer lebensgrossen Fotografie von ARGYLE mehr, um sie bequem anzusehen, wenn ARGYLE auf dem Foto seine Augen geschlossen hielt. SCHULZ & BAREFOOT (1974) konnten die Theorie für den Blickkontakt beim Zuhören und für die Bereitschaft zu lächeln bestätigen; keine Zusammenhänge fanden sich jedoch für den Blickkontakt beim Sprechen und für die Latenzzeit bei der Beantwortung einer Frage. EXLINE & WINTERS (1965) berichten von einer Zunahme des Augenkontaktes zwischen Versuchspersonen und Versuchsleiter, wenn er ihnen nach der ersten Hälfte

eines Gespräches gute Testwerte bescheinigt hatte. Die Blickfrequenz verminderte sich, wenn der Versuchsleiter von
schlechten Testwerten sprach. In einem anderen Experiment
wurden die Gesprächspartner, die die Versuchspersonen positiv
beurteilt hatten, häufiger angeblickt als negativ beurteilte
Partner. MEHRABIAN (1968) schliesslich fand, dass weniger
Augenkontakt zu statusniederen Partnern aufrechterhalten wird
als zu statushohen. Auch neuere Arbeiten (z.B. COUTTS &
SCHNEIDER, 1976) bestätigen die Hauptaussagen der Theorie.

Häufiges Anblicken ist somit ein Zeichen für Wertschätzung.
KENDON & COOK (1969) postulieren daraus eine Kausalbeziehung:

"the person being looked at will like the looker more
because he thinks the looker likes him more" (483).

Zwei Experimente, die den Blickkontakt als unabhängige Variable untersuchten, zeigten, dass diese einfache Beziehung nur
unter bestimmten Bedingungen gilt. So unterhielt sich der
weibliche Versuchsleiter bei ELLSWORTH & CARLSMITH (1968) mit
den ebenfalls weiblichen Versuchspersonen über vorteilhafte
oder ungünstige Untersuchungsbefunde für Erst- oder Späterge-
borene. Bei einem Gesprächsinhalt, der für die Versuchspersonen günstig war, führte häufiger Blickkontakt zu einer positiven Bewertung der Versuchsleiterin. Ungünstiger Gesprächsinhalt und häufiger Augenkontakt bewirkten dagegen eine negative Bewertung. SCHERWITZ & HELMREICH (1973) variierten noch
mehr Bedingungen. Sie konnten das Ergebnis von ELLSWORTH &
CARLSMITH nur bei unpersönlichen Gesprächsinhalten replizieren. Bei der Darstellung von scheinbar objektiven Versuchsbe-
funden dürfte es sich ebenfalls um unpersönliche Gesprächsinhalte gehandelt haben. Bei persönlichen positiven Gesprächsinhalten wurde der Partner mit häufigen Blickkontakten weniger geschätzt. Ausserdem wirkte sich die Manipulation nur bei
Personen mit angeblich geringen oder mittleren Fähigkeiten
aus.

Diese Beispiele von Experimenten zur Wirkung des Blickkontaktes belegen, wie weit wir noch von einem theoretischen Verständnis der komplexen Beziehungen entfernt sind. Obwohl es bisher um einfache dyadische Interaktionen ging, betonen sie andererseits, wie wichtig diese Form nichtverbaler Kommunikation für Kleingruppenprozesse sind. Eine Erweiterung der Experimente auf Mehrpersonengruppen ist daher wünschenswert, besonders nachdem erste Arbeiten entscheidende Zusammenhänge erkennen lassen. ARGYLE & KENDON (1967) berichten von einer Semesterarbeit von WEISBROD (1965), nach der Sprecher in 7-Personen-Gruppen diejenigen Kollegen höher schätzen, die sie oft angeschaut hatten und dass sie ihre eigene Macht für höher halten, wenn sie oft angeblickt worden waren. FRY & SMITH (1975) können von höheren objektiven Leistungen bei einer Verschlüsselungsaufgabe berichten, wenn der Versuchsleiter oft Augenkontakt zu seinen Versuchspersonen suchte.

3.2.6.4. Mimik und Gestik

Es ist offensichtlich, dass bestimmte Körperbwegungen Mitteilungscharakter haben. In unserer Kultur bedeutet z.B. Kopfnicken Zustimmung, Ausstrecken des Armes eine Richtungsangabe usf. Diesen offensichtlich als Sprachersatz in einer zu lauten oder sonst störenden Umgebung eingesetzten Zeichen ("sign language") werden wir hier nicht behandeln. Wir wenden uns den Körperbewegungen zu, die die Sprache begleiten oder die auch ohne Sprache Nachrichten über den Zustand des Handelnden vermitteln, die von jedermann ohne besondere Ausbildung zu verstehen ist ("action language"). Es scheinen Anhaltspunkte vorzuliegen, dass einzelne Gesten überkulturell vorhanden sind (EIBL-EIBESFELDT, 1968), während andere Autoren vorsichtiger von nationalen Zeichen sprechen (z.B. BIRDWHISTELL, 1970).

Während BIRDWHISTELL (1970) ein Kommunikationssystem der Körperbewegungen in Analogie zur Sprache erwartet, gehen andere Autoren pragmatisch und atheoretisch vor, indem sie überprüfen, ob bestimmte Bewegungen bestimmten Zuständen der Agenten entsprechen oder ob sie von Beobachtern als Zeichen für die Mitteilungen erkannt werden.

So fotografierte EKMAN (1965) Personen während einer belastenden und während einer gelösten Phase eines Interviews. Später liess er Beurteiler nur aufgrund der Kopf- oder der Körperpartie bestimmen, ob die Bilder eine angenehme Situation oder ob sie Spannung signalisieren. In mehreren Versuchen konnten die Beurteiler aufgrund der Kopfbilder die erste Frage, aufgrund der Körperbilder die zweite Frage überzufällig beantworten. MEHRABIAN (1968) liess Versuchspersonen mit einem Kleiderständer sprechen, den sie für eine freundliche Person halten sollten. Dabei traten einige charakteristische Haltungen - wie geöffnete Arme - vor statushohen oder vor geschätzten Personen auf. DUNCAN & NIEDEREHE (1974) fanden, dass die Aufforderung an den Gesprächspartner, das Wort zu ergreifen, mit Kopfbewegungen und anderen Gesten verbunden ist. Wie diese Beispiele andeuten (Sammelreferate bei HARRISON, 1973, DUNCAN, 1972, DITTMANN, 1972), ist dieser besonders komplexe Bereich noch weitgehend unerforscht. Zwar scheint ein Informationsaustausch durch Körperbewegungen möglich zu sein; ungelöst sind jedoch noch die Fragen, welche spezifischen Bewegungen welche Informationen vermitteln, wie die verschiedenen Kommunikationsmedien Sprache, Körperbewegung, Blickkontakt usw. interagieren, und wie die bisher aufgefundenen Phänomene theoretisch einzuordnen sind.

3.2.6.5. Andere Arten nichtverbaler Kommunikation

Nichtverbale Kommunikation scheint sich nicht auf die räumliche Orientierung, die Blick- und Körperbewegung zu beschränken. Die Art und Weise des Sprechens - nach Information, Tempo, Stetigkeit usw. - kann Informationen vermitteln, die über den Wortlaut der Aussage hinausgehen. Berührungs- und Geruchsreize sind für Kommunikationen unter Tieren wichtiger als für Menschen. Sie haben jedoch auch für den Humanbereich eine gewisse Bedeutung. Die Wahl und Ausgestaltung der Umgebung und die äussere Erscheinung (s. RUESCH & KEES, 1970) haben auch für Kleingruppen einen immensen Kommunikationswert.

Wir stehen hier erst am Anfang. Wenige, unsystematische, kulturspezifische und kaum theoriebezogene Forschungen sondieren das Terrain und prüfen, in welchen Richtungen weitergearbeitet werden müsste. Das grosse Interesse, das die nichtverbale Kommunikation heute fast zu einer Modeerscheinung werden liess, lässt jedoch für die nähere Zukunft Fortschritte erhoffen.

3.3. Bedingungen konformen Verhaltens

3.3.1. Gegenstand und Methoden der Konformitätsforschung

Mitglieder einer Gruppe tendieren zur Konformität im Verhalten, Denken und Fühlen. Dieser Sachverhalt löste vor allem in der Dekade von 1955 bis 1965 fleissiges und vielfältiges Experimentieren in den sozialpsychologischen Laboratorien aus, um die Bedingungen hoher oder geringer Konformitätsbereitschaft zu ermitteln. Sammelreferate zu dieser Fragestellung wurden von ALLEN (1965), KIESLER (1969), NORD (1969), BRANDT & KÖHLER (1972), PEUCKERT (1975) und WILLIS & LEVINE (1976) vorgelegt. Wir werden einige Ergebnisse dieses empirischen Suchens und des nur zögernd einsetzenden Theoretisierens kennenlernen. Zunächst aber ist zu klären, was unter "Konformität" zu verstehen ist.

Meistens setzen die Autoren voraus, der Begriff bedürfte keiner weiteren Erläuterung. Trotzdem finden wir zumindest zwei Bedeutungen, die damit verknüpft sind. Die eine Haltung kommt bei KIESLER (1969, 235) zum Ausdruck, wenn er schreibt:

> "conformity is defined as some behavioral or attitudinal change that occurs as the result of some real or imagined group pressure".

Ähnliche Definitionen finden wir z.B. bei SECORD & BACKMAN (1964, 166), WILLIS (1965, 373) und ALLEN (1965, 134).

BELOFF (1958) und später HOLLANDER & WILLIS (1967) heben von dieser Bewegungskonformität, die eine Veränderung des eigenen

Standpunktes in Richtung auf eine Gruppennorm beinhaltet, die Übereinstimmungskonformität ab, die durch die Beibehaltung oder die Übernahme der Gruppenkonvention charakterisiert ist, ohne dass man vorher von dieser Norm abgewichen wäre. Konformität betrifft somit die Bereitschaft eines Individuums, sich entsprechend der wahrgenommenen Gruppennormen zu verhalten und zwar unabhängig davon, ob man vorher diese Gruppenerwartungen schon vertreten hatte oder nicht.

Das Konformitätsverhalten wurde mit Hilfe einiger klassischer Methoden untersucht. HOFSTÄTTER (1957a) berichtet von einer Anordnung, mit der CLARK (1916) eine Riechtäuschung und damit eine Übereinstimmungskonformität erzeugt hatte.

CLARK bat seine Studenten im Hörsaal, sich zu melden, sobald sie den Duft einer Flüssigkeit bemerkten, der sich nach dem Öffnen eines Fläschchens im Raum ausbreiten würde. Obwohl es sich um eine geruchlose Flüssigkeit handelte, gaben 20% der Studenten an, etwas zu riechen. Wie es bei der Ausbreitung eines Geruches zu erwarten wäre, konzentrierten sich die Meldungen auf Hörer in der ersten Hälfte des Hörsaals und sie wurden von Personen auf den hinteren Bänken später abgegeben als von den näher an der scheinbaren Quelle sitzenden Studenten. Dieser Versuch eignet sich gut zur Demonstration sozialer Beeinflussung. Da mit ihm potentielle Bedingungen der Konformität schwerer zu kontrollieren sind als durch die später entwickelten Versuchsanordnungen und da er grössere Versuchspersonenzahlen voraussetzt, wurde er später nicht weiter benutzt.

Ein ähnliches Prinzip, das jedoch eine exaktere Kontrolle der einwirkenden Variablen erlaubt, benutzten KELLEY & LAMB (1957). Zur Geschmacksprüfung von Flüssigkeiten verwendeten sie Phenylthiocarbamid, das je nach Erbanlage als bitter oder als geschmacklos empfunden wird. Die Autoren stellten dann Gruppen aus einem Schmecker und zwei Nichtschmeckern oder aus zwei Schmeckern und einem Nichtschmecker zusammen, um den Einfluss eines unterstützenden Partners auf das Konformitätsverhalten zu ermitteln.

Das vielzitierte autokinetische Phänomen, das von SHERIF (1935) erstmals zur Untersuchung der Bewegungskonformität verwendet wurde, entwickelte sich rasch zu einer Standardmethode der frühen Konformitätsforschung. Es handelt sich dabei

um die Scheinbewegung eines lichtschwachen Punktes in einem
völlig verdunkelten Raum, dessen Ursachen auch heute noch
nicht geklärt sind (s. ROYCE et al., 1966, LEVY, 1972). Die
Angaben über die zurückgelegte Strecke des objektiv fixen
Punktes variieren von Beobachter zu Beobachter. SHERIF führte
mehrere Individualversuche hintereinander durch, bis sich ein
Standard für das Ausmass der gesehenen Bewegung entwickelt
hatte. Danach wiederholte er den Versuch mit zwei oder drei
Beobachtern, die unterschiedliche Individualstandards aufwiesen, wobei jeder Beobachter seine Bewegungsschätzung laut
ansagte. Es kam zu einer Konvergenz der Urteile (Abb. 18). In
anschliessenden Individualversuchen wurde der Gruppenstandard
beibehalten.

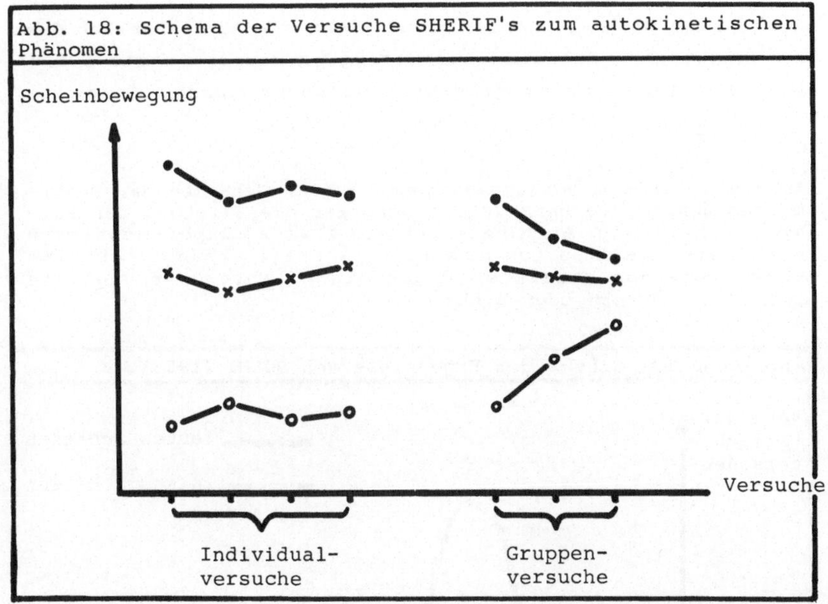

Abb. 18: Schema der Versuche SHERIF's zum autokinetischen
Phänomen

Nach BOVARD (1948) richten sich die Versuchspersonen noch
nach 28 Tagen und nach ROHRER et al. (1954) sogar noch nach
einem Jahr nach der Gruppennorm. Ohne jeden Druck des Versuchsleiters, sondern nur durch die begrenzte Interaktion der

Gruppenmitglieder bei der Urteilsgabe kam es zu einer Angleichung der Längenschätzungen.

Charakteristisch für diese Versuchsanordnung ist die diffuse Reizvorlage, die nur unsichere Urteile zulässt. Die Beurteilungsaufgabe kann nicht absolut richtig gelöst werden, weil es sich um eine Scheinbewegung handelt. Die Versuchsperson verwendet die Schätzungen der Partner bereitwillig als Hinweise, aus denen sich eine soziale Realität aufbauen lässt. Wie LINTON (1954) hervorhebt, bleibt dabei unbekannt, ob die Wahrnehmung der Bewegung oder nur die Antwortskala an das Gruppenurteil angepasst wird. Da die Gruppen aus Versuchspersonen mit Individualschätzungen gebildet werden müssen, wie sie sich an einem Versuchstermin zufällig ergeben, herrschen für die einzelnen Versuchspersonen im Gruppenversuch keine identischen Bedingungen. Das autokinetische Phänomen eignet sich daher auch eher zur Demonstration konformen Verhaltens als zur genauen Manipulation einzelner Bedingungen im Experiment.

Weil er im Nachkriegsdeutschland nicht die Apparatur für das autokinetische Phänomen zur Verfügung hatte, führte SODHI (1953) seine Konformitätsuntersuchungen durch, indem er Punktmengen leise oder laut schätzen liess.

Im Vergleich zum vorausgegangenen leisen Schätzen der Punktmengen schrumpfte beim lauten Schätzen die Streuung der Antworten (Abb. 19). Auch hier ist ein exaktes Experimentieren erschwert, weil es von dem Anfangsurteil abhängt, ob eine Versuchsperson unter dem Druck steht, ihre ursprüngliche Aussage zu ändern oder nicht.

Abbildung 19: Schema der Ergebnisse von SODHI (1953)

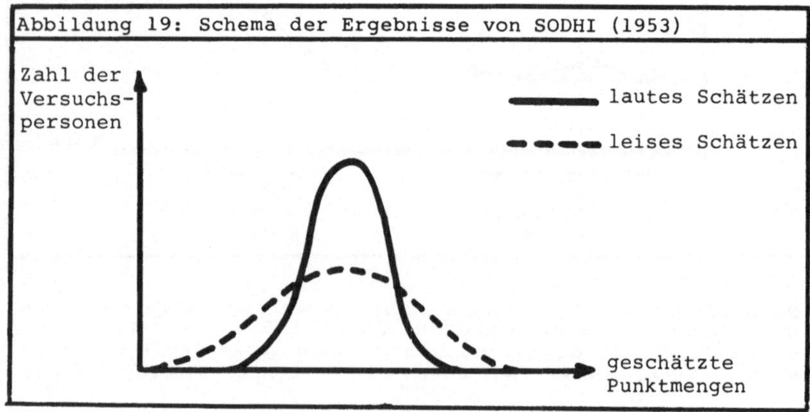

Erst mit der Methode des <u>Linienvergleichs</u> nach ASCH (1952, 1956) war eine Anordnung gefunden, die eine weitgehende Kontrolle der relevanten Variablen ermöglichte. ASCH bot seinen Versuchspersonen jeweils Aufgaben dar, die aus einer Standardlinie und drei Vergleichslinien bestanden. Es war die Vergleichslinie auszusuchen, die in ihrer Länge mit der Standardlinie übereinstimmte. Durch Vorversuche war sichergestellt, dass alle Aufgaben richtig gelöst werden konnten. ASCH liess die Linien in Gruppen von 7 bis 9 Personen vergleichen. Neben einer Versuchsperson befanden sich 6 bis 8 Konfederaten des Versuchsleiters, die ihre Lösungen zeitlich vor der Versuchsperson laut bekanntgaben und bei 12 der 18 Aufgaben gemeinsam eine falsche Linie nannten. Etwa ein Drittel der Versuchspersonen gab wenigstens einmal dem Einfluss der Gruppe nach und übernahm - entgegen der eigenen Wahrnehmung - das Gruppenurteil.

Im Gegensatz zu den bisher verwendeten Situationen mit gelockerter Reizbindung, bei denen ein richtiges Urteil nicht oder schwer möglich ist, beantworteten ASCH's Versuchspersonen die Fragen allein ohne weiteres richtig. Der Gruppeneinfluss, der mit dieser Methode erfasst wird, lässt sich daher nicht vergleichen mit den Fällen, in denen er Zusatzinformationen zu den unklaren Reizgegebenheiten lieferte (s.S. 117).

Der Nachteil dieser Versuchsanordnung sind die 6 bis 8 Konfederaten, die jeweils für eine Versuchsperson zugegen sein und ein normiertes Verhalten spielen müssen. Es dauerte nicht lange, bis CRUTCHFIELD (1955) ein rationelleres Vorgehen anwandte, das inzwischen in den USA die übliche Methode zur Untersuchung des Konformitätsverhaltens geworden ist. 4 oder 5 Versuchspersonen versammeln sich beim Versuchsleiter und werden von ihm einzeln in nebeneinander liegende Kabinen geführt. Bei der Erläuterung der Aufgaben weist der Versuchsleiter darauf hin, dass die Antworten der Partner gleichzeitig auf einer Schautafel in jeder Kabine und auf dem Regi-

strierpult des Versuchsleiters erscheinen. Tatsächlich werden
die Kollegenantworten nach einem Versuchsplan simuliert und
jede Versuchsperson unterliegt in ihrer Kabine den gleichen
Einflüssen. Dem versuchsökonomischen Vorteil dieser CRUTCH-
FIELD-Methode stehen als Nachteile die Künstlichkeit der
Gruppensituation und - wie auch beim Linienvergleich von ASCH
- die ethisch fragwürdige Täuschung der Versuchspersonen
gegenüber.

In zwei Dissertationen seiner Schüler BURDICK und MC BRIDE,
deren Ergebnisse FESTINGER (1957) zitiert, werden Meinungen
schriftlich diskutiert und vor und nach der Diskussion auf
einem Fragebogen festgehalten. Da alle Diskussionsbeiträge
auf kleine Karten geschrieben und dann weitergereicht werden,
hat der Versuchsleiter Gelegenheit, die Wirkung verschiedener Argumentationsstile zu überprüfen. Der Nachteil dieses
Verfahrens liegt in der Künstlichkeit der schriftlichen Diskussion.

Ausser den Aufgaben zur visuellen Wahrnehmung, zum Riechen
und Schmecken oder zur Einstellungsmessung werden die Versuchspersonen in Konformitätsexperimenten gebeten, Tonlängen
zu vergleichen, rasches Ticken zu zählen, Passfotos nach der
Intelligenz der dargestellten Personen einzuschätzen, Wis-
sensfragen zu beantworten, Lochkarten zu sortieren und dabei
nach Aufforderung schneller oder langsamer zu arbeiten usw.
Diese Vielfalt an Aufgaben erleichtert es, die Ergebnisse zu
verallgemeinern oder auf bestimmte Fragestellungen zu beschränken.

3.3.2. <u>Arten</u> <u>des</u> <u>Konformitätsverhaltens</u>

Die Anfangsphase der Konformitätsforschung war gekennzeichnet
durch ein eifriges Prüfen, welche Einflüsse die Eigenschaften
von Personen und Situationen auf die Konformitätsbereitschaft
haben. In der zweiten Phase ging man zur Reflexion über die
aufgefundenen Resultate über und stellte fest, dass der For-
schungsgegenstand komplexer ist, als es zunächst angenommen
worden war.

Die erste wichtige Differenzierung folgte aus einem Experiment von DEUTSCH & GERARD (1955). Die Autoren hatten Versuchspersonen in der ASCH-Situation einmal möglichst anonym arbeiten lassen. Andere Versuchspersonen arbeiteten unter Bedingungen, die ihren Beitrag von besonderem Interesse für die Gruppe erscheinen liess. Da in dieser Situation mehr Konformität auftrat als bei Anonymität, dort aber immer noch mehr als in einer Kontrollbedingung mit individueller Beantwortung der Aufgaben, gibt es nach Meinung der Autoren mindestens zwei verschiedene Arten von Einflüssen. Ein normativer Einfluss liegt vor, wenn die Antwort das Interesse der Gruppe berührt. Die Personen passen sich an, um die Erwartungen ihrer Kollegen zu erfüllen. Ein informativer Einfluss dürfte für die Konformität der anonymen Versuchspersonen verantwortlich sein. Er ist vor allem bei unstrukturierten und schwierigen Aufgaben von Bedeutung. Die Versuchspersonen benutzen die Aussagen der Gruppe als Hilfe zur Erfassung der unklaren Situation. FEGER & RUDINGER (1972) sprechen in diesem Zusammenhang von den "Modellen des Gruppendrucks und des Informationsaustauschs" zur Erklärung der Konformität.

Der normative Einfluss, wie er in einem sozialpsychologischen Versuch wirksam ist, wurde von SCHULMAN (1967) noch weiter differenziert. Es könnte nämlich sein, die Versuchsperson möchte in der nicht-anonymen Bedingung nicht nur die Erwartungen der Gruppe, sondern auch die Erwartungen des Versuchsleiters erfüllen. SCHULMAN prüfte diese Hypothese, indem er Versuchspersonen in der CRUTCHFIELD-Anordnung den Längenvergleich durchführen liess, wobei (1) weder Versuchsleiter noch die Gruppe die Antworten erfuhren (informativer Einfluss der simulierten Partnerurteile), (2) nur die Gruppe die Antworten erfuhr (informativer Einfluss und normativer Einfluss der Gruppe), (3) nur der Versuchsleiter die Antworten erfuhr (informativer Einfluss der Gruppe und normativer Einfluss des Versuchsleiters), (4) Gruppe und Versuchsleiter die Antworten erfuhren (informativer Einfluss der Gruppe und normativer

Einfluss von Versuchsleiter und Gruppe) und (5) als Kontrolle der Längenvergleich im Individualversuch erfolgte. Die Befunde bestätigten die Hypothesen: zumindest bei Versuchspersonen mit bestimmten Eigenschaften setzt sich der normative Einfluss aus einem gruppen- und versuchsleiterinduzierten Teil zusammen.

Dieses Ergebnis ist nicht für die Anwendung der Konformitätsforschung auf Alltagssituationen relevant, weil dort eine Instanz, die dem Experimentator entspricht, fehlt. Es weist aber auf die Notwendigkeit hin, beim Experimentieren alle Quellen von Artefakten auszuschalten oder zumindest zu kontrollieren.

FESTINGER (1953) machte auf eine weitere Unterscheidung aufmerksam, die dann vor allem in den Arbeiten zur Einstellungsänderung bedeutsam wurde: nicht jede Übernahme einer Meinung entspricht einem privaten Meinungswandel. Deshalb ist eine ausschliesslich öffentliche Zustimmung (overt compliance), bei der sich die Versuchsperson nur an die Gruppennorm anpasst, ohne die eigene Überzeugung zu ändern, abzuheben von einer privaten Zustimmung, bei der Aussage und Überzeugung identisch sind.

Dieser Ansatz wurde von KELMAN (1961) weiter ausgebaut, indem er die private Zustimmung unterteilte in die eigenständigen Prozesse der Identifikation und Internalisation. Die Identifikation nimmt eine Zwischenstellung ein zwischen der öffentlichen Zustimmung, die in Erwartung bestimmter positiver Reaktionen der Gruppe gegeben wird, und der Internalisation, bei der die Aussage dem persönlichen Wertsystem entspricht. Bei der Identifikation übernimmt das Individuum die Gruppenmeinung, um die Beziehung zu dieser Gruppe, die für das Selbstkonzept des Individuums bedeutsam ist, aufrecht zu erhalten. Wie bei der öffentlichen Zustimung liegt bei der Identifikation eine Instrumentalitätsbeziehung zwischen dem Verhalten und den erwarteten positiven Konsequenzen vor. Kennzeichnend für die Identifikation ist aber zusätzlich, dass das Individuum an seine Aussage glaubt.

Während zunächst die Konformität im Mittelpunkt des Interesses stand, wiesen WILLIS & HOLLANDER (1964) und WILLIS (1965a) auf die Zweidimensionalität des Verhaltens in Konformitätsexperimenten hin. Die erste Dimension erstreckt sich zwischen den Polen "Konformität" und "Antikonformität". Während konformes Verhalten mit den normativen Erwartungen übereinstimmt, steht antikonformes Verhalten konträr zu diesen Erwartungen. WILLIS schränkt ein, dass reine Antikonformität sehr selten ist. Wichtig sei sie aber aus theoretischen Gründen. Die zweite Dimension liegt zwischen den Polen "Unabhängigkeit" und "Variabilität". Eine Person ist unabhängig von Erwartungen, wenn sie sie zwar wahrnimmt, sich bei ihrer Entscheidung aber nicht danach richtet. Die Variabilität ist wiederum eine eher theoretisch geforderte als empirisch gefundene Verhaltensform, denn sie setzt voraus, dass das Individuum sein Verhalten bei jeder Gelegenheit wechselt, unabhängig von den Erwartungen der Gruppe oder der Situation. Als eine ergänzende dritte Dimension schlägt WILLIS die Relevanz der Thematik für das Individuum vor. Zur bessern Veranschaulichung stellte WILLIS (1965a) die Beziehung zwischen den beiden ersten Dimensionen in einem Rhombus-Modell dar (Abb. 20).

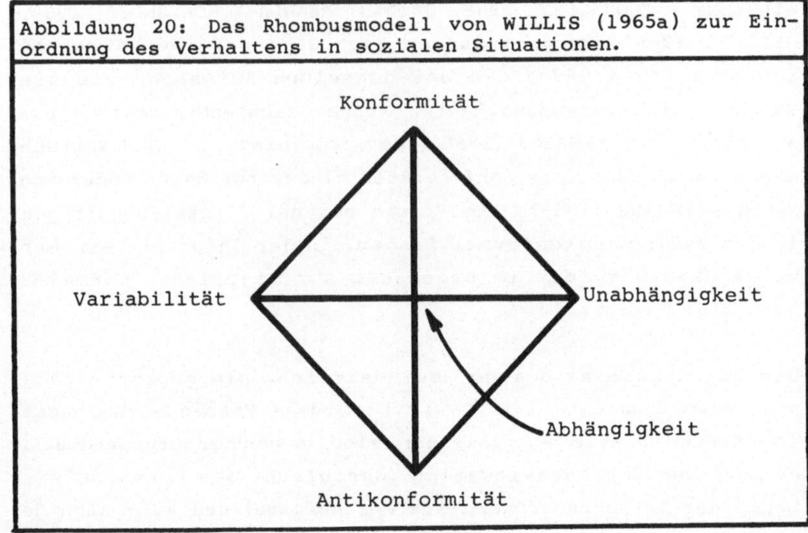

Abbildung 20: Das Rhombusmodell von WILLIS (1965a) zur Einordnung des Verhaltens in sozialen Situationen.

In einem Experiment konnte WILLIS (1965b) belegen, dass das Verhalten in einem Beeinflussungsversuch mit einer Dimension nicht ausreichend beschrieben wurde. Erst das zweidimensionale Modell wurde den Versuchsergebnissen gerecht. Damit liegt ein theoretischer Ansatz vor, der die Reaktionen im Experiment vollständiger klassifiziert als das vorher möglich war. Allerdings liefert das Modell nur eine Beschreibung, keine Erklärung des Verhaltens (s. KIESLER, 1969), so dass seine Bedeutung doch ziemlich beschränkt ist.

3.3.3. Ergebnisse der Konformitätsforschung

Nach diesen Vorbemerkungen wollen wir uns einigen Ergebnissen empirischer Arbeiten zuwenden. Die Zahl der Experimente ist so immens, dass hier nur eine kleine Auswahl der untersuchten Fragestellungen dargestellt werden kann.

3.3.3.1. Versuchspersonenmerkmale und Konformität
Geschlecht. Häufig zeigen weibliche Versuchspersonen mehr Konformität als männliche (z.B. ALLEN & LEVINE, 1971, GERARD, WILHELMY & CONNOLLEY, 1968, JULIAN, REGULA & HOLLANDER, 1968, ENDLER, 1966). Es gibt jedoch auch Gegenbefunde, etwa von ENDLER & HOY (1967), die bei denselben Aufgaben, wie sie ENDLER (1966) verwendet hatte, keine Geschlechtsunterschiede erhielten, von TIMAEUS (1968), der allerdings im ASCH-Versuch überwiegend männliche Konfederaten eingesetzt hatte, oder von ALLEN & LEVINE (1969), die Frauen nur bei Einstellungsfragen in der Bedingung konformer fanden, in der ihnen ein Partner beigegeben war, der im Gegensatz zur Majorität "normale" Antworten lieferte.

Die Ergebnisse sind also uneinheitlich. Die grössere Zahl positiver Resultate lässt vermuten, dass Frauen - zumindest in unserer Kultur - anfälliger sind gegenüber Gruppendruck. Je nach der Versuchssituation (Geschlecht des Versuchsleiters, der Versuchspartner, Art der Aufgabe) und wohl auch je

nach den Sozialisationsbedingungen ist jedoch mit Abweichungen zu rechnen. Diese Interpretation wird gestützt durch
mehrere Experimente von SISTRUNK & MC DAVID (1971), die
zeigen konnten, wie Frauen und Männer bei Aufgaben, die in
den Kompetenzbereich des eigenen Geschlechtes fallen, besonders dann weniger Konformitätsbereitschaft erkennen lassen,
wenn sie unter dem Einfluss von gleichgeschlechtlichen Personen stehen (s. Abb. 21).

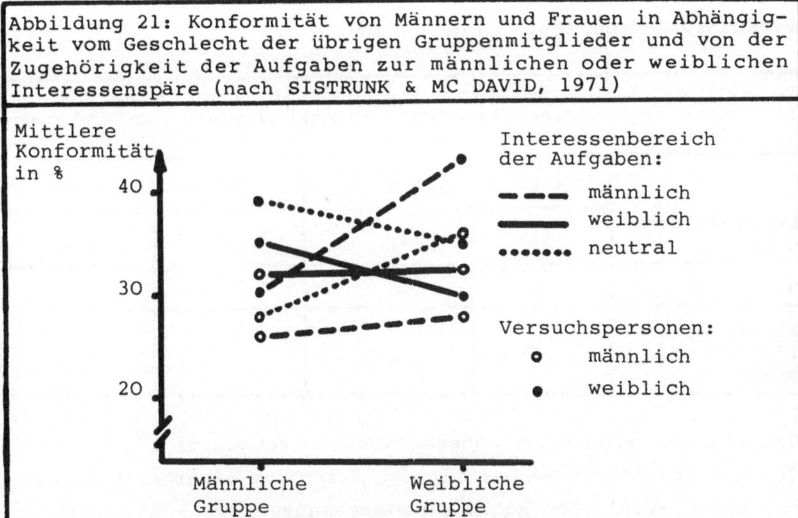

Abbildung 21: Konformität von Männern und Frauen in Abhängig-
keit vom Geschlecht der übrigen Gruppenmitglieder und von der
Zugehörigkeit der Aufgaben zur männlichen oder weiblichen
Interessenspäre (nach SISTRUNK & MC DAVID, 1971)

EAGLY, WOOD & FISHBAUGH (1981) stellten experimentell fest,
dass weibliche Studenten nur dann bei Universitätsthemen mehr
Konformität zeigten, wenn sie annahmen, ihre Aussagen würden
überwacht. Die Autoren vermuten, vor allem Männer seien in
unserer Kultur darauf vorbereitet, durch abweichendes Verhalten im Zentrum des Interesses zu stehen und dadurch auch
Einfluss auszuüben. Nicht eine Anpassungsbereitschaft, sondern eine Tendenz, weniger aufzufallen, könnte damit für die
grössere weibliche Konformität verantwortlich sein.

Auf ganz andere Einflüsse stiess EAGLY (1978), als sie ca.
120 Konformitäts- und Überzeugungsstudien nach Geschlechtsun-
terschieden analysierte. Zwar fand sie in 16% bzw. 34 % der
Überzeugungs-/bzw. Konformitätsuntersuchungen eine höhere
Konformität weiblicher Versuchspersonen (gegenüber 2 %/3 %
der Befunde mit mehr Konformität der Männer). Sobald sie
jedoch diese Arbeiten danach trennte, ob sie vor 1970 oder
danach erschienen waren, stellte sie unter den jüngeren Studien nur noch selten eine höhere Konformität der weiblichen
Versuchspersonen fest (Tabelle 6).

Tabelle 6 : Anzahl der Studien, in denen Frauen höhere Konformitätswerte zeigen als Männer in Abhängigkeit vom Publika-
tionsdatum (nach EAGLY, 1978)

Publikations- datum	Überzeugungsstudien		Konformitätsstudien	
	-1970	1971-	-1970	1971-
N	22	40	37	24
höhere weib- liche Konfor- mität	7	3	16	5

Die ehemals gefundenen höheren Konformitätswerte könnten mit
dem kulturellen Klima und mit der Akzeptanz einer sich unter-
ordnenden weiblichen Rolle zusammenhängen.

In einer weiteren Studie (EAGLY & CARLI, 1980) wurde sogar
festgestellt, dass weibliche Autoren solcher Experimente eher
keine Geschlechtsunterschiede fanden, während männliche Autoren eher von erhöhter Beeinflussbarkeit von Frauen berichten.
Damit wird unübersehbar, wie leicht unerkannte Artefakte
unser Wissen irreführen können.

Persönlichkeit. Wenn zwischen Persönlichkeitseigenschaften
und Konformitätsverhalten Zusammenhänge gefunden werden sollen, so müssen drei Voraussetzungen erfüllt sein. "Konformi-

tät" muss eine robuste Eigenschaft sein, die sich mit verschiedenen Verfahren (Wahrnehmung, Einstellungen usw., normativer und informativer Druck, unterschiedliche Zusammensetzung der Gruppe) erfassen lässt. Nonkonformes Verhalten muss eindimensional sein (s. aber S.119f.) und die betreffenden Persönlichkeitsmerkmale müssen zuverlässig gemessen werden können. Da diese Voraussetzungen nicht zutreffen, werden wir allenfalls mit schwachen Beziehungen rechnen können.

GOLDBERG (1954) fand nur geringe Korrelationen zwischen dem Konformitätsverhalten seiner Probanden bei mehreren gleichartigen Aufgaben. DITTES & KELLEY (1956) berichten ebenfalls von geringen Ähnlichkeiten der Konformität bei Meinungsdiskussionen und Punktschätzen. Auch in einer Studie von TUDDENHAM (1958) zeigt sich keine allgemeine Konsistenz der Konformität. Vielmehr verhielten sich nur Probanden mit besonders starkem und mit besonders geringem Konformitätsverhalten bei verschiedenen Aufgaben ähnlich. NAKAMURA (1958) findet grosse Ähnlichkeit in den Reaktionsweisen seiner Versuchspersonen bei mehreren Wahrnehmungsaufgaben ($r=.87$ bis $r=.80$), aber nur geringe Ähnlichkeit bei Einstellungsaufgaben. Da nur CRUTCHFIELD (1955) von hohen Zuverlässigkeitswerten bei Konformitätsaufgaben unterschiedlicher Thematik (split-half, unkorrigiert: $r=.82$) spricht, ist ein allgemeines Persönlichkeitsmerkmal "Konformität" wenig wahrscheinlich. Dagegen dürfte es unter bestimmten - auch heute noch nicht abgeklärten - Bedingungen ein relativ stabiles aufgabenspezifisches Konformitätsverhalten geben. Diese reizbezogene Konformität dürfte die Grundlage einiger Zusammenhänge zwischen Persönlichkeitsmerkmalen und dem Konformitätsverhalten sein.

So weisen eine Reihe älterer Arbeiten positve Beziehungen zwischen autoritärer Einstellung und Konformität nach (s. BRANDT & KÖHLER, 1972, 1760). HARE (1962) und BELOFF (1958) zeigten jedoch, wie hohe Autoritarismuswerte der F-Skala auf eine allgemeine Tendenz, mehr Ja-Antworten bei der Befragung anzukreuzen, zurückgehen. Diese Zustimmungstendenz dürfte aber weitgehend mit dem Konformitätsverhalten im Experiment übereinstimmen. Auch CROWNE & MARLOW (1964) wiesen mit einer modifizierten ASCH-Situation nach, dass Personen, die im Sinne der sozialen Erwünschtheit antworten, höhere Konformitätswerte erzielen als die Gegengruppe, die durch niedere Werte auf der Skala der sozialen Erwünschtheit ausgezeichnet ist. Die publizierten Korrelationskoeffizienten stellen somit eher unfreiwillige Validierungsdaten der F-Skala dar als Hinweise auf Zusammenhänge zwischen zwei eigenständigen Persönlichkeitseigenschaften.

Keine Unterschiede zwischen mehr oder weniger autoritären Versuchspersonen zeigten sich z.B. bei HIRSIG (1973) und WEINER & MC GUINNIES (1961).

Nach den heute vorliegenden Arbeiten ist also noch keine Entscheidung möglich, ob Autoritarismus mit hoher Konformitätsbereitschaft einhergeht. Diese Entscheidung würde voraussetzen, dass die autoritäre Einstellung mit einem Verfahren gemessen wird, das sich deutlich von dem Charakter der Konformitätsexperimente unterscheidet.

So wie wir die Problematik und den Stand der Forschung über autoritäre Einstellung und Konformität angerissen haben, könnten wir auch weitere Studien über die Beziehung verschiedener Persönlichkeitseigenschaften zum konformen Verhalten diskutieren. Beispielsweise berichten COLEMAN, BLAKE & MOUTON (1958) von einer inversen Beziehung zwischen Selbstsicherheit und Konformität. LEAGUE & JACKSON (1964) aber führen an, dass Selbstunsichere akustische Reize fehlerhafter einschätzen. Für diese Personen stellen die Partnerurteile dann eine wichtige Hilfe bei der Bewältigung der Aufgabe dar. Sie wirken als informativer Einfluss. In dieselbe Richtung weist CRUTCH-FIELD's (1955) Ergebnis einer geringeren Intelligenz konformer Personen. STRICKER, MESSICK & JACKSON (1967) fanden, dass konformes Verhalten signifikant negativ mit Misstrauen gegen die Versuchsanordnung verbunden ist. Konforme Personen scheinen daher die Versuchssituation weniger zu hinterfragen; stattdessen nehmen sie ihre Umwelt - und die informativen Einflüsse im Konformitätsexperiment - nach ihrem offensichtlichen Gehalt auf. Weitere Arbeiten weisen auf Zusammenhänge mit Rigidität, Extraversion (TIMAEUS, 1968), Abhängigkeit, Impulsivität (ALLEN & LEVINE, 1969), Ängstlichkeit (MEUNIER & RULE, 1967) und Leistungsmotivation (ZAJONC & WAHI, 1961) hin. Als besonders bedeutungsvoll könnte sich das Ergebnis von TODER & MARCIA (1973) erweisen, die bei einer kleinen Studentinnenstichprobe eine grössere Konformitätsbereitschaft unter labilen Personen fanden, während Kommilitoninnen mit fester personaler Identität den Einflüssen der ASCH-Situation weniger unterlagen.

Nach unseren Vorüberlegungen überrascht es nicht, wenn in den Beziehungen zwischen Persönlichkeitsmerkmalen und den Reaktionen in Konformitätsuntersuchungen Widersprüche auftreten. Ehe mit Fortschritten zu rechnen ist, müssen erst die herangezogenen Persönlichkeitsmerkmale und die Dimensionen und Bedingungen des konformen Verhaltens eindeutig bestimmt werden können.

<u>Status in der Gruppe</u>. Wenn man die Gruppenmitglieder hinsichtlich ihres Einflusses in einer Rangreihe anordnet, wird man unterschiedliche Konformität erwarten dürfen. Man könnte vermuten, nur wer sich nach den Gruppennormen richtet, erhält Einfluss, so dass Gruppenführer eine besonders hohe Konformität zeigen. Diese Hypothese wurde von HOMANS (1960) formuliert:

> "<u>Je höher der Rang einer Person in einer Gruppe ist, umso mehr stimmen ihre Aktivitäten mit den Gruppennormen überein</u>" (151) und: "So untergräbt jedes Versäumnis auf seiten des Führers, die Gruppennormen einzuhalten, seinen sozialen Rang..." (395).

Die Gegenhypothese würde davon ausgehen, das grosse Vertrauen, das einem Führer entgegengebracht wird, bzw. seine starke Stellung, erlauben es ihm, dem Gruppeneinfluss nicht immer nachzukommen. Gruppenführer würden sich demnach nur in mittlerem oder sogar in geringem Masse konform verhalten. Diese Position vertritt HOLLANDER (1958, 1960, 1971), wenn er voraussagt, ein Führer habe aufgrund seiner vorangegangenen Leistungen den grössten Spielraum für Abweichungen ("idiosyncrasy credit"), so dass er sich am leichtesten Eigenheiten leisten darf, ohne sofort mit Sanktionen rechnen zu müssen:

"Perceived conformity can be looked upon as living up to the group's expectancies, which yields one input to the accumulation of status in the form of credit. This "credit balance" later permits greater latitude for nonconformity; its absence accounts for the fact that the newcomer to a group, with a minimum of credits, is more constrained to conform than the old-timer, other things being equal" (HOLLANDER 1971, 573-574).

HOMANS (1960) erinnert zur Stützung seiner Hypothese an die Hawthorne-Studie von ROETHLISBERGER & DICKSON (1939), nach der unter den Drahtwicklern die Untergruppe mit dem grössten Ansehen die Gruppennormen am genauesten beachtete. Im Gegensatz zu dieser Feldstudie zwingt jedoch eine Reihe experimenteller Arbeiten zu einer Revision dieser Ansicht.

So untersuchten HARVEY & CONSALVI (1960), wie sich die zwei beliebtesten Mitglieder und das unbeliebteste Mitglied aus neun Gruppen Jugendlicher einer Besserungsanstalt in einer Wahrnehmungsaufgabe verhalten, in der diese Personen unbemerkt andere Reize (48 inches Abstand) sahen als die Gruppe (12 inches Abstand). Nicht der Ranghöchste (32 inches), sondern der Zweite (18 inches) und nach ihm der Rangniederste (27 inches) passte sich am stärksten an die Gruppennorm an. Das Ziel des Zweiten ist es, seinen Status zu festigen. Dazu aber muss er seine Übereinstimmung mit der Gruppe demonstrieren. Der Abgelehnte bemüht sich dagegen, weiterhin Mitglied der Gruppe bleiben zu dürfen. Nur der Ranghöchste hat aufgrund vorausgegangener Leistungen schon einen so breiten Spielraum für Unabhängigkeit erworben, dass er nicht maximale Konformität praktizieren muss.

DITTES & KELLEY (1956) hatten nicht zwischen dem Ranghöchsten und dem Zweiten, sondern zwischen ranghohen, mittleren, niedrigen und vom Ausschluss bedrohten Gruppenmitgliedern unter-

schieden. Dabei zeigten die Personen mit mittlerer Beliebtheit die grösste Anpassungsbereitschaft bei verschiedenen
Aufgabenarten. Die Abgelehnten übertrafen sie nur bei öffentlichen Äusserungen, wenn sie damit rechnen konnten, dass ihre
Zustimmung sie vor dem Ausschluss retten könnte. Auch die
Arbeiten von JULIAN & STEINER (1961), von WILSON (1960) und
von SABATH (1964) lassen vermuten, dass die höchste Konformität nicht von dem Spitzenmiglied, sondern von Personen in
aufstiegsträchtigen Positionen erwartet werden kann. Allerdings wurde bisher noch nicht ausreichend zwischen den Dimensionen der Gruppenhierarchie (Beliebtheit, Einfluss, Leistung
usw.) differenziert. Auch der Unterschied zwischen der privaten und der öffentlichen Zustimmung und der persönlichen
Relevanz der Themen müsste noch abgeklärt werden, ehe der
heute vorliegende Befund verallgemeinert werden kann.

Als einen Aspekt des Status haben KIDD & CAMPBELL (1955),
CRONER & WILLIS (1961), ROSENBERG (1961) und ENDLER & HOY
(1967) die Kompetenz des Beurteilers näher untersucht. Danach
passt sich weniger an, wer vorher oder während des Versuchs
erfahren hatte, dass er allein die Aufgaben gut lösen kann.
Wird er dagegen in seinem Selbstbewusstsein verunsichert,
richtet er sich stärker nach dem Gruppenurteil.

<u>Kulturelle Zugehörigkeit</u>. Das Sozialisationssystem einer
Kultur kann Konformität belohnen oder bestrafen. In diesem
Sinne ist anzunehmen, dass die Konformitätsbereitschaft die
Angehörigen von Gesellschaften mit unterschiedlichen Erzie-
hungszielen differiert. Diese Hypothese wurde von BERRY
(1967) expliziert. Er vermutete, Jäger- und Fischervölker,
die durch geringe Nahrungsakkumulation ausgezeichnet sind,
vermitteln ihren Angehörigen individualistische Werte; Hir-
ten- und Bauernvölker mit hoher Nahrungsakkumulation erwarten
dagegen Anpassung. Er stellte Eskimos als Vertretern eines
Jäger- und Fischervolkes und den Angehörigen eines afrikani-
schen Hirtenvolkes in Sierra Leone, den Temne, Linienver-

gleichsaufgaben, und informierte sie, welche Linie die meisten Vertreter ihres Volkes für ebenso lang halten wie die Standardlinie. Die Ergebnisse unterstützen die Hypothese: Temne-Versuchspersonen erreichen signifikant höhere Konformitätswerte als Eskimos.

Wenn auch weitere systematische Vergleiche der kulturellen Einflüsse auf das Konformitätsverhalten fehlen, liegen doch Anhaltspunkte für die Einwirkung der Gesamtgesellschaft vor. So stellte z.B. TIMAEUS (1968) bei seinen deutschen Studenten weniger Konformität in der ASCH-Situation fest als im Originalversuch (ASCH, 1956) in den USA und MILGRAM (1961) registrierte bei Norwegern eine höhere Anpassung an die Partnerurteile als bei Franzosen.

3.3.3.2. Zusammensetzung der Gruppe und Konformität

Das Konformitätsverhalten wird, wie wir gesehen haben, von Merkmalen der betroffenen Personen bestimmt. Genau so wichtig sind die Merkmale der Gruppe, unter deren Einfluss das Individuum steht.

Gruppengrösse. In der Dyade kommt dem Partner im Mittel 50% des normativen und informativen Einflusse zu. In der Triade und in grösseren Gruppen steht die Versuchsperson bei Einstimmigkeit der abweichenden Partnerurteile mit ihrer Interpretation der Reize in der Minderheit. Daher dürfte der Einfluss der Partner auf das Verhalten in einer der üblichen Situationen eines Konformitätsversuches mit zunehmender Gruppengrösse ansteigen. Diese Vermutung wird durch Experimente von ASCH (1956) zum Teil bestätigt (Abb. 22). Der Anteil konformer Antworten ist gering, wenn der Versuchsperson ein oder zwei Partner gegenüberstehen, um bei drei und vier Partnern rapide anzusteigen und dann selbst bei 15 Partnern auf etwa gleichem Niveau zu bleiben.

ROSENBERG (1961) bestätigte in seinem Versuch den Konformi-

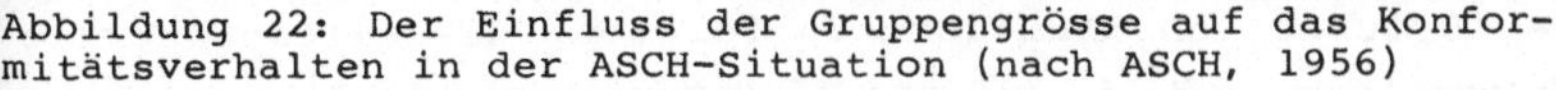

Abbildung 22: Der Einfluss der Gruppengrösse auf das Konformitätsverhalten in der ASCH-Situation (nach ASCH, 1956)

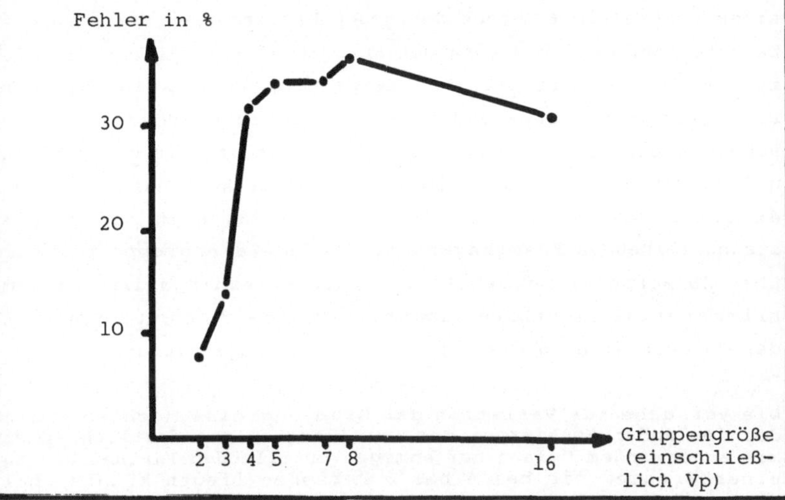

tätsanstieg bis zur Vierergruppe. Er fand jedoch in Fünf-
Personen-Gruppen wieder einen Abfall. GERARD, WILHELMY &
CONOLLEY (1968; s. auch GERARD & CONOLLEY, 1972) stellten
einen linearen Anstieg der Konformität bis zur Fünf-Personen-
Gruppe mit nachfolgender Konstanz bis zur Acht-Personen-
Gruppe fest (die Autoren sprechen allerdings aus unerklärli-
chen Gründen von einem linearen Anstieg in dem Gesamtbe-
reich). Ein Gegenbefund stammt von GOLDBERG (1954), der keine
Differenzen in der Konformität zwischen Dyaden und Tetraden
bei einer Aufgabe erhielt, in der die Intelligenz der auf
Fotos vorgelegten Personen zu schätzen war.

Mögen die unterschiedlichen Befunde partiell auf Unterschiede
in der Aufgabenstellung zurückzuführen sein, so macht ein
Feldexperiment von MILGRAM, BICKMAN & BERKOWITZ (1969) auf
die geringe Generalisierbarkeit von Befunden aus Laborversu-
chen aufmerksam. Die Autoren beobachteten, wieviel Prozent
der gerade anwesenden Fussgänger auf einer New Yorker Strasse

den Blicken von Konfederaten folgten, die allein oder in
Gruppen von 2, 3, 5, 10 und 15 Personen stehenblieben und zu
einem Fenster im 6. Stock der gegenüberliegenden Strassensei-
te schauten. Werden diejenigen Fussgänger berücksichtigt, die
zu dem Fenster blickten, so zeigt sich ein Anstieg bis zur
Fünf-Personen-Gruppe und Konstanz bei noch grösseren Men-
schenmengen. Wird dagegen nur berücksichtigt, wer stehenblieb
und zu dem Fenster sah, nimmt der Anteil kontinuierlich von
4% bei einem Partner bis 40% bei 15 Partnern zu. Da die
stehenbleibenden Fussgänger die Konfederatengruppe bis auf
über 20 Personen vermehrten, sollte allerdings die auf dem
Filmmaterial sichtbare Gesamtgruppe und nicht nur die Zahl
der Konfederaten in die Auswertung einbezogen werden.

Die Versuche zur Variation der Gruppengrösse machten trotz
der fehlenden Konsistenz der Detailergebnisse deutlich, dass
mit zunehmendem Umfang der homogen urteilenden Partner bis zu
einer Grenze, die bei 4 bis 6 Personen liegen könnte, bei
bestimmten Verhaltensweisen eine Zunahme der Konformität
erfolgt; bei einem weiteren Anstieg der Gruppengrösse erhöht
sich der Gruppeneinfluss in der Regel nicht mehr.

Anteil der Partner in der Gesamtgruppe. ASCH (1952) berichtet, dass die Konformität von 35% auf 5% der kritischen
Aufgaben sinkt, wenn einer der Konfederaten die richtige
Antwort, die auch dem Wahrnehmungseindruck der Versuchsperson
entspricht, äussert. Liefert dieser Partner nur bei den ersten Aufgaben richtige Antworten und wechselt er später zur
Majorität über, so steigt auch die Konformitätsbereitschaft
der Versuchspersonen.

ALLEN & LEVINE (1969) fragten sich, ob der Bruch der Gruppen-
einheitlichkeit, d.h. die Verminderung des normativen Einflusses, oder die Bestätigung der richtigen Antwort, d.h. der
informative Einfluss, für die Konformitätsabnahme bei Vorhandensein eines Partners verantwortlich ist. Sie ordneten der
Versuchsperson einmal einen Partner zu, der die richtige
Antwort lieferte, oder einen "Abweichler", der durch eine

extremere Antwort die Gruppenhomogenität zerstörte. Die Konformität der Versuchspersonen sank in Abhängigkeit von der Aufgabenart. Bei wahrnehmungs- und informationsbezogenen Aufgaben wirkte sich die Reduktion des normativen und des informativen Einflusses der Gruppe aus. Bei Meinungsfragen, die einem subjektiven Urteil unterliegen, verminderte sich die Konformität nur in der "Partner"-Bedingung.

<u>Bekanntheit</u> <u>der</u> <u>Partner</u>. Nehmen zwei gute Bekannte als Versuchspersonen neben 6 Konfederaten des Versuchsleiters an einem Konformitätsexperiment teil, so passen sie sich in der ASCH-Situation weniger an das Gruppenurteil an als wenn zwei fremde naive Versuchspersonen in der gleichen Lage sind (POLLIS & CAMMALLERI, 1968). Noch grösser ist jedoch die Konformität, wenn eine Versuchsperson allein sieben Konfederaten gegenübersteht. Im Fall der beiden befreundeten Versuchspersonen scheint die Untergruppe der langfristig bestehenden Dyade für die Urteilsabgabe mindestens ebenso wichtig zu sein wie die unbekannte Majorität.

Besteht die gesamte Gruppe aus Bekannten, ist mit einer stärkeren Beeinflussung zu rechnen als in der ad-hoc-Gruppe, die sich erst im Laboratorium konstituiert. Diese Hypothese wurde z.B. von LAMBERT & LOWY (1957) bestätigt.

Auch diese beiden Befunde verdeutlichen, wie fragwürdig es ist, wenn man Erkenntnisse aus den üblichen Konformitätsexperimenten direkt auf Alltagssituationen übertragen will.

<u>Homogenität</u> <u>der</u> <u>Gruppe</u>. LINDE & PATTERSON (1964) vermuteten, Gruppen aus Personen mit ähnlichen Merkmalen beeinflussen ihre Mitglieder stärker als deutlich heterogene Gruppen. Zur Prüfung dieser Hypothese beobachteten sie einen Rollstuhlkranken vor vier gesunden Konfederaten in der ASCH-Situation, einen Gesunden vor vier Konfederaten in Rollstühlen und jeweils homogene Gruppen von Gesunden und von Rollstuhlkranken.

Wie erwartet war die Konformität gegenüber andersartigen Partnern signifikant geringer als gegenüber ähnlichen Personen.

Andererseits wird, wie MALOF & LOTT (1962) demonstrieren, die Unterstützung eines Negers von weissen Versuchspersonen bereitwillig angenommen, wenn sie sich dadurch dem Gruppendruck entziehen können.

TUDDENHAM et al. (1958) variierten den Anteil der Männer und Frauen bei Fünf-Personen-Gruppen und fanden bei männlichen und bei weiblichen Versuchspersonen eine höhere Konformität, je mehr Männer in der Gruppe waren. Die Zusammensetzung der Gruppe nach Männern und Frauen lässt daher eher den Einfluss der traditionell dominierenden Rolle des Mannes als einen Einfluss der Homogenität der Gruppe erkennen. Da die grössere Konformität in homogenen Gruppen von der Balancetheorie postuliert würde (s. auch S. 59), wären weitere Untersuchungen zu dieser Frage erwünscht.

3.3.3.3. <u>Die</u> <u>Art</u> <u>der</u> <u>Aufgabe</u> <u>und</u> <u>Konformität</u>
<u>Schwierigkeit</u> <u>der</u> <u>Aufgabe</u>. Zahlreiche Untersuchungen bestätigen (s. NORD, 1969, 187f.), dass die Konformität in der Gruppe mit dem Schwierigkeitsgrad der Aufgabe ansteigt. Der informative Einfluss der Partnerurteile hilft bei schwierigen oder unlösbaren Aufgaben mit, die unklare Reizsituation im Sinne einer sozialen Realität zu strukturieren. Die Konformität bei eindeutigen Reizvorlagen ist dagegen auf den normativen Einfluss der Gruppe zurückzuführen.

<u>Persönliche</u> <u>Relevanz</u> <u>der</u> <u>Aufgabe</u>. Die meisten Versuchsanordnungen arbeiten mit nebensächlichen Fragestellungen: Linienvergleich, Mengenschätzen und Wissensfragen berühren nur periphere Persönlichkeitsbereiche. Deshalb ist mit geringen Gegenkräften gegen wahrnehmungskonträre Aussagen zu rechnen. VAUGHAN & MANGAN (1963) vermuteten einen Rückgang der Konfor-

mitätsbereitschaft, wenn zentrale Werte der Versuchspersonen zur Debatte stehen. Sie stellten zunächst die Bedeutung wirtschaftlicher, religiöser, politischer und ästhetischer Werte bei ihren Versuchspersonen fest und liessen diese Personen unter Gruppendruck Aussagen zu diesen Bereichen beurteilen. Während die Konformitätsrate bei Aussagen zu wenig geschätzten Fragestellungen bei 45% lag, sank sie für wertbehaftete Aussagen auf 18%.

Der Gruppeneinfluss ist also in der Regel nur wirksam, wenn er dem Selbstbild der betroffenen Versuchspersonen nicht widerspricht.

3.3.3.4. <u>Bedingungen der Urteilsabgabe und Konformität</u>
Jede situative Veränderung in der Versuchsanordnung kann auf das Konformitätsverhalten einwirken. Beispielsweise hatten VAUGHAN & MANGAN (1963) die Versuchspersonen in Vierergruppen ihr Urteil an zweiter, dritter und letzter Stelle abgeben lassen und eine umso höhere Konformität erhalten, je mehr Partnerurteile die Versuchspersonen vor ihrer eigenen Schätzung gehört hatten. Wir werden uns nur zwei Aspekten zuwenden: dem Öffentlichkeitsgrad der Aussage und der Bedeutung von Selbstverpflichtungen vor der Urteilsabgabe.

<u>Öffentliche und anonyme Urteilsabgabe</u>. Die Wahrnehmungs-, Einstellungs- oder Wissensaufgaben im Konformitätsexperiment können beantwortet werden, indem die Versuchsperson eindeutig identifiziert werden kann oder indem sie anonym bleibt. Die Bedingung der Öffentlichkeit ist z.B. gegeben, wenn jedes Gruppenmitglied vor dem Urteil seinen Namen nennt, wenn face-to-face-Kontakt besteht, wenn in der CRUTCHFIELD-Anordnung über die Schautafel mitgeteilt wird, von welcher Kabine die Antwort stammt usw. Unter anonymen Bedingungen unterbleibt die Namensnennung, der direkte Kontakt oder die eindeutige Kabinenzuordnung.

Die Hypothese, dass sich unter anonymen Verhältnissen weniger Konformität ereignet, weil dort der normative Einfluss eine geringere Rolle spielt, wurde schon von MOUTON, BLAKE &

OLMSTEAD (1956) bestätigt. Wenn vor jeder Schätzung der Name des Beurteilers bekanntgegeben wurde, passten sich 14 von 48 Versuchspersonen dem Gruppenurteil an. Unter anonymen Verhältnissen sank die Konformitätsrate auf nur vier Versuchspersonen. Diese Reduktion der Anpassungsbereitschaft unter Anonymität der Urteilsabgabe wurde auch z.B. von DEUTSCH & GERARD (1955), ASCH (1956) und KELLEY & VOLKART (1952) gefunden.

Die praktische Bedeutung dieses Phänomens ist allerdings schon seit langem bekannt, wie die Forderung nach geheimer Stimmabgabe bei demokratischen Wahlen bzw. das Bestreben in totalitären Staaten nach öffentlichem Ausfüllen des Stimmzettels zeigt.

<u>Selbstverpflichtung (commitment) vor der Urteilsabgabe</u>. Man kann dem Gruppendruck ausgesetzt sein, wenn man eigentlich schon zu einer bestimmten Stellungnahme entschlossen ist oder wenn man die Aufgabe erst im Beisein der Partner kennenlernt und unter dem Gruppeneinfluss zu einem Urteil gelangen soll. Die Bedeutung dieser beiden Bedingungen untersuchten zunächst DEUTSCH & GERARD (1955), später auch GERARD (1965), FREEDMAN & STEINBRUNER (1964), KIESLER & SAKUMURA (1966) u.a.

Der dem Gruppendruck vorangehende Entschluss - er kann in einer nicht registrierten, in einer individuell festgehaltenen, einer öffentlich bekanntgegebenen Entscheidung oder in dem Anfangsverhalten innerhalb einer Aktionssequenz bestehen - liefert Widerstand gegen den Gruppeneinfluss. In der Literatur der Einstellungsänderung (z.B. ZIMBARDO, 1968) findet die stabilisierende Wirkung der Selbstverpflichtung meist eine dissonanztheoretische Erklärung: die Selbstverpflichtung schafft ein kognitives Element, das der dissonanten Handlung, nämlich der Übernahme der Gruppenmeinung, entgegensteht.

3.3.3.5. <u>Konformität der Versuchsperson gegenüber dem Versuchsleiter</u>

In den bisher besprochenen Versuchsanordnungen wurde die Konformität einer Person gegenüber den informativen Aussagen bzw. den normativen Erwartungen von Gruppenmitgliedern untersucht, die dieselbe Aufgabe zu bearbeiten hatten wie die Versuchsperson. Dass in dieser Situation neben den manipulierten Variablen oft der Versuchsleiter das Versuchspersonenverhalten mitbestimmt, hatte SCHULMAN (1967) demonstriert.

Aber auch in der eindeutig strukturierten Beziehung zwischen dem Versuchsleiter und der Versuchsperson im Rahmen eines psychologischen Experimentes lässt sich Konformität beobachten. Der Einfluss des Versuchsleiters auf die Versuchsperson aufgrund expliziter Erwartungen wurde von LIVANT (1963) beschrieben: zwei Versuchspersonen sollten die Länge von Linien, die mit unterschiedlicher Neigung und Richtung in einem abgedunkelten Raum kurzzeitig auf einer Projektionsfläche zu sehen waren, schätzen. Nach der lauten Schätzung der Versuchspersonen nannte der Versuchsleiter seine eigene Schätzung, die jedoch in zwei Drittel der Fälle um 20% über den Versuchspersonenurteilen lag. Im Laufe von 30 Aufgaben stiegen die Versuchspersonenurteile annähernd linear von vorlagengetreuen Angaben bis zu einer Überschätzung um das 2,75fache an.

Dieser ganz im Sinne eines konventionellen Laborversuches gelungene Nachweis der radikalen Anpassung der Versuchsperson an die Vorgaben des Versuchsleiters fand nur wenig Beachtung. Im Gegensatz dazu erregten die lebensnäheren Experimente MILGRAM's (1963, 1964, 1965a,b, 1967, 1974) ein weltweites Aufsehen, obwohl auch sie nur die Bereitschaft der Versuchsperson, sich den Angaben des Versuchsleiters selbst gegen die eigene Überzeugung zu unterwerfen, illustrieren. Das beispiellose Interesse der breiten Öffentlichkeit für diese Fragestellung dürfte zurückzuführen sein auf die Ähnlichkeit der Versuchsanordnung zu antisozialen Aktionen unter dem Einfluss von Autoritäten, an denen unsere Zeitgeschichte so erschreckend reich ist.

MILGRAM wollte herausfinden, welche Schmerzen eine Versuchsperson einem Partner zuzufügen bereit ist, wenn die Versuchsinstruktion zunehmend stärkere Elektroschocks befiehlt. Er übertrug der Versuchsperson die Aufgabe, im Rahmen eines angeblichen Lernexperimentes einem Konfederaten Paare sinnloser Silben zu lehren, wobei jeder Fehler des Konfederaten mit Stromstössen zunehmender Stärke bestraft werden sollte. Der Schockgenerator wies eine Skala von 15 Volt bis 450 Volt mit verbalen Erklärungen von "leichter Schock" bis "Gefahr: starker Schock" auf. Der Lernende begann bei zunehmender Stärke der Strafschocks zu stöhnen, um Beendigung des Versuchs zu bitten, wegen der unerträglichen Schmerzen zu schreien und schliesslich jede weitere Mitarbeit zu verweigern. Bei Rückfragen der Versuchsperson, was in dieser Lage zu tun sei , antwortete der Versuchsleiter: "Sie haben keine andere Wahl; Sie müssen weitermachen".

Während 40 Psychiater damit rechneten, dass nur 0,125% der Versuchspersonen ihre Aufgabe bis zum Ende durchführen, blieben tatsächlich 62% dem Versuchsleiter bis zum höchsten Strafmass gehorsam. Sie zeigten dabei Zeichen stärkster Spannung und Belastung wie Schweissausbruch, Zittern, Stottern, Lippenbeissen, Stöhnen, Lachkrämpfe und eine erhebliche verbale Opposition gegen ihre Aufgabe.

MILGRAM erklärt die völlig unerwartet hohe Konformität gegenüber dem Versuchsleiter mit der Gebundenheit der Versuchsperson an die Kräfte im sozialen Feld, von denen sie sich nur schwer befreien kann. Sobald die Versuchsperson den Versuchsleiter als legitime Autorität anerkennt, unterliegt sie seinem Einfluss.

Durch eine Vielzahl von Versuchsvarianten versuchte MILGRAM die Bedeutung von Situationsvariablen auf die Konformität der Versuchsperson abzuklären. Er stellte dabei fest, dass der Gehorsam umso grösser ist, je weniger direkt der Kontakt des lernenden Konfederaten zur Versuchsperson ist (Extrem 1: das Opfer ist in einem anderen Raum und kann sich nur durch Klopfen bemerkbar machen; Extrem 2: die Versuchsperson muss die Hand des Opfers auf die Elektroden drücken) und je direkter der Kontakt der Versuchsperson zum Versuchsleiter ist (Extrem 1: nur telefonische Anweisungen; Extrem 2: der Versuchsleiter sitzt neben der Versuchsperson). Eine Variante, in der eine Versuchsgruppe, bestehend aus zwei Konfederaten und der Versuchsperson, gemeinsame Entscheidungen über das Vorgehen des Lehrers zu treffen hatte, liess den Einfluss der Gruppe auf die Entscheidung, ob man dem Versuchsleiter gehorsam bleiben oder ungehorsam werden möchte, erkennen, so dass MILGRAM von der "befreienden Wirkung" des Gruppendrucks spricht.

Gerade dieses Resultat erinnert daran, wie sehr das Verhalten eines Menschen von der Gesamtheit der Kräfte im sozialen Feld abhängt. Konformität bei einstellungskonträren Wünschen des Versuchsleiters ist nur zu erwarten, wenn entgegenwirkende Kräfte möglichst ausgeschaltet sind. Damit reduziert sich aber auch dieses an Geschehnisse moderner Kriege und an geplante Menschenvernichtung erinnernde Experiment auf das allgemeine Konformitätsparadigma, das bisher eine Reihe von Einflussgrössen aufzeigen konnte, die zum Teil auch in der MILGRAM-Versuchsanordnung in Erscheinung treten.

Von anderer Art ist die Versuchspersonenkonformität gegenüber dem Versuchsleiter, die nicht auf offen geäusserte Forderungen des Versuchsleiters, sondern auf seine _von der Versuchsperson_ _vermuteten_ _Erwartungen_ zurückgeht. Diese Fragestellung betrifft direkt die Gefahr, mit Hilfe der experimentellen Methode zu Ergebnissen zu gelangen, weil die Versuchsperson sich nicht nur von den kontrollierten Variablen, sondern zusätzlich von den erschlossenen Versuchsleiterwünschen leiten lässt. Wir haben sie einleitend (s. S. 16f.) erwähnt.

3.3.3.6. _Der_ _Nonkonformist_ _als_ _Untersuchungsobjekt_
Blieben alle Gruppenmitglieder konformistisch, wäre eine soziale Gruppe ein starres Gebilde, das ohne Einwirkung von

aussen immer dieselben Ziele verfolgen, dieselben Ansichten vertreten, dieselbe Organisation aufrechterhalten und dieselben Arbeitsmethoden praktizieren würde. Veränderung oder Fortschritt aus sich selbst heraus verdankt die Gruppe den Mitgliedern, die als "deviates", Abweichler oder Nonkonformisten bezeichnet werden. Es wirft ein Licht auf die Kulturgebundenheit sozialpsychologischer Themenstellungen, dass sich die Konformitätsforschung bisher in erster Linie mit der Frage befasst, wie die Gruppe ihre Mitglieder beeinflussen kann und die komplementären Fragen, wie die Unabhängigkeit vom sozialen Druck gefördert werden könnte, welche Erlebnisse der Abweichler zu gewärtigen hat, und wie er seinerseits auf die Gruppe einwirkt, vernachlässigte.

<u>Erleichterung der Unabhängigkeit vom sozialen Druck</u>. BACHRACH, CANDLAND & GIBSON (1961) erinnern in einer kurzen Nebenbemerkung an die multiple Gruppenmitgliedschaft jedes Menschen. Nonkonformität gegenüber der Gruppe A wird deshalb oft in einer Konformität gegenüber einer Gruppe B begründet sein. Dieser Gedanke wurde schon 1957 von MERTON (318) geäussert. Auch COHEN (1963) gibt zu bedenken, dass sich der Nonkonformist in der ASCH-Situation einer externen Norm verpflichtet fühlen kann und dadurch zum Widerstand gegen den Gruppendruck befähigt wird. Wir können annehmen, die Unabhängigkeit eines Nonkonformisten in einer gegebenen Situation steige mit seiner Unterstützung durch eine externe Gruppe an. Diese Aussage wird nicht zuletzt durch die zahlreichen Versuche mit Konfederaten gestützt, die als Versuchspersonen mit besonders ausgeprägten Beziehungen zu der externen Forschungsgruppe anzusehen sind.

Ausser dieser Bedingung können alle schon besprochenen Einflüsse auf das Konformitätsverhalten (s. S. 128ff.) unter der gegenteiligen Perspektive der Erleichterung von Nonkonformität betrachtet werden.

<u>Die</u> Phänomenologie <u>der</u> <u>Nonkonformität</u>. Personen, die in einer Gruppe abweichende Meinungen vertreten, gefährden das Bild der gemeinsam aufgebauten sozialen Realität. Deshalb ist der Gruppe daran gelegen, letztlich doch die Zustimmung der Abweichler zur Gruppenmeinung zu gewinnen. SCHACHTER (1951) und in einer Nachuntersuchung EMERSON (1954) beobachteten das Verhalten der Gruppe gegenüber einem Abweichler. Sie stellten fest, dass die Gruppe sich mit dem Nonkonformisten stark beschäftigt: sie bemüht sich, ihn von der Richtigkeit des gemeinsamen Standpunktes zu überzeugen. Nach SCHACHTER sinkt das Kommunikationsvolumen zwischen der Gruppe und dem Nonkonformisten gegen Ende der Diskussion in Gruppen mit hoher Kohäsion und starkem Interesse an dem Thema, ein Hinweis auf den drohenden Ausschluss. Diese Gefahr der Ausstossung aus der Gruppe wird auch dokumentiert durch niedrige Sympathiewerte und durch Übertragung niedrig bewerteter Aufgaben.

Der Nonkonformist - zumindest in der während der Beobachtungsdauer geschlossenen Experimentalgruppe - sieht sich daher eindeutigem Druck zur Haltungsänderung verbunden mit Sanktionen ausgesetzt. Es überrascht nicht, dass die Belastung auch in physiologischen Veränderungen nachgewiesen werden konnte (STEINER, 1966a). Für die Unterstützung durch einen Partner ist er so dankbar, dass er in einer späteren dyadischen Situation dazu tendiert, seine Aussage an die Meinung dieses Partners anzugleichen (DARLEY et al., 1974). Dieser Partner erleichtert es ihm, dem Gruppendruck zu widerstehen und seine ursprüngliche Meinung beizubehalten (KIESLER, ZANNA, DESALVO, 1966, s. auch S. 129). Offensichtlich genügt die marginale Kommunikation zwischen Versuchsperson und Partner für den Aufbau einer kleinen Untergruppe, die gegenüber der Gesamtgruppe ein eigenes Ziel und spezifische gemeinsame Ansichten vertritt und damit eine eigene, wenn auch labile, soziale Realität schafft.

Die gegen den Nonkonformisten gerichteten negativen Reaktio-

nen sind ausgeprägter, wenn er eine statusniedere Person ist
(ALVAREZ, 1968). Statushohe Abweichler müssen nach diesen
Versuchsergebnissen allerdings dann mit stärkerer Ablehnung
rechnen, wenn die Gruppe Misserfolge erntet. Durch ihr dop-
peltes Herausragen aus der Uniformität der Gruppe bieten sie
anscheinend ein besonders markantes Objekt, das als Sündenbock für kollektive Unzulänglichkeiten dienen kann.

Da die Gruppe zur Sicherung ihrer Existenz und zur Befriedigung der Bedürfnisse ihrer Mitglieder einen Satz Gemeinsamkeiten vertreten und gegenüber Abweichlern verteidigen muss,
sind die harten Reaktionen gegen den Nonkonformisten funktio-
nal. Es scheint bei wichtigen Fragen kaum erträglich zu sein,
lange Zeit allein einer überwältigenden Majorität gegenüber-
zustehen. Diese Leistung gelingt erst in Verbindung mit
Gleichgesinnten, die eine neue Gruppenbeziehung entwickeln,
oder wenn gewichtige, von der Gruppe nicht zu beeinflussende
Faktoren die Einzelmeinung stützen, wie das bei den grossen
historischen Beispielen für Nonkonformismus, wie z.B. LUTHER,
GALILEI oder FREUD, der Fall gewesen sein dürfte.

<u>Die Wirkung des Nonkonformisten auf die Gruppe</u>. Schon SCHACH-
TER (1951) und EMERSON (1954) berichten, dass sich die Gruppenmeinung durch die Beharrlichkeit des permanten Nonkonformisten auf dessen Standpunkt zubewegt. Diese ersten Befunde
wurden in späteren Arbeiten bestätigt (DE MONCHAUX & SHIMMIN,
1955, MOSCOVICI & FACHEUX, 1972).

Dass störrisches Festhalten an der eigenen Ansicht nicht die
optimale Technik ist, wenn man Einfluss auf die Gruppe gewinnen möchte, will HOLLANDER (1958, 1960) mit seinen Arbeiten
zum Spielraum für Eigenheiten ("idiosyncrasy credit") des
Gruppenführers nachweisen. In der zweiten Publikation zeigte
er experimentell, wie der Einfluss eines abweichenden Gruppenmitgliedes bei anfänglicher Konformität und bei erwiesener
Kompetenz am grössten ist. Eine Nachuntersuchung durch WAHR-

MAN & PUGH (1972) fand im Gegensatz dazu den grössten Einfluss, wenn der Konfederat von Anfang an Nonkonformität und Kompetenz zeigte. Diese Unterschiede dürften auf die vertrauenserweckende Begründung des Konfederaten für seine guten Leistungen ("Wir hatten solche Aufgaben in unserem Kurs über Matrizenalgebra") vor der aus Kunststudenten bestehenden Gruppe zurückzuführen sein, die dem Nonkonformisten eine Expertenstellung sicherte, wie er sie vor Ingenieurstudenten in HOLLANDER's Versuch nie erreichen konnte. Der grundsätzliche Einfluss der unwandelbaren Opposition einer Person auf die Haltung der Gesamtgruppe ist damit nicht in Frage gestellt. Der Nonkonformist dürfte aber mit einer höheren Wirksamkeit rechnen, wenn es ihm gelingt, eine gewisse Toleranz für Eigenheiten zu erwerben und/oder wenn er nachweisen kann, dass seine Meinungen den Ansichten der Gruppe überlegen sind.

MOSCOVICI (1979, 1980) und MUGNY (1982) befassten sich in den letzten Jahren mit der Frage, welchen Einfluss nicht Einzelpersonen, sondern minoritäre Untergruppen, auf Denken und Handeln der Gesamtgruppe ausüben. Dabei stellte MOSCOVICI (1979, 217) folgende Thesen auf:

> "1. Conversion is produced by a minority's consistent behavior.
> 2. The conversion produced by a minority implies a real change of judgments or opinions...
> 3. The more intense the conflict generated by the minority, the more radical is the conversion.
> 4. ... conversion is more pronounced when the influence source is absent."

MUGNY (1982) konnte die These von der Wirkung konsistenten Verhaltens differenzieren, indem seine Experimente belegen, dass ein flexibles Vorgehen der Minorität bei Beibehaltung des grundsätzlichen Standpunktes mehr Einfluss sichert als starres Festhalten an einer Position. Zahlreiche weitere Experimente unterstützen die Thesen MOSCOVICI's, so dass wir hier auf dem Wege zu einem Verständnis der Macht der Devianten sind.

3.3.4. Theoretische Modelle zur Erklärung des Konformitäts- verhaltens

3.3.4.1. Der Begriff der Norm und Konformität

Frühere Autoren sahen die Konformitätsforschung in enger Verbindung zu dem Normbegriff. Nun liegen aber mehrere Bedeutungen des Normkonzeptes vor, so dass nur eine partielle Beziehung bestehen kann. Nach GOLEMBIEWSKI (1962, 328) wird unter Norm ein gemeinsames Bezugssystem, das Vorliegen gemeinsamer Einstellungen oder Verhaltensweisen und die Auswirkung sozialen Drucks verstanden.

Normen als gemeinsames Bezugssystem werden am besten illustriert an Hand von SHERIF's Konformitätsexperimenten mit dem autokinetischen Phänomen (1935, s. auch S. 112ff.). Die individuellen Schätzungen konvergieren allmählich zu einer gemeinsamen Schätzgrösse. Die Aussagen der Versuchspartner dienen dabei ausschliessslich dem Aufbau der Metrik der gesehenen Scheinbewegung. Sie entsprechen damit dem informativen Einfluss. Das gemeinsame Bezugssystem sichert im Alltag eine übereinstimmende Interpretation der Umwelt.

Wird von gemeinsamen Verhaltensweisen und Ansichten auf die Wirkung von Gruppennormen geschlossen, wie es FESTINGER, SCHACHTER & BACK (1950) in ihrer berühmten Untersuchung über die Wohngebiete Westgate und Westgate West demonstrierten, so können damit kollektive Bezugssysteme, Wirkungen von Gruppendruck oder auch zufällige oder ökologisch bedingte Übereinstimmungen erfasst sein. Damit ist ein so weiter Bedeutungskomplex angesprochen, dass die Verwendung des Begriffes "Norm" in diesem Fall mehr Verwirrung als Verständnis stiften kann. Es empfiehlt sich daher, für übereinstimmende Verhaltensmuster die Begriffe "Gruppenstandard" oder "Gruppengemeinsamkeiten" vorzuziehen und in einem zweiten Schritt abzuklären, welche Ursachen der angetroffenen Konformität zugrundeliegen.

Normen als sozialer Druck oder als "Regulative für konkretes Verhalten im menschlichen Zusammenleben" (BRANDT & KÖHLER, 1972, 1715) sind Ansprüche der Gruppe an Verhalten und Kognitionen aller oder spezifischer Gruppenmitglieder. Nur diese Bedeutung der Gruppennorm wurde auf Seite 22ff. diskutiert. Ihr entspricht der "normative Einfluss" in Konformitätsexperimenten.

Konformität, so wie sie im Versuch registriert wird, ist daher zunächst nur der Nachweis von Gruppengemeinsamkeiten. Es wäre fatal, wenn man alle Konformitätsversuche sofort als Versuche zur Wirkung von Gruppennormen sehen würde. Vielmehr lässt sich an ihnen die Entwicklung und Auswirkung eines gemeinsamen Bezugssystems und/oder die Folgen sozialen Drucks in der Laborsituation erfassen. Eine Übertragung von Ergebnissen in die Praxis muss jeweils die Summe aller Zusatzbedingungen berücksichtigen. Von ihnen hängt es ab, ob erwartete Wirkungen eintreten (z.B. JANIS & HOFFMAN, 1970) oder ausbleiben (z.B. CARTER, HILL & MC LEMORE, 1968). So kann die Konformitätsforschung durch die eindeutige Variablenmanipulation im Versuch mit Kleingruppen auch zu einer terminologischen Präzisierung des Normbegriffes führen, der in der Soziologie verwendet wird.

Die Verbindung vom Normbegriff zum Konformitätsverhalten wird durch den Vorgang der Rollenübernahme hergestellt (TURNER, 1962). Eine Rolle ist die Summe der Erwartungen, die sich an den Inhaber einer bestimmten Position richten. Sofern nur der normative Einfluss berücksichtigt wird, führt eine grössere oder geringere Konformität zum Rollenverhalten, das sich aus der Wechselbeziehung zwischen den wahrgenommenen Erwartungen der Gruppe und den Qualitäten des Positionsinhabers bildet. Dieser in der Konformitätsliteratur kaum beachtete Ansatz erlaubt genaue Voraussagen der Konformität in Abhängigkeit von den Merkmalen der Person, von der Gruppenzusammensetzung, von der Art der Aufgabe und von den situativen Bedingungen.

Die theoretische Behandlung des Konformitätsverhaltens hat weniger von dem Begriff der Norm als von verschiedenen anderen Theorien der Verhaltensdetermination profitiert. Ihnen wenden wir uns jetzt zu.

3.3.4.2. Die Austauschtheorie und Konformität

Am ausführlichsten setzte sich NORD (1969) mit der Frage auseinander, ob die Austauschtheorie zum Verständnis des Konformitätsverhaltens beitragen kann.

Im Wirtschaftsleben erfolgt der Tausch einer Ware gegen Geld mit dem Ergebnis, dass beide Partner unter den gegebenen Umständen zufrieden sind. NORD betrachtet die Konformität als Ware, die gegen soziale Zustimmung aufgerechnet wird. Dabei sieht er jedoch Unterschiede, die einer völligen funktionalen Gleichsetzung von Zustimmung und Geld entgegenstehen: soziale Zustimmung kann nicht dinghaft weitergereicht werden; ihr Wert hängt von der Qualität des Spenders ab und sie ist vieldimensional. Andererseits finden sich eine Reihe ähnlicher Eigenschaften bei Geld und bei der sozialen Zustimmung: beide können im Sinne von Investitionen eingesetzt werden, die künftige Erträge liefern; beide unterliegen dem Gesetz des sinkenden Zusatznutzens, das beispielsweise besagt, dass die ersten 100 DM höher geschätzt werden als die 100 DM, die man nach 10'000 DM erhält; beide unterliegen dem durch Angebot und Nachfrage regulierten Markt.

Die Konformitätsforschung identifiziert einige der Faktoren, welche auf das Angebot der Ware "Konformität" einwirken. Konformitätsmindernde Faktoren erhöhen entweder die Kosten der Konformität oder sie reduzieren den daraus gewonnenen Nutzen. Ebenso können sie auf die Nonkonformität einwirken, indem sie deren Kosten vermindern oder ihren Nutzen steigern. So dürfte die Belohnung der Gruppe für Konformität bei schwierigen Aufgaben höher sein, weil diese Übereinstimmung von der Unsicherheit entlastet; tatsächlich haben wir höhere Konformitätsraten bei schwierigen Aufgaben gefunden (S. 132). Wenn die Konformität bei Themen von grosser Wichtigkeit für die Versuchspersonen sinkt (S.132f), so lässt sich das verstehen aus den hohen Kosten, die mit der Anpassung an abweichende Meinungen verbunden sind. Weitere Faktoren werden von NORD diskutiert.

Da zahlreiche empirische Arbeiten eine hohe Bewertung konformen Verhaltens zeigten und damit auch die Nachfrageseite für die Betrachtungen wichtig werden lassen, kann man NORD's Schlussfolgerungen zustimmen:

> "Exchange theory appears to be a useful tool for integration of data, as well as a source of testable hypotheses which are capable of dealing with both the conformer and the norm setter simultaneously" (202).

3.3.4.3. Lerntheorien und Konformität

Schon die Austauschtheorie arbeitet mit lerntheoretischen Konzepten. Sie sucht den Nutzen konformen Verhaltens zu bestimmen, der als Verstärker für die Handlung wirksam wird und damit die Wiederholung desselben Verhaltens unter gleichen Bedingungen wahrscheinlich macht. NORD (1969) hatte mit dem "generalisierten Verstärker", der Zustimmung, gearbeitet, um den vielfältigen Komplikationen des Nutzenbegriffes zu entgehen.

Die lerntheoretische Sicht der Verhaltenssteuerung tritt bei anderen Autoren stärker in den Vordergrund ihrer Überlegungen. So definieren BACHRACH, CANDLAND & GIBSON (1961, 259) Konformität:

> " ... a situation in which the group's reinforcement is adequate to produce and maintain behavior by the individual, and in which the behavior is, in turn, positively reinforcing to the group".

Dementsprechend erwarten sie konformes Verhalten in der Gruppe, wenn dieses Verhalten durch Lob oder Zustimmung belohnt wird, bzw. konforme Zurückhaltung, sofern die Aktivität bestraft wird.

WALKER & HEYNS (1967) beziehen die motivationale Seite der Persönlichkeit stärker ein, indem sie konformes, nonkonformes oder antikonformes Verhalten als einen instrumentellen Akt sehen, der die Befriedigung eines Bedürfnisses durch Erreichen des Zieles sichert. Das Verhalten bei Motivkonflikten wird erklärt, indem sich das stärkere Motiv durchsetzt. Diese entwaffnend einfache Beziehung lässt personen- und situationsspezifische Konformitätstendenzen als Resultat eines Lernprozesses verstehen. Sofern man in der Vergangenheit öfters erfahren hat, dass die Anpassung an die Gruppenerwartung die Wünsche erfüllte, wurde diese Reaktionsform verstärkt. Sie wird daher unter ähnlichen Bedingungen wieder gewählt werden.

Auch CAMPBELL (1961) erklärt das Verhalten einer Person im Konformitätsversuch aus ihren "erworbenen Verhaltensdispositionen". Der Erwerb solcher Reaktionstendenzen muss nicht nur auf eigene Erfahrungen zurückgehen, sondern er kann sich auch gründen auf die Beobachtung der Erfahrungen anderer Personen, ihrer Reaktionsweisen, auf verbale Informationen über Objekte oder über empfehlenswerte Verhaltensweisen. Damit hängt das Verhalten in der kritischen Situation von mehreren möglichen Lerneinflüssen ab.

Die Konformitätsbereitschaft ist nach diesen Überlegungen umso grösser, je weniger gefestigt eine individuelle Disposition aufgrund zurückliegender Erfahrungen ist, je mehr, bzw. je öfter ein Modell für ein bestimmtes Verhalten belohnt wird und je vertrauenswürdiger die Informátoren sind. Damit hängt die Reaktion der Versuchsperson im Konformitätsexperiment von den eigenen oder stellvertretenden Lernprozessen ab, in denen die Belohnungsstärke bestimmter Reaktionen erlebt wird, und vom Lernen der Vertrauenswürdigkeit bestimmter Informanten. Mit dieser bei CAMPBELL sehr viel detaillierter beschriebenen differenziertenBetrachtung verschiedener Lernvorgänge liegt ein Vorschlag zur Berücksichtigung unterschiedlicher Einflüsse auf das Konformitätsverhalten vor. Die starke Aufgliederung in mindestens 49 einzelne Bedingungskonstellationen dürften dazu beigetragen haben, dass die Anregung bis heute keine weitere Bearbeitung erfahren hat.

Experimente mit dem Ziel, den Einfluss positiver oder negativer Verstärkungen auf die Anpassungsbereitschaft an Forderungen aus der Gruppe zu überprüfen, stammen von FRENCH, MORRISON & LEVINGER (1960) und von ZIPF (1960). In beiden Arbeiten sortierten die Versuchspersonen Lochkarten, wobei ein Leiter eine schnellere Arbeitsweise unter Ankündigung von Sonderprämien, von Strafen oder unter neutraler Aufforderung anregte. Dabei erwies sich die Konformität direkt abhängig von der Stärke der angedrohten Strafe und von der Höhe der Belohnung. Belohnung und Strafe führten zu gleich hoher Konformitätsbereitschaft. Bestrafung ruft jedoch grösseren inneren Widerstand hervor als Belohnung. Hier wurde noch nicht das _Lernen_, sondern erst die Wirkung von Verstärkungstechniken untersucht, die bekanntlich für die Lernvorgänge entscheidend sind. Damit sind Hinweise gegeben, dass das Konformitätsverhalten der Steuerung durch Lohn und Strafe unterliegt. So wie die Anpassung an die Wünsche des Leiters erfolgt, dürfte auch das Verhalten durch die normativen Erwartungen für Gruppenmitglieder geregelt werden.

Obwohl die Lerntheorien verhältnismässig weit entwickelt sind, steht ihre Anwendung auf das Konformitätsverhalten erst in den Anfängen. Eine klare Klassifikation der Lernvorgänge, der Konformitätsarten und der Gruppensituationen dürfte zu einer grösseren Sicherheit der Erkenntnisse führen als sie heute gegeben sind.

3.3.4.4. <u>Konsistenztheorien</u> und <u>Konformität</u>

GERARD (1965) sieht das Verhalten in der ASCH-Situation als
bestimmt durch die Entscheidung der Versuchsperson, welcher
Seite sie bei der ersten Diskrepanz zwischen der visuellen
Wahrnehmung und den Aussagen der Gruppenmitglieder folgen
soll. Sobald die Versuchsperson sich bei späteren Entscheidungen nach dem zuvor zurückgewiesenen Einfluss richten wollte, würde sie eine Inkonsistenz zwischen der ersten Entscheidung und der neuen Handlung erleben. Wie es FESTINGER's
(1957) Dissonanztheorie voraussagt, schränkt die Anfangsent-
scheidung die Wahlfreiheit empfindlich ein. Die Versuchsperson sucht nämlich nach kognitiver Unterstützung für die ge-

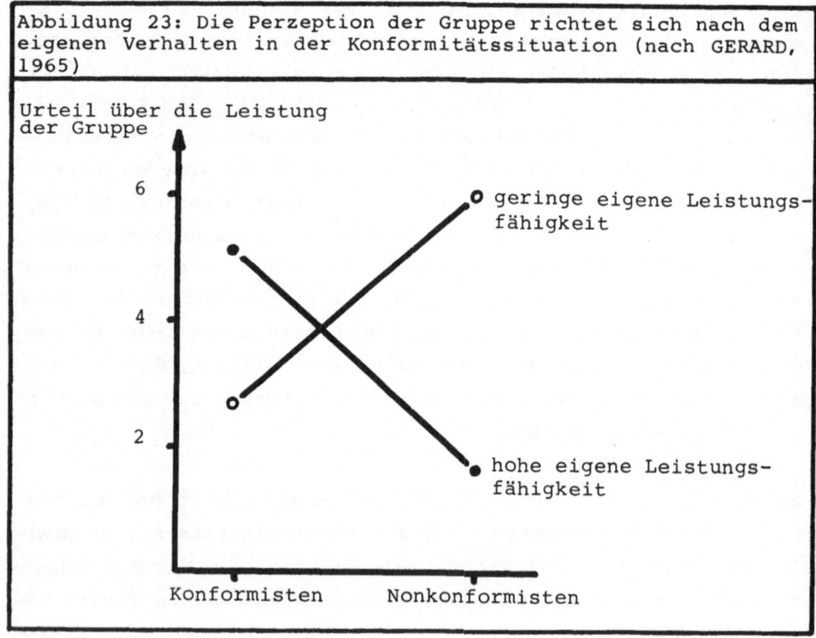

Abbildung 23: Die Perzeption der Gruppe richtet sich nach dem
eigenen Verhalten in der Konformitätssituation (nach GERARD,
1965)

troffene und gegen die verworfene Alternative und verhindert damit künftige Abweichungen. Gleichzeitig wirkt sie auf die Perzeption der Situation ein. GERARD konnte experimentell belegen, dass Konformisten bei einer Wahrnehmungsaufgabe unter abweichendem Gruppendruck die Leistungsfähigkeit der Partner in der Nähe des eigenen Leistungsniveaus sehen, während Nonkonformisten grössere Unterschiede zwischend der eigenen Leistungsfähigkeit und der Fähigkeit der Partner vermuten (s. Abb. 23).

Aber nicht nur die Dissonanztheorie, sondern auch die Balancetheorie HEIDER's (1958) kann diese Befunde erklären. In der Dreiecksbeziehung "Versuchsperson - Objekt - Gruppe" (Abb. 24, Fälle a) werden übereinstimmende Urteile der Versuchsper-

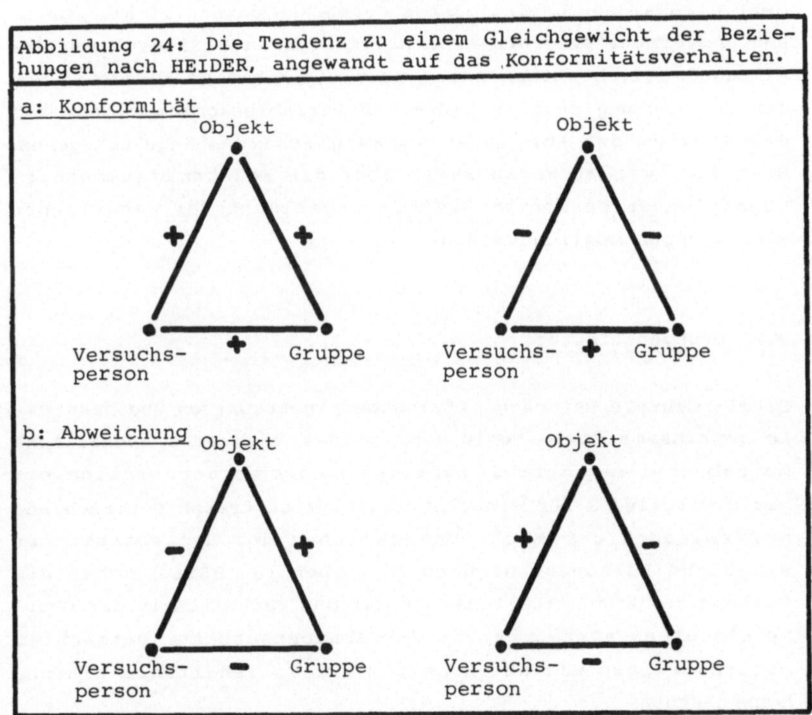

Abbildung 24: Die Tendenz zu einem Gleichgewicht der Beziehungen nach HEIDER, angewandt auf das Konformitätsverhalten.

son und der Gruppe über das Objekt dazu führen, dass ein
positives Urteil über die Gruppe zur Aufrechterhaltung der
Balance eine gleichgerichtete Aussage über das Objekt bedingt.

Im Fall der Nonkonformität (Abb. 24, Fälle b) führt das
abweichende Verhalten zur negativen Einstellung gegenüber der
Gruppe bzw. aus dieser negativen Haltung resultiert die Nonkonformität.

Nach einer reichhaltigen Forschungstätigkeit zur Untersuchung
konformen Verhaltens im Labor liegen heute einige sichere
Ergebnisse und verschiedene Erklärungsansätze vor. Es stellte
sich heraus, dass das Verhalten unter Gruppendruck ein von
mehr Dimensionen beeinflusstes Geschehen darstellt als man zu
Beginn vermutete. Sofern eine Übertragung auf Situationen des
Alltags möglich werden soll, muss die künftige Forschung von
der Unterschung relativ einfacher Variablenkombinationen auf
das Studium der komplexen Wirkungszusammenhänge übergehen.
Erst dann werden Voraussagen über die Konformitätsbereitschaft einer Person im Bedingungsgeflecht der natürlichen
Kleingruppen möglich werden.

3.4. <u>Gruppenstruktur</u>

Sobald mehrere Personen miteinander interagieren und bestimmte gemeinsame Ziele verfolgen, bildet sich eine spezifische
Aufgabenteilung heraus. Parallel zu der Verantwortlichkeit
jedes Mitgliedes für einzelne Aktivitäten treten Unterschiede
auf zwischen der Macht und zwischen der Beliebtheit der
einzelnen Personen. Nachdem wir oben (S. 85ff.) schon die
Wirkung der Kommunikationswege auf das Verhalten in der Gruppe als einen ersten Aspekt der Gruppenstruktur betrachtet
hatten, werden wir nun Arbeiten zur Rollendifferenzierung
kennenlernen.

3.4.1. Die Rollendifferenzierung in der Gruppe

Dass in sozialen Gruppen eine Zuweisung bestimmter Aufgaben
an bestimmte Mitglieder erfolgt, ist aus dem Alltag bekannt
und in der Literatur zum Konzept der "Rolle" vielfach beschrieben (s. z.B. SARBIN & ALLEN, 1969). Neben den formellen
Aufgabengliederungen, die in grösseren Organisationen aus dem
Organigramm abzulesen sind, gibt es eine informelle Struktur,
die aus der informellen Gruppensituation erwächst.

Versuche zur empirischen Demonstration der Rollendifferenzierung in Kleingruppen wurden von SLATER (1955) und BALES &
SLATER (1955) publiziert. 20 Gruppen von drei bis sieben
Studenten kamen viermal zusammen, um in Gruppendiskussionen
die Lösung administrativer Probleme zu suchen. Es zeigte
sich, dass eine Spezialisierung erfolgt, indem einzelne Personen häufig nur bei einer der Tätigkeiten: "Sprechen", "Angesprochen werden", "Ideen liefern", "Führen" und "Beliebtheit" den ersten Rang einnehmen. Die gleichzeitige Zuordnung
von mehreren ersten Rängen nimmt von der ersten bis zur
letzten Sitzung ab. Die einmal getroffene Rangordnung erweist
sich im Verlauf der vier Sitzungen als recht stabil.

Diese eher rudimentären Hinweise zur Rollendifferenzierung in
der Gruppe werden ergänzt durch ausführliche Beschreibungen
natürlicher Gruppen. In seinem berühmten Buch über eine
Strassenbande, der WHYTE (1943) sich zeitweise anschloss und
die er als "teilnehmender Beobachter" studierte, legt er eine
Fülle von Material über die Zuordnung bestimmter Funktionen
an einzelne Mitglieder dar. So gab es einen fast unangefoch-
tenen Führer, der z.T. allein, z.T. aber auch zusammen mit
zwei oder drei Kollegen die Leitung innehatte, Aktivitäten
vorbereitete, Vorschläge bewertete, für Ordnung sorgte und
Aussenkontakte pflegte. Die Restgruppe musste die Vorstellungen der Leitung realisieren und sich bei den Sport- und
Spielwettkämpfen bescheiden, um die Stellung der Führung
nicht zu gefährden. Wie schon dieses Beispiel erkennen lässt,
richtet sich das Hauptinteresse der Forschung auf die Frage,
unter welchen Bedingungen bestimmte Personen in der Gruppe
auf andere Einfluss ausüben.

3.4.2. Zur Machtstruktur in der Kleingruppe

3.4.2.1. Der Begriff der Macht

Das "Macht"-Konzept gehört zu den vieldeutigsten Begriffen der Sozialwissenschaften. Philosophen, Politologen, Soziologen, Psychologen und Ökonomen haben sich mit den Bedingungen von Machtbeziehungen beschäftigt und dabei jeweils Beiträge geliefert, die nur Teilaspekte der bestehenden Überlegungen berücksichtigen. Als Folge liegt heute eine Vielzahl von Vorstellungen vor, die kaum noch vereinigt werden können. Im Rahmen dieses Buches werden wir die Problematik nur streifen. An anderer Stelle (SCHNEIDER, 1978 a) soll eine gründlichere Analyse einschliesslich einiger Vorschläge zur Weiterentwicklung des Machtbegriffes in der Sozialpsychologie erfolgen.

Macht ist fast immer eine zweiseitig gerichtete Beziehung zwischen Personen oder Gruppen. Die Zweiseitigkeit wird vielfach übersehen oder so wenig beachtet, dass nur die Aktivität einer Seite in Überlegungen eingezogen wird. So ist die Definition von ARGYLE (1972, 281) etwas unscharf:

> "Man sagt von A, er habe Macht über B, wenn er in der Lage ist, B's Verhalten in der einen oder anderen Hinsicht zu beeinflussen - auch wenn er seine Macht nicht wirklich ausübt".

Die Gegenmacht des Partners kommt in der klassischen Definition von WEBER (1964, 38) besser zum Ausdruck:

> "Macht bedeutet jede Chance, innerhalb einer sozialen Beziehung den eigenen Willen auch gegen Widerstreben durchzusetzen, gleichviel worauf diese Chance beruht".

Noch deutlicher wird der Aspekt der Zweiseitigkeit von CARTWRIGHT (1959b, 193) herausgestellt:

> "... the power of O over P with respect to a given change at a specified time equals the maximum strength of the resultant force which O can set up in that direction at

that time. The strength of the resultant force on P is determined by the relative magnitudes of the forces activated by O to "comply" and to "resist"."

Macht ist also die Fähigkeit von Personen oder Gruppen, das Handeln oder Denken anderer Personen - in der Regel innerhalb einer gegenseitigen Beziehung - zu beeinflussen. Von dieser abstrakten Fähigkeit wird oft die konkrete Verwirklichung als Einfluss abgehoben (z.B. CARTWRIGHT, 1959b). Ist diese Machtbeziehung in der Gruppe voll anerkannt, ist sie also "legitim", so spricht man meist von Autorität (z.B. WEBER, 1964, WOLFE, 1959).

Die Macht ist keine eindimensionale Beziehung. Sie kann auf verschiedenen Grundlagen beruhen und innerhalb verschiedener Verhaltensdimensionen wirksam sein.

3.4.2.2. Die Grundlagen der Macht

Die Grundlagen der Macht (bases of power) wurden zunächst von FRENCH & RAVEN (1959) diskutiert. RAVEN (1965), COLLINS & RAVEN (1969) und RAVEN & KRUGLANSKI (1970) entwickelten in der Folge die ursprüngliche Klassifikation weiter.

Macht durch Belohnung (reward power) setzt voraus, dass A den Partner B für das gewünschte Verhalten - zumindest nach der Meinung von B - belohnen kann. A kontrolliert dabei Verstärkungsmöglichkeiten für B's Aktivitäten im Sinne der Lerntheorie. Diese Macht wächst mit dem Umfang bzw. mit der Bedeutung der positiven Werte, die A vermitteln und der negativen Werte, die er von B fernhalten kann. Im Gegensatz zu anderen Machtgrundlagen muss A den Partner B beobachten können, ob er sich wunschgemäss verhält, denn nur dann kann er die Belohnung verabreichen. Die Belohnung selbst kann aus materiellen Gaben wie Geld oder der Erlaubnis zum Spielen mit attraktiven Gegenständen, aber auch aus Anerkennung, Lob oder Zuwendung und aus der Abwendung von materiellen Kosten oder von Liebesverlusten bestehen.

<u>Macht</u> <u>durch</u> <u>Zwang</u> (coercive power) ist möglich, sobald A den Partner B für Eigenwilligkeit bestrafen kann, indem er ihm negative Werte zufügt bzw. positive Werte von ihm fernhält. Gelegentlich wird die Macht durch Zwang als Prototyp einer Machtbeziehung überhaupt angesehen. So definiert HOLM (1969, 278) die Macht von A über B als die Fähigkeit, "dem Handelnden B negative Werte beifügen zu können". Auch bei der Macht durch Zwang muss A den Partner überwachen, um bei erwartungskonträren Handlungen die Sanktionen verhängen zu können. Zusätzlich muss er die Gesamtsituation kontrollieren, damit er bei Bedarf Barrieren gegen Ausweichversuche errichten kann. Der negative Aspekt der Bedrohung und Strafe kann übergehen auf das gewünschte Verhalten und auf den machtüberlegenen Partner A, so das langfristig die Kosten einer auf Zwang aufgebauten Machtbeziehung immer grösser werden.

Inzwischen liegen einige empirische Aussagen über die Wirkung der beiden Machttypen vor. FRENCH, MORRISON & LEVINGER (1960) konnten beispielsweise zeigen, dass das Verhalten von B in der Phase nach dem Absetzen der Strafandrohung nicht mehr den Vorstellungen von A entspricht. ZIPF (1960) demonstrierte, wie Bestrafung einen grösseren Widerstand gegen die erwarteten Handlungen hervorruft als Belohnung. Der Widerstand dauert zudem noch längere Zeit an. ARONSON & CARLSMITH (1963) wandten sich der Stärke der Bestrafung zu und demonstrierten experimentell, wie eine geringe Drohung zu einer stärkeren Dissonanz führt, wenn man einstellungskonträre Handlungen ausführt, als heftiges Drohen. Aus der stärkeren Dissonanz resultiert aber eher eine Einstellungsänderung in der von A gewünschten Richtung.

BREHM (1966, s. auch GRABITZ-GNIECH & GRABITZ, 1973, BREHM & BREHM, 1981) und eine grössere Anzahl weiterer Forscher zeigten auf, wie aus der Einengung eines vorher vorhandenen

Freiheitsspielraumes Motive entstehen, die die Wiederherstellung der ursprünglichen Freiheit zum Ziele haben. Der überlegene Partner muss dieser "psychologischen Reaktanz" durch erweiterte Anstrengungen begegnen.

Auch aus der Pädagogik sind die relativ geringen Erfolge und die unerwünschten Nebeneffekte von strafendem, tadelndem Lehrerverhalten bekannt (s. z.B. TAUSCH & TAUSCH, 1977, 228ff.). So zeigte HURLOCK (1925) in seiner klassischen Arbeit, wie kontinuierliches Lob von seiten des Lehrers die Rechenleistung während fünf Tagen ansteigen liess, während kontinuierlicher Tadel nach anfänglichem Leistungsanstieg einen Abfall der Rechenleistung bewirkte.

Andererseits erweist sich Strafe als ein so vielschichtiges Phänomen, dass SOLOMON (1964) ohne vollständig zu sein, allein 12 empirisch belegte Einflussfaktoren auf die Wirksamkeit von Strafe zusammenstellen konnte. Aus diesen wenigen Beispielen von Untersuchungsergebnissen (s. auch S. 250 ff.) geht hervor, dass mit der Macht durch Zwang bei allen absoluten Erfolgen eine Reihe von gewichtigen Nachteilen verbunden ist, die sie verglichen mit anderen Techniken als weniger empfehlenswert erscheinen lässt.

<u>Macht</u> <u>durch</u> <u>Legitimation</u>. Wenn eine Person B den Erwartungen von A folgt, weil sie wegen bestehender Normen, wegen internalisierter Werte oder wegen der aktuellen Bedingungskonstellation davon überzeugt ist, dass A das Recht hat, seine Forderungen zu stellen, liegt Macht durch Legitimation vor. Meist entspricht diese Macht dem strukturellen Aspekt der Rollenbeziehungen in der Gruppe: bestimmte Positionsinhaber erteilen innerhalb eines spezifischen Handlungsbereiches Anweisungen, die andere Grupenmitglieder ausführen. Damit ist sie identisch mit dem Begriff der <u>Autorität</u>. Es gibt aber auch andere Fälle, wenn etwa B versprochen hat, unabhängig von der Gruppenstruktur bestimmte Wünsche von A zu erfüllen.

Eine Überwachung des Einflusses ist nicht mehr nötig, weil der Abhängige dem Überlegenen das Recht zur Beeinflussung zugesteht.

Die Wirksamkeit legitimer Macht wird in jedem sozialpsychologischen Experiment offensichtlich, weil die Versuchspersonen die Instruktion des Versuchsleiters erfüllen, selbst wenn er unangenehme Aufgaben stellt (s.S. 135ff.). Aber auch die Untersuchungen von BERKOWITZ & DANIELS (1963), BERKOWITZ, KLANDERMAN & HARRIS (1964), SCHOPLER & BATESON (1965), GORANSON & BERKOWITZ (1966) zu dem Phänomen, dass Personen solchen Partnern uneigennützig helfen, von denen sie wissen, dass deren Leistungserfolg von ihnen abhängt, belegen die Effektivität der Macht durch Legitimation. So hatten SCHOPLER & BATESON (1965) einen abgeblichen Doktoranden Versuchspersonen werben lassen, wobei er einmal zu erkennen gab, er müsse seine Dissertation sehr rasch abschliessen, um rechtzeitig eine ausgeschriebene Stelle antreten zu können. In der zweiten Bedingung teilte er mit, ausreichend Zeit zu haben. Wenn seine Berufskarriere von der Hilfsbereitschaft der Studenten abhing, stellten sich die weiblichen Personen eher zu einem unangenehmen Versuch zur Verfügung. Sie hatten nach der Interpretation der Autoren eher den Eindruck, dass sie ihn nach der Norm sozialer Verantwortlichkeit unterstützen mussten. Nach dieser Norm erschien seine Bitte um Teilnahme am Versuch legitim.

Macht durch Identifikation (referent power). Macht durch Belohnung kann allmählich übergehen in Macht durch Identifikation. Die zahlreichen positiven Erlebnisse, die A dem Partner B vermittelt, können in B den Wunsch reifen lassen, so zu sein wie A. Diese Identifikation kann sich auf eine einzelne Person oder auf eine Gruppe beziehen. Das Streben, einer Person oder einer Gruppe immer ähnlicher zu werden bzw. ähnlich zu bleiben, bewirkt die Angleichung des Verhaltens, oft ohne Absicht und ohne Wissen der Bezugsperson bzw. der

Bezugsgruppe. Dieser Machttyp erfordert daher auch keine Überwachung des abhängigen Partners mehr.

So wie Personen oder Gruppen als Vorbilder Macht durch Identifikation ausüben, können sie auch negative Bezugseffekte hervorrufen. Die Abhängigen möchten dann auf keinen Fall so sein wie diese Personen und verhalten sich antikonform.

Die meisten Untersuchungen zur Bezugsgruppentheorie (s. S. 41ff.) liefern empirische Belege für die Relevanz dieser Machtgrundlage. COLLINS & RAVEN (1969) führen auch Konformitätsphänomene bei der Interpretation unklarer Reizvorlagen, wie sie z.B. SHERIF (1935) mit Hilfe des autokinetischen Phänomens demonstriert hatte, auf die Macht durch Identifikation zurück. Da in diesen Fällen sicher kein grosses Verlangen herrschte, der ad-hoc-Versuchsgruppe möglichst ähnlich zu sein, sondern eher das Bedürfnis bestand, etwas Sinnvolles in der mehrdeutigen Lage zu sagen, dürfte die Macht durch Information - oder wenn man Anlass hatte, die Versuchspartner für kompetent zu halten - Macht durch Sachkenntnis entscheidend gewesen sein.

<u>Macht durch Sachkenntnis (expert power)</u>. Die Macht durch Sachkenntnis steigt mit dem Wissen, das B dem Partner A auf einem bestimmten Gebiet zutraut. Nicht die tatsächliche, sondern die wahrgenommene Kompetenz des Überlegenen ist die entscheidende Kraft. Wenn B seinen Partner für völlig unerfahren hält oder wenn er ihm unlautere Motive unterstellt, kann mit negativen Einflüssen gerechnet werden. Die Kompetenz wird sich meist auf einen verhältnismässig kleinen Bereich erstrecken, obwohl auch ein Haloeffekt auftreten kann. Ist einmal die Macht durch Sachkenntnis aufgebaut, so ist ebenfalls keine Kontrolle mehr nötig, ob B sich dem Einfluss von A unterordnet.

Der Nachweis dieser Machtgrundlage erfolgte dort, wo einzelne

Versuchspersonen erfolgreicher arbeiten als ihre Kollegen und dann höhere Konformitätsbereitschaft erzielten (z.B. HOLLAN-DER, 1960, ROSENBERG, 1961) oder wo die Glaubwürdigkeit von Kommunikatoren untersucht wurde (z.B. KELMAN & HOVLAND, 1953).

<u>Macht</u> <u>durch</u> <u>Information</u>. Ursprünglich hatten FRENCH & RAVEN (1959) Information über bestimmte Sachverhalte unter die Macht durch Sachkenntnis klassifiziert. Sie sahen den Kommunikationsinhalt als sekundären Einfluss, nachdem in dem Urteil über die Vertrauenswürdigkeit und Kompetenz des Kommunikators die Aufgeschlossenheit des Empfängers zum Ausdruck gekommen war. In den späteren Veröffentlichungen stellte RAVEN die Macht durch Information als eigenständigen Machttyp dar, die unabhängig von der Quelle ist:

> "It is the content of the communication that is impor-
> tant, not the nature of the influencing agent" (COLLINS &
> RAVEN, 1969, 166).

Personen, die über bestimmte Kenntnisse verfügen, können durch Weitergabe oder Zurückhaltung dieses Wissens das Denken und Handeln anderer Menschen beeinflussen. Dass die Macht durch Information in diesen beiden Formen tatsächlich angewandt wird, illustrieren z.B. die Arbeiten zur Kommunikationsrichtung (s. S. 78ff.). Aber auch das Zurücktreten der Person des Kommunikators und damit der Macht durch Identifikation oder Sachkenntnis und die alleinige Wirkung des Aussageninhaltes ist durch ein Experiment von KELMAN & HOVLAND (1953) belegt, in dem sich zeigte, dass für den Einfluss einer Kommunikation auf die Einstellung der Rezipienten zunächst die Glaubwürdigkeit der Quelle eine Rolle spielt. Nach einigen Wochen wird die Quelle vergessen und die Information allein wirkt auf die kognitive Struktur ("sleeper effect"). Durch Erinnern an die Quelle konnte die ursprüngliche Kommunikatorabhängigkeit des Informationseffektes wiederhergestellt werden.

<u>Zur Beurteilung der Macht-Klassifikation von FRENCH & RAVEN.</u>
FRENCH & RAVEN (1959) gelangten durch intuitives Abwägen
unter Berücksichtigung persönlicher Erfahrungen und empirischer Resultate zu den fünf bzw. sechs Machtgrundlagen. Eine
Vielzahl anderer Autoren hatte vorher ähnliche Einteilungen
vorgeschlagen.

So hatte RUSSEL (1947) drei Machtbedingungen beschrieben: die
direkte physische Gewalt über den Körper, Belohnung oder
Bestrafung und die Beeinflussung der Meinung durch Propagan-
da. GOLDHAMER & SHILS (1939) sprechen von Gewalt oder physi-
scher Manipulation, von Dominanz oder der verbalen Übermitt-
lung des eigenen Willens und von Manipulation oder der Beeinflussung, ohne dass die Absicht erkennbar ist. CARTWRIGHT
(1965) empfiehlt die Gliederung in physische Kontrolle über
den Körper, Kontrolle über Gewinne und Kosten, Kontrolle über
Information und Nutzung der Einstellung von P, sich von O
beeinflussen zu lassen. BLAU (1964) beschränkt sich auf Zwang
und Belohnung als Agentien des Einflusses.

Gegenüber diesen Konzepten weist FRENCH & RAVEN's Klassifikation wesentliche Vorteile auf. So sind z.B. Belohnung und
Bestrafung abstrakte Kategorien, in denen auf den Körper
zielende Massnahmen nicht von Anerkennung oder Veränderung
des materiellen Status getrennt sind; Machtgrundlagen wie die
Identifikation und Information können auch ohne Absicht des
Überlegenen wirken. Andererseits sind ihre Klassen nicht
unabhängig voneinander. Beispielsweise führt die Identifikation mit einer Gruppe erst zur Anerkennung des dort herrschenden Rollensystems und ist damit Voraussetzung für die
Macht durch Legitimation. Oder die Weitergabe von Information kann gratifikatorischen Charakter annehmen und damit
nicht mehr von der Macht durch Belohnung getrennt werden.

Empirische Versuche zur Entwicklung eines Klassifikationssy-
stems sind rar. MARWELL & SCHMITT (1968) legten Studenten
vier Situationen (man soll den Vorgesetzten veranlassen, dass
er eine Beförderung vornimmt; man soll den Sohn veranlassen,
die für Hausaufgaben aufgewendete Zeit zu erweitern; man soll

einen Wohnungsinhaber veranlassen, ein Lexikon an der Haus-
türe zu kaufen; man soll einen Kommilitonen veranlassen,
Nachhilfeunterricht in Französisch zu erteilen) und jeweils
16 Aktionsweisen vor und unterwarfen die für jedes Individuum
addierten Antworten zu den vier Situationen einer Faktorenanalyse. Die Autoren benannten die ersten fünf Faktoren als
"belohnende Tätigkeit", "strafende Tätigkeit", "Expertenur-
teil", "Aktivierung unpersönlicher Beteiligung" und "Aktivierung persönlicher Beteiligung". Während die ersten drei Faktoren der Macht durch Belohnung, Zwang und Sachkenntnis entsprechen, weisen die beiden letzten Faktoren eine gewisse
Ähnlichkeit zur Macht durch Legitimation und durch Identifikation auf. Eine Faktorenanalyse zweiter Ordnung erbrachte
eine Handlungsdimension, die aus häufig benutzten Aktionen
bestand. Die Autoren sprechen von sozial akzeptierten Techniken. Die zweite Handlungsdimension setzt sich aus dem
"Strafe"-Faktor und dem Faktor der persönlichen Beteiligung
zusammen. Weil die konstituierenden Handlungen nur selten
gewählt wurden, sprechen die Autoren von sozial nicht akzeptierten Techniken. Die Faktorenanalyse erster Ordnung lieferte demnach eine approximative Bestätigung der Klassifikation
von FRENCH & RAVEN. Interessant ist das Ergebnis der Faktorenanalyse zweiter Ordnung, weil sie auf grundlegendere
Handlungsweisen zum Aufbau einer Machtbeziehung hinweist, die
nicht weit von BLAU's (1964) Dichotomie liegen.

3.4.2.3. Dimensionen der Macht.
Auch wenn einmal die Grundlagen von Machtbeziehungen auf der
Basis der vorliegenden Klassifikationsansätze befriedigend
beschrieben sind, wird man zwei Machtverhältnisse erst vergleichen können, wenn sie in den relevanten Dimensionen erfasst sind. Der bisher umfangreichste Versuch zur Darstellung
der Machtdimensionen stammt von dem Politologen DAHL (1957).

Die erste Dimension, die Machtgrundlage, ist, wie wir gesehen
haben, inzwischen in ein Variablensystem eingeordnet, das für
die Kleingruppenforschung nützlich sein dürfte.

Die Mittel (means) der Macht sind Techniken, durch die die
Grundlagen aktiviert werden können. Drohungen, Demonstratio-
nen der eigenen Stärke, erste Warnstrafen u.ä. sind Beispiele
von Mitteln der Macht durch Zwang. Es ist offensichtlich,
dass der Umfang des Repertoires an Machtmitteln die Macht-
stärke selbst beeinflusst.

Der Machtbereich (scope) betrifft die Summe spezifischer
Verhaltensweisen einer Person oder einer Gruppe, die vom
Agenten beherrscht wird. So kann vielleicht nur öffentliche
Zustimmung, nicht aber auch die private Zustimmung erreicht
werden. Gerade bei dieser Dimension dürfte die Zweiseitigkeit
der meisten Machtverhältnisse wichtig sein, weil sich zwei
Partner gegenseitig, aber in verschiedenen Bereichen, beeinflussen können. Das wird z.B. aus der Studie zur Machtverteilung in Familien von BLOOD & WOLFE (1960) deutlich. Dort

zeigte es sich, dass Frauen ihre Partner hinsichtlich bestimmter Lebensbereiche beeinflussen, während sie von ihren Ehemännern auf anderen Sektoren des Lebens abhängig sind.

Die Machtfülle (amount) ist von DAHL wahrscheinlichkeitstheoretisch definiert: sie ist die Wahrscheinlichkeit, dass der Partner B ein Verhalten aufgrund von A's Einfluss realisiert, wobei die Wahrscheinlichkeit zu subtrahieren ist, nach der B dieses Verhalten von sich aus getan hätte. Diese Dimension dürfte selbst dann nur von geringem heuristischen Wert sein, wenn die Wahrscheinlichkeiten messbar wären, weil sie nur für jeweils ein und dasselbe Verhalten vergleichbar ist.

Die Ausdehnung der Macht (extension) bezieht sich auf die Zahl der Personen, auf die sich der Einfluss erstreckt. Hier müsste zumindest die Bedeutung der Personen mitberücksichtigt werden, damit nicht Wesensfremdes verglichen wird.

HARSANYI (1962) ergänzte diese Aufstellung durch die Kosten der Macht. Je mehr materielle oder psychische Kosten für A entstehen, wenn er Ansprüche durchsetzen will, desto geringer ist seine Macht. Umgekehrt wächst seine Macht mit den Kosten, die auf B zukommen, sobald er Widerstand leistet.

Dass eine Machtbeziehung sich über eine bestimmte Zeit erstreckt, wird von CARTWRIGHT (959b) betont. Je länger eine Einflussnahme andauert, desto grösser wird demnach die Macht sein.

Es ist merkwürdig, dass diese Überlegungen zur Klärung von Machtbeziehungen in der Kleingruppenforschung bisher kaum aufgegriffen wurden. Üblich ist dagegen eine weitgehend undifferenzierte Verwendung des Begriffs der "sozialen Macht", die damit nur eine allgemeine Unterordnungsrelation ohne nähere Spezifikation beschreibt. Vielleicht liegen hierin auch einige Ursachen für die bisher wenig befriedigenden Ergebnisse der meisterforschten Frage zu Machtbeziehungen, zur Führung in Gruppen.

3.4.3. Führung

3.4.3.1. Der Begriff des Führers

JANDA (1960) führt die enttäuschenden Resultate der Forschung zum Führungsproblem auf die begriffliche Umschärfe zurück, wer jeweils als "Führer" betrachtet wird. In der Tat werden von verschiedenen Autoren die Träger unterschiedlicher Aufgaben in der Gruppe als Führer bezeichnet, so dass übereinstimmende Ergebnisse nicht erwartet werden können. GIBB (1969)

stellte sieben und ASCHAUER (1970) sogar acht unterschiedliche Definitionen des Gruppenführers zusammen.

Danach kann als Gruppenführer angesehen werden, wer Identifi-
kationsobjekt der Gruppenmitglieder ist. Diese Sicht wurde
von REDL (1942) entwickelt, der in psychoanalytischer Denk-
weise den Wunsch der Mitglieder, so zu werden wie die zentrale Person, hervorhob. Nun kann das nur als eine sehr
einschränkende Führerdefinition gelten, denn nicht nur fehlt
in vielen Gruppen eine gemeinsame Identifikationsfigur, sondern Aufgaben der Gruppenführung im Sinne der zielgerichteten
Förderungen und Koordination der Leistungsfähigkeit jedes
einzelnen werden von dieser Figur auch nicht immer erfüllt.

JENNINGS (1950) sieht in ihrer Untersuchung über Gruppenphänomene in einem Mädchenheim die mit der soziometrischen Methode am häufigsten gewählte Person als Führer:

> "Individuals who are overchosen by the expression of
> choice from other members for them show, in the trends of
> their behavior, tendencies to conduct themselves in ways
> which imply an unusual sensitivity and orientation on
> their part to the elements of the total group situation;
> to a very much greater extent than the average member,
> they constructively contribute to enlarge the social
> field for participation of other citizens, to encourage
> the development of individual members, to make possible a
> wider, richer common experience for all by their innova-
> tions altering the status quo of things as they find
> them; they are thus creative improvers of others' situa-
> tions as well as their own and in exercising such leader-
> ship are at the same time chosen as the most wanted
> associates by the membership." (165).

GIBB (1969) führt jedoch Ergebnisse eigener früherer Untersuchungen an, die zeigen, dass die soziometrisch ermittelte
Beliebtheit in der Gruppe schwächer mit der von Beobachtern
bestimmten Führung korreliert (.45) als wenn nach dem Einfluss gefragt wurde (.80). Nach HOLLANDER & WEBB (1955)
korrelieren Freundschaftswahlen sogar weniger mit Führung als
mit Geführtwerden. Ausserdem liegen Anhaltspunkte für eine
Trennung zwischen der Rolle des Beliebtesten und des Erfolgreichen vor (s. S. 168ff.). Damit trifft auch diese Defini-

tion nur auf einen speziellen Fall zu; sie entbehrt den Allgemeinheitsgrad, der eine breite Anwendbarkeit erlauben würde.

Pragmatisch wurde in einzelnen Arbeiten das Individuum als Führer angesehen, das andere Gruppenmitglieder beeinflusste, das plante, koordinierte und motivierte. Es hängt von den ökologischen Bedingungen und von der Verfügungsgewalt über Machtgrundlagen ab, wer als Führer erscheint. Die Gruppenmitglieder sind nach GIBB (1969) sehr wohl in der Lage, den Einfluss der einzelnen Partner zu bestimmen. Auch die Kommunikationsnetzforschung zeigte, wie strukturell ausgezeichnete Positionen rasch mit der Führerrolle verknüpft werden.

CATTELL (1951) beschreibt die Gruppe in der Form der Syntalität, einer empirisch gewonnenen Eigenschaftskombination. Führer ist dann, wer die Syntalität der Gruppe nachweisbar beeinflusst. Diese Definition berücksichtigt die Beziehung zwischen Führer und Geführten nicht, sondern nur den Erfolg von Einflussversuchen auf die Gruppeneigenschaften. Aus dieser Begriffsbestimmung folgt weiter, dass nicht eine einzige Person Führer ist, sondern dass die meisten Gruppenmitglieder jeweils auf verschiedenen Sektoren an der Führungsaufgabe beteiligt sind. An die Stelle der Vorstellung von Führer und Geführten tritt eine Abstufung zahlreicher Gruppenführer unterschiedlicher Einflussbereiche.

Als Führer kann auch der Inhaber eines Amtes gelten. GIBB (1954, 1969) spricht in diesem Fall von "head" und hebt ihn von dem "leader" ab. Allerdings hat er eine Karikatur des formellen Führers vor sich: er wird durch die Organisation und nicht durch die Anerkennung der Gruppenmitglieder erhalten; er bestimmt allein das Gruppenziel nach seinen Interessen; gemeinsame Gefühle gegenüber dem vorgegebenen Ziel fehlen meist; die Statusdistanz zwischen "head" und Gruppenmitglieder ist besonders gross und wird vom Leiter aufrechterhalten. Die Autorität stammt von der externen Quelle und nicht von den Gruppenmitgliedern. GIBB (1969) schränkt ein, dass "headship" und "leadership" sich überschneiden können, z.B. wenn die Legitimation für die Führungsposition von der Gruppe ausgeht.

Dieselbe Unterscheidung wird von HOLLANDER (1964) getroffen, wenn er von eingesetzter (imposed) und selbst entwickelter (emergent) Führung spricht. Auch SEIFERT (1969) und HOLLOMAN (1968) trennen zwischen einem Leiter aufgrund der formalen Position, die er innehat, und dem stärker gruppenbezogenen Führer.

Nun bestehen sicher qualitative Unterschiede in der Situation eines gruppenabhängigen Führers und des als Extremfall von GIBB beschriebenen Leiters in formalen Organisationen. Andererseits haben beide Typen die Gemeinsamkeit, dass sie das Verhalten der Gruppe beeinflussen. Es ist daher JANDA (1960) zuzustimmen, wenn er zwar qualitative Unterschiede zwischen Führung und Leitung anerkennt, aber selbst die Prozesse in stark formalisierten sozialen Gruppen in die Führungsforschung einbeziehen will. Die Beschränkung des Führerbegriffes auf spontane, wenig strukturierte oder informelle Gruppen würde nur einen kleinen Ausschnitt aus dem Gesamtgebiet der Führungsforschung berücksichtigen.

BATES (1952) stellte fest, dass die Person in der Kleingruppe, die nach Ansicht der Partner den grössten Beitrag zur Lösung der Gruppenaufgabe leistet, stark in das Kommunikationsgeschehen eingebettet ist. Die Korrelation zwischen dem wahrgenommenen Beitrag zur Gruppenaufgabe mit der gesendeten Kommunikation beträgt .85, mit der erhaltenen Kommunikation sogar .91. Führer ist hiernach die <u>zentrale</u> <u>Person</u> der Gruppe. Es fällt nicht schwer, solche zentrale Personen durch eine Verhaltensbeobachtung zu ermitteln (s. S. 76 ff.). Andererseits zeigten die von SCHACHTER (1951) inspirierten Arbeiten, dass Nonkonformisten zumindest zeitweise ebenfalls im Zentrum der Diskussion stehen.

Als Führer wird von CARTER (1953) und von HEMPHILL (1952) bezeichnet, wer Führungsaufgaben in der Gruppe übernimmt, bzw. wer Führerverhalten zeigt (LUKASCZYK, 1960). Damit ist das Definitionsproblem auf die Bestimmung von Führungsaufgaben verschoben. Ob man so verschwommen bleibt wie HEMPHILL (1952, 15, zit. nach GIBB, 1969), der formuliert:

> "To lead is to engage in an act which initiates a struc-
> ture in the interaction of others as part of the process
> of solving a mutual problem"

oder ob man konkret wird, wie CARTER, der das Setzen von Zielen, die Koordination der Handlungen, die Harmonisierung der Gruppenbeziehungen und die Repräsentation nach aussen als Führungsaufgaben nennt, in keinem Fall gelingt eine umfassende Begriffsbestimmung der Führungsaufgaben. Ähnlichkeiten zu einer Definition des Führers als Inhaber einer Führungsposition und als Beeinflusser der Syntalität der Gruppe sind offensichtlich.

Wie wir schon gesehen haben (S. 125 ff.), sieht HOMANS (1960) den Führer dadurch ausgezeichnet, dass er die Normen der Gruppe am genauesten befolgt. Dieser frühzeitigen Generalisierung HOMANS' widersprechen nicht nur zahlreiche empirische Befunde, HOMANS selbst benutzt den Grad der Normen-Konformität nicht als Kriterium der Führerschaft, so dass dieser Definition weniger Beachtung geschenkt werden sollte.

JANDA (1960) glaubt den Enttäuschungen der Führerdefinition zu entgehen, indem er den Führerbegriff mit dem Machtkonzept verbindet. Führung ist nach ihm die untergeordnete Kategorie, die sich als Teil möglicher Machtbeziehungen darstellt:

> "Leadership phenomena can be distinguished from other
> power phenomena when power relationships occur among
> members of the same group and when these relationships
> are based on the group members' perceptions that another
> group member may, with reference to their group activi-
> ties, legitimately prescribe behavior patterns for them
> to follow" (355).

Führung ist damit identisch mit <u>Macht</u> <u>durch</u> <u>Legitimation</u>. Aber auch dieser Vorschlag schränkt die Gesamtzahl möglicher Leistungsphänomene zu stark ein, denn die anderen Machtgrundlagen können ebenfalls bei der Aktivierung der Gruppe eingesetzt werden. Der Schritt der Gleichsetzung von Führung und Machtausübung (Einfluss) wird von HOLLANDER & JULIAN (1969, 388) vollzogen:

> "Leadership constitutes an influence relationship between two, or usually more, persons who depend upon one another for the attainment for certain mutual goals within a group situation".

Ähnlich argumentieren MC DAVID & HARARY (1968, 349), die Führung definieren als:

> "<u>the frequency</u> <u>with which an individual in a group may be identified as one who influences or directs the behavior of others within the group</u>".

Dieser Schritt geht aber zu weit, denn Einflussverhältnisse sind in der Regel zweiseitig gerichtet. Selbst der Machtstärkere wird in der Wahl seiner Mittel und in seiner Zielsetzung von den Personen beeinflusst, deren Verhalten er selbst bestimmen will. Man müsste also Führung als Macht- oder Einflussbeziehungen des überlegenen Partners über den oder die unterlegenen Mitglieder der Gruppe sehen. Diesen Vorschlag macht SHAW (1981, 269). Führer ist danach:

> "that member who exerts more positive influence over others than they exert over him".

Da die Macht einzelner Gruppenmitglieder bereichspezifisch ist, können gleichzeitig mehrere Personen in der Gruppe Führungsaufgaben wahrnehmen.

Diese erhebliche Varianz in den grundsätzlichen Versuchen,

festzuhalten, was unter dem Führer einer Gruppe zu verstehen ist, zeigt, wie in der praktischen Forschung immer unterschiedliche Rollen in der Gruppe mit dem Begriff "Führer" belegt wurden. Immerhin lassen sich daraus zwei Folgerungen ableiten.

(1) Führung in der Gruppe ist ein mehrdimensionales Phänomen. Es wäre unzureichend, den Führer nur nach der Beliebtheit, nur nach seiner Kommunikationsrate oder nur nach seinem koordinierenden Beitrag zur Gruppenaufgabe zu bestimmen.

(2) Eine Gruppe kann je nach der thematisierten Führungsdimension gleichzeitig und/oder nacheinander mehrere Führer haben.

Eine allgemeine Definition des Führers muss daher notwendig sehr umfassend sein. Sie könnte etwa lauten: Führer einer Gruppe ist, wer die von ihm als wichtig angesehenen Gruppenziele unter Einschaltung von Gruppenmitgliedern verwirklicht. Ähnlich definieren BOWERS & SEASHORE (1966, 240):

"... leadership is organizationally useful behavior by one member of an organizational family toward another member or members of that same organizational family".

Auch KUNCZIK (1972, 262) bleibt sehr allgemein:

"Hier soll unter Führung in Anlehnung an COOPER & MC GAUGH (1963, S. 232) ein sozialer Prozess verstanden werden, bei dem das Verhalten eines oder mehrerer Individuen direkt oder indirekt von einem anderen Individuum oder seinem Symbol oder einer Grupe von Individuen oder ihrem Symbol bestimmt wird".

Nach diesen Definitionsvorschlägen sind solche Verhältnisse nicht als Führer-Geführte-Beziehung zu betrachten, in denen Personen die Gruppenziele allein, ohne Mithilfe von Gruppenmitgliedern fördern oder in denen sie von der Gruppe selbst zum Handeln gezwungen werden. Andererseits ist einbezogen, wer sich unter Zuhilfenahme der Gruppe um die Realisation von Zielen bemüht, die er zunächst abgelehnt hatte, die er aber später vertritt, weil er von der Gruppe von der Bedeutung dieser Ziele überzeugt worden war. Wir werden uns an diese breite Begriffsbestimmung halten, wenn wir uns jetzt mit Ergebnissen der Führungsforschung beschäftigen.

3.4.3.2. Ergebnisse der Führungsforschung
Die Divergenztheorie der Führung

Der allgemeine Befund von BALES & SLATER (1955) oder von SLATER (1955), dass in Experimentalgruppen eine Spezialisierung von Rollen herrscht, wurde von den Autoren hinsichtlich der Aktivitäten "Ideenproduzent" und "Beliebtheit" weiter ausgewertet. Dabei zeigte sich im Laufe von vier Sitzungen eine sukzessive Divergenz der beiden Rollen: während in der ersten Sitzung noch 56,5% der Fälle gleichzeitig eine Spitzenstellung als Ideenproduzent und als Beliebter innehaben, sinkt die Konkordanz beider Rollen in der vierten Sitzung auf 8,5% ab. Da sich an die Ideenpersonen weniger positive und mehr negative Reaktionen richten als an die Beliebtesten, und da die Ideenpersonen mehr Versuche zur Problemlösung starten, dürfte die Beliebtheit mit spannungsmindernden Aktivitäten und mit Gelegenheiten für die Partner, ihre Meinungen zu äussern, verbunden sein. Der erste Typus des Gruppenführers wird aufgabenorientiert handeln ("task specialist"), der zweite auf das Gruppenklima achten ("social-emotional specialist").

Diese Differenzierung der Gruppenführung in eine aufgaben- und in eine emotionsgerichtete Person fand eine breite Zustimmung. BALES (1958) selbst erinnert an die Familie, in der der Vater die Aufgabenrolle, die Mutter aber die Rolle der Gefühlssicherung ausüben sollen. HOFSTÄTTER (1957a) ruft die idealen Führungsformen in Organisationen verschiedener Zeiten ins Gedächtnis: Kanzler und Präsident, Kompaniechef und "Spiess", Häuptling und Medizinmann, Kaiser und Papst.

Diese sehr weitgehenden Generalisierungen wurden erst legitimiert durch weitere empirische Bestätigungen, die auch soziale Situationen des Alltags an die Stelle der studentischen Problemlösegruppen setzen. GRUSKY (1957) beschreibt den Mitarbeiterstab einer psychologischen Klinik und findet dort einen leistungsbezogenen und einen emotionalen Führer. HALPIN & WINER (1957) und FLEISHMAN & HARRIS (1962) hatten durch die Faktorenanalyse von Fragebogenantworten die zwei voneinander unabhängigen Verhaltensweisen Mitarbeiterorientierung (consideration) und Strukturierung in Richtung auf die Aufgabenerfüllung (initiating structure) gefunden, die grosse Ähnlichkeiten mit den Führungsdimensionen von BALES & SLATER aufweisen. BOWERS & SEASHORE (1966) beschreiben nach Durchsicht von acht Arbeiten die vier Führungsdimensionen: Unterstützung, Erleichterung der Interaktion, Betonung des Ziels, Erleichterung der Arbeit, die sich leicht wieder zu den beiden grundlegenderen Dimensionen zusammenfassen lassen.

VORWERG (1971) glaubt, die Aufteilung der Führungsposition in zwei Inhaber, von denen der eine eher an die Personen, der andere mehr an die Aufgaben denkt, sei auf die kapitalistische Gesellschaftsordnung beschränkt, weil sie ihre Ursachen im Grundwiderspruch zwischen Arbeit und Kapital haben. Er führt zwei Untersuchungen aus der DDR an, aus denen erkennbar wird, dass "unter unseren gesellschaftlichen Verhältnissen diese Divergenzen mehr und mehr verschwinden" (271). Gerade weil die Divergenz der beiden Führungsqualitäten auch noch in kommunistischen Gesellschaften nachweisbar ist, stellt die Zuordnung der Divergenz zu einer bestimmten Wirtschaftsform ein Wagnis dar. Gesellschaftsvergleichende Untersuchungen dieser Frage sind daher erwünscht.

Dass die Ausgestaltung der Führungsqualitäten von den Umgebungsbedingungen beeinflusst wird, ist jedoch sicher. In einer kleinen Studie von MARCUS (1960) begünstigten Arbeitsgruppen in einer freundlich gesinnten Umgebung einen aufgabenorientierten Führer, während Gruppen in einer bedrohlich

erlebten Umwelt einen sozial-emotionalen Führer förderten.
BURKE (1967) betrachtete den Einfluss der Wichtigkeit, welche
die Gruppe der Aufgabe beimisst, und stellte u.a. fest, dass
ungleiche Beteiligung der Gruppenmitglieder an der Aufgabe
unter geringer Aufgabenbedeutung zu einer Abwertung des aufgabenorientierten Führers führt. Dabei tritt die Divergenz
der beiden Führertypen auf, nicht aber, wenn der Aufgabe eine
hohe Bedeutung beigemessen wird.

Die empirische Unterstützung der Theorie von BALES & SLATER
belegt, dass in der Mehrzahl der untersuchten Gruppierungen
zwei grundlegende Führungsdimensionen unterschieden werden
können. Weitere Dimensionen können wenigstens temporär für
eine Gruppe relevant werden, so dass die Vereinigung der
Führerschaft auf eine einzige Person zu den Ausnahmen gehört.
Diese Ausnahmen müssen wahrhaft herausragende Persönlichkeiten sein; deshalb spricht BALES (1958) von der "great man
theory of leadership". Durch Beobachtung desselben Führers in
mehreren Kleingruppen konnte glaubhaft gemacht werden, dass
solche grossen Persönlichkeiten existieren (BORGATTA, BALES &
COUCH, 1954). Sie sind jedoch sehr selten. Für den Regelfall
ist daher der partielle Führer wichtiger als diese Sonder-
form. Ihm sollte sich in künftigen Arbeiten die grössere
Aufmerksamkeit zuwenden.

<u>Die Eigenschaftstheorie der Führung</u>
Die Ausgangshypothese der Eigenschaftstheorie der Führung
lautet: Führer unterscheiden sich von den Geführten und erfolgreiche Führer unterscheiden sich von erfolglosen Führern
durch bestimmte Eigenschaften. Diese "traits" versetzen sie
in die Lage, sich in ihrer Position zu behaupten und die
Erwartungen der Gruppe zu erfüllen. Schon die Vorstellung von
grossen Persönlichkeiten, die in verschiedenen Gruppen und
unter unterschiedlichen Bedingungen die Führung innehaben,
erwartet, dass sie über wichtige Fähigkeiten und Persönlichkeitszüge verfügen, die ihnen den Erfolg bei der Ausübung der

Führerrolle sichern.

Zusammenfassende Darstellungen (STOGDILL, 1948, MANN, 1959, BASS, 1960, GIBB, 1969) sind pessimistisch, dass diese Grundannahme zutrifft. Es wäre tatsächlich verblüffend, wenn eine bestimmte Eigenschaft oder eine Kombination von Wesenszügen für ein Verhalten, das von verschiedenen Autoren völlig unterschiedlich definiert wird und das zudem unter den verschiedensten gruppeninternen und -externen Einflüssen verwirklicht werden müsste, durch dieselben Qualitäten erklärt werden könnte.

Trotzdem finden sich in den untersuchten Arbeiten mit grösserer Regelmässigkeit einige Eigenschaften verknüpft mit der Führerstellung. Dazu gehören:

Intelligenz. Im allgemeinen übertrifft der wie auch immer bestimmte Führer die mittlere Intelligenz seiner Gruppe. In Schulklassen ist er durch bessere Schulleistungen ausgezeichnet. Bezogen auf die Gruppenaufgabe ist seine Sachkenntnis besser als die der Partner. Er ist redegewandt. Andererseits liegen Anhaltspunkte dafür vor, dass ein zu grosser Intelligenzabstand eines Gruppenmitgliedes zum mittleren Wert der Gruppe die Aussichten auf eine Übernahme der Führungsrolle verschlechtert.

Selbstbewusstsein. Führer zeichnen sich durch eine höhere Selbstsicherheit, meist gemessen mit Hilfe subjektiver Skalen, aus. Das bedeutet nicht immer, dass sie ihre hohen Fähigkeiten richtig einschätzen; eine Überbewertung der eigenen Leistung ist ebenfalls häufig.

Aktivität. Führer beteiligen sich mehr an Gruppenhandlungen als die Geführten. Sie sind bereit, sich einzusetzen, neigen zu Wagnissen und stehen Veränderungen aufgeschlossen gegenüber.

Soziale Fertigkeiten. Führer übertreffen ihre Gruppe in der Fertigkeit, mit anderen Menschen umzugehen. Sie können sich oft in die Lage anderer Menschen hineinversetzen und sind bereit, sich an gegebene Umstände anzupassen.

Motivation. Führer sind meist besonders motiviert. Sie möchten sich auszeichnen, sie zeigen Ausdauer bei Widerständen und sind bereit, Verantwortung zu übernehmen. Dementsprechend sind sie von der Richtigkeit ihrer Ansichten stärker überzeugt als die Partner.

Wenn auch in diesen Fällen die überwiegende Mehrheit der
Untersuchungen positive Beziehungen zwischen den genannten
Eigenschaften und der Ausübung einer Führerrolle zeigt, so
ist in einer grossen Zahl von Arbeiten kein Zusammenhang
aufgetreten. STOGDILL (1972, 117) schreibt:

> "Eine Person wird nicht aufgrund des Besitzes irgendeiner
> Kombination von Persönlichkeitszügen zum Führer, sondern
> das Muster der Persönlichkeitsmerkmale des Führers muss
> den Charakteristika, den Aktivitäten und Zielen der Folger
> entsprechen".

Die von der bisherigen Forschung aufgefundenen "Führungs"-
Eigenschaften dürften daher eine günstige Voraussetzung dafür
sein, dass eine Person Führungsfunktionen erfüllen kann; in
einer Publikation kommt STOGDILL (1974) nach Durchsicht von
über 100 empirischen Arbeiten zwischen 1949 und 1970 zu dem
Schluss, dass Führerschaft neben situationalen Faktoren auch
durch Eigenschaften der betroffenen Personen ausgezeichnet
ist.

Die Situationstheorie der Führung.
Im Gegensatz zur Eigenschaftsheorie, die die Persönlichkeit
des Führers in das Zentrum der Aufmerksamkeit rückte, betrachtet die Situationstheorie die Funktionen, die vom Führer
in einer spezifischen Konstellation gefordert werden und
seine Fähigkeiten. Erst wenn die drei Merkmalsgruppen harmo-
nieren, kann mit einer erfolgreichen Führung der Gruppe in
der angetroffenen Lage gerechnet werden.

Die Funktionen, die ein Gruppenführer zu erfüllen hat, werden
in der Literatur entsprechend der Divergenztheorie in aufga-
ben- und personenzentrierte Aktivitäten gegliedert oder sie
werden sehr viel differenzierter betrachtet. So zählen KRECH
& CRUTCHFIELD (1948) folgende 14 Aufgaben eines Führers auf,

die noch leicht vermehrt werden könnten: Exekutive, Planung, Zielsetzung, Experte, Repräsentation nach aussen, Kontrolle interner Beziehungen, Belohnung und Bestrafung, Schiedsrichter, Vorbild, Gruppensymbol, Übernahme von Verantwortung, Ideologe, Vaterfigur und Sündenbock. Da alle diese Anforderungen nicht von ein und demselben Menschen erfüllt werden können, ist es in der Regel nötig, dass mehrere Führer einzelne Funktionen übernehmen.

Die Situation betrifft die Ausstattung des Führers mit seinen Eigenschaften, die Persönlichkeiten der anderen Gruppenmitglieder, die Gruppeneigenschaften (z.B. Struktur und Ziele) und die Umgebungsbedingungen. HOFSTÄTTER (1966) spricht in diesem Sinne von den Anlagen und Erfahrungen des Führers, von den Anlagen, Erfahrungen, Erwartungen der Geführten und von der Gruppenstruktur und dem Gruppenziel, wenn er das Variablengeflecht der Situation beschreibt.

Es liegen empirische Beispiele dafür vor, dass spezifische situative Momente die Anforderungen an den Führer beeinflussen. So konnte MARCUS (1960) unterschiedliche Gruppenerwartungen an den Führer unter freundlicher oder unter bedrohlicher Umgebung demonstrieren, WHITE & LIPPITT (1968) beschreiben die unterschiedlichen Verhaltensweisen von Gruppen gegenüber einem demokratischen Leiter, wenn die Gruppen Erfahrungen mit einem autoritären oder einem Laissez-faire-Leiter gesammelt hatten oder HOLLANDER (1958) weist nach, wie in der Phase des Führungsaufbaus andere Anforderungen an den sich entwickelnden Führer gestellt werden als in der Phase gesicherter Führerschaft.

Bei aller Plausibilität der Situationstheorie der Führung bietet sie nicht die Möglichkeit, das Verhalten der Gruppe oder des Führers vorherzusagen. Multiple Interdependenz ist ein zu wenig präzises Prinzip. Praktische Folgerungen lassen sich eben erst ziehen, wenn die einwirkenden Faktoren und die

Art ihres Einflusses genau bekannt sind.

Die Verhaltenstheorie der Führung

Unter dem Oberbegriff der Verhaltenstheoretiker könnte man
alle Autoren einordnen, die von der Prämisse ausgehen, es
gebe einige relativ einfache Verhaltensmuster von Führern mit
eindeutig divergierenden Wirkungen. Die "Väter" dieser Konzeption sind WHITE & LIPPITT (1968), die Ende der Dreissiger-
jahre unter LEWIN ihr aufsehenerregendes Experiment durch-
führten.

In ihrer klassischen Untersuchung hatten sie 10-12jährige
Jungen einmal in der Woche zu Bastelarbeiten eingeladen. Die
Bastelgruppen wurden von WHITE, LIPPITT und weiteren Erwach-
senen betreut, wobei diese Leiter entweder autoritäres, demo-
kratisches oder Laissez-faire-Verhalten praktizierten (zur
Beschreibung dieser Verhaltensformen siehe die Originalpubli-
kationen oder TAUSCH & TAUSCH, 1971, 177ff.).

Autoritäres Führerverhalten erbrachte eine hohe Arbeitsleistung der Jungen, sofern der Leiter anwesend war. Die Kinder
waren wenig selbständig, sie versuchten zu dominieren, waren
aggressiv gegen ihre Partner oder gegen Arbeitsmaterial und
sie waren verhältnismässig unzufrieden. Unter demokratischer
Leitung erreichte die Produktivität nur ein mittleres Mass,
aber das Interesse an den Bastelarbeiten war stärker. Die
Tätigkeiten zeichneten sich durch grössere Kreativität aus.
Sie wurden auch bei Abwesenheit des Leiters fortgeführt. Die
Kommunikationen der Jungen waren freundlicher und mehr auf
die Gruppe bezogen. Bei einem Leiter mit Laissez-faire-Verhalten war die Arbeitsleistung nach Qualität und Quantität am
geringsten. Die Kinder hielten keine Ordnung, sie waren rasch
entmutigt und neigten zu albernen Spässen.

Das Leiterverhalten, das im Laufe des Experimentes zweimal
gewechselt wurde, zeigte also klare Auswirkungen auf die
Leistung, auf die Stimmung und auf die Kommunikationsinhalte.
Eine absolute Überlegenheit des einen oder des anderen Führungsstils kristallisierte sich nicht heraus; vielmehr erbrachte die autoritäre Führung eine höhere Leistung, unter
demokratischer Führung aber waren Kreativität und Zufriedenheit der Gruppenmitglieder höher (s. aber S. 175). Diese
ersten Befunde wurden in zahlreichen Nachuntersuchungen be-

stätigt. So gelangten etwa ANDERSON & BREWER (1945, 1946),
TAUSCH & TAUSCH (1965) und BIRTH & PRILLWITZ (1959) zu ähnlichen Resultaten.

Von einem andersartigen Ansatz ausgehend stiessen HALPIN &
WINER (1957) auf ähnliche Ergebnisse. Sie faktoranalysierten
die Antworten zu 130 Aussagen über das Führungsverhalten in
der US-Luftwaffe. 83% der Varianz wurden durch den Faktor
"Mitarbeiterorientierung" (consideration), der freundschaftliches Verhalten, gegenseitiges Vertrauen, Achtung und Wärme
repräsentiert, und durch den Faktor "Strukturierung" (initiating structure), der die Gruppe in Richtung auf das Gruppenziel durch Festlegung der Rollenbeziehungen, Kommunikationswege usw. umfasst, erklärt. Damit waren zwei Dimensionen des
Führerverhaltens gewonnen, die sich auch in anderen Untersuchungen wiederfanden (z.B. FLEISHMAN, 1953, BOWERS & SEA-
SHORE, 1966, FIEDLER, 1964, LIKERT, 1961, BLAKE & MOUTON,
1969). Auch zu den beiden Führungsrollen der sozial-emotionalen und der Aufgabenspezialisierung von BALES & SLATER (1955)
bestehen engere Beziehungen.

Die Frage, welches Führerverhalten für eine hohe Gruppenleistung günstig sei, schien WHITE & LIPPITT (1968) fast eindeutig für den demokratischen Führungsstil beantwortet zu werden. So zählen die Autoren in ihrer Zusammenfassung auf:

> "Demokratie kann leistungsfähig sein"; "in der Demokratie
> war man freundlicher und mehr auf das Wohlergehen der
> Gruppe ausgerichtet"; "Autokratie kann viel Feindseligkeit und Aggression einschliesslich Aggression gegen
> Sündenböcke hervorrufen"; "Autokratie kann Unzufriedenheit schaffen, die nicht an die Oberfläche dringt"; "unter Autokratie war man abhängiger und weniger individualistisch" (334).

Diese eindeutig wertende Haltung tritt bei der Untersuchung
der Auswirkung der beiden Führungsstile "Mitarbeiterorientierung" und "Strukturierung", die ja nicht Endpunkte der Dimen-

sion "Lenkung-Beteiligung", sondern zwei weitgehend unabhängige Verhaltensdimensionen darstellen, die unter der Perspektive der Priorität spezifischer Zielsetzungen ausgewählt wurden, zurück. Als besondere Schwierigkeit dieser Untersuchungen tritt der Sachverhalt auf, dass keine einfache Beziehung zwischen der Leistungsfähigkeit der Gruppe und dem Führungsverhalten sichtbar wurde.

So untersuchten FLEISHMAN & HARRIS (1962) die Zusammenhänge zwischen dem aus dem Urteil ihrer Untergebenen gewonnen Führungsverhalten von Werkmeistern und Indikatoren der Unzufriedenheit dieser Untergebenen. Diese Beziehungen verliefen kurvilinear (Abb.25a). Je grösser die Bedeutung war, die die Werkmeister den Mitarbeitern beimassen, desto geringer war die Unzufriedenheit, die gemessen wurde durch aktenkundige Beschwerden und durch die Zahl der Kündigungen. Je mehr Wert die Werkmeister andererseits auf die Organisation der Arbeitsgruppe legten, desto stärker war die Unzufriedenheit ausgeprägt. Der kurvilineare Verlauf der beiden Beziehungen lässt einen kritischen Bereich erkennen, der für die Praxis von Bedeutung ist, weil geringe Veränderungen im Führungsverhalten mit beträchtlichen Änderungen der Zufriedenheit gekoppelt sind. Bei gleichzeitiger Variation von Mitarbeiterorientierung und Strukturierung zeigt sich, dass schwach mitarbeiterorientierte Werkmeister unabhängig von ihrem Organisationsverhalten unzufriedene Mitarbeiter haben; bei mittlerer und geringer Mitarbeiterorientierung steigt dagegen die Unzufriedenheit in Abhängigkeit von dem Organisations-Faktor an (Abb. 25b).

Eine Übersicht von KORMAN (1966) über empirische Studien über die Verhaltensdimensionen schockiert vor allem deshalb, weil in der Mehrzahl der Fälle (49 von 70 für Mitarbeiterorientierung und 44 von 70 für Organisation) keine signifikanten Zusammenhänge zwischen dem erhobenen Führungsverhalten und den abhängigen Variablen gefunden wurden. KORMAN schlägt

Abbildung 25: Schematische Wiedergabe der Beziehungen zwischen Führungsverhalten und Indikatoren der Unzufriedenheit (nach FLEISHMAN & HARRIS, 1962)

a) Zweifaktoren-Beziehung

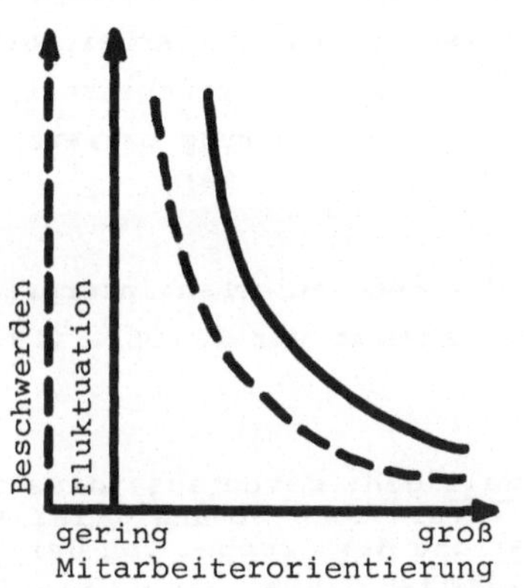

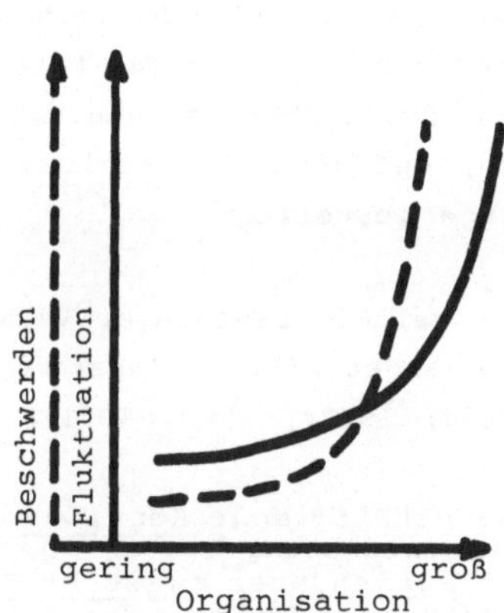

b) Dreifaktoren-Beziehung

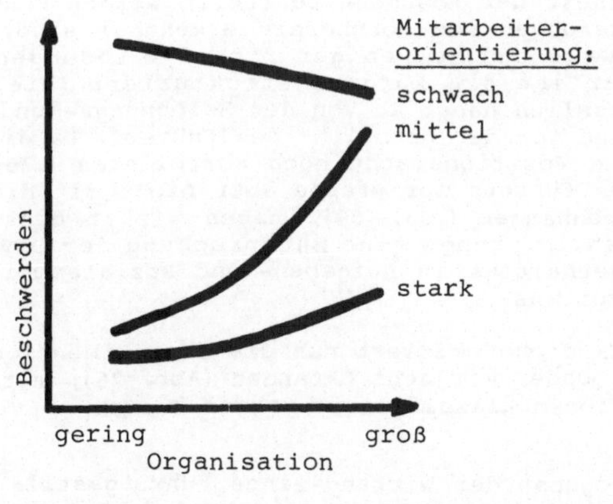

deshalb vor, die Effekte des Führungsverhaltens experimentell
- und nicht durch Korrelationsstudien - bei gleichzeitiger
Berücksichtigung situativer Einflüsse, wie z.B. den Persönlichkeitseigenschaften, der Gruppengrösse usw., zu überprüfen. NEUBERGER (1984) kritisiert, dass die Urteile über Vor-
gesetzte von Mitarbeitern innerhalb einer Arbeitsgruppe oft
mehr variieren als die Urteile zwischen mehreren Arbeitsgruppen. Damit aber ist die Validität der Vorgesetztenbeurteilun-
gen, auf denen die Verhaltenstheorie der Führung basiert, in
Frage gestellt.

Ein weithin beachteter Versuch der theoretischen Interpretation angetroffener Zusammenhänge stammt von FIEDLER (1964,
1967a, 1967b, 1968, 1971).

Das FIEDLER'sche Kontingenzmodell geht davon aus, dass die
Gruppenleistung ausser vom Führerverhalten abhängig ist von
den Beziehungen zwischen Führer und der Gruppe, von der Art
der Aufgabe und von der Positionsmacht, über die der Führer
in der Gruppe verfügt. Die Beziehung des Führers zur Gruppe
kann gemessen werden mit Beurteilngsskalen, welche von der
Gruppe oder auch vom Führer ausgefüllt werden. Die Aufgabe
kann mehr oder weniger strukturiert sein. Je eindeutiger eine
Aufgabe gestellt und je geringer die Variabilität ihrer Lösung ist, je unmissverständlicher die Richtigkeit oder
Falschheit der Lösungen beurteilt werden kann, je klarer die
Anforderungen von vornherein erkennbar sind, je weniger Lö-
sungswege und je weniger richtige Lösungen es gibt, desto
stärker ist die Aufgabe strukturiert. Die Positionsmacht
schliesslich hängt ab von den Belohnungs- und Bestrafungsmit-
teln und von der Autorität des Führers. Da die Aufgabenstruk-
tur und Positionsmacht hoch korrelieren (.75), die Beziehungen des Führers zur Gruppe aber nicht mit diesen Dimensionen
zusammenhängen (.03,-.09), haben wir in diesen Situationsvariablen im Grunde eine Entsprechung der Divergenz des Führungsverhaltens in Aufgaben- und sozialemotionaler Orientierung vor uns.

FIEDLER dichotomisiert nun die drei Dimensionen und kommt zu
einem Quader mit acht Oktanden (Abb. 26), mit denen Führungs-
situationen klassifiziert werden können.

Zur Prognose der Wirkung eines Führungsstils verwendet FIED-
LER zwei Verhaltensmasse, die ausdrücken, in wie grosser Nähe
der Führer sich bei seinen Gruppenmitgliedern sieht. Man

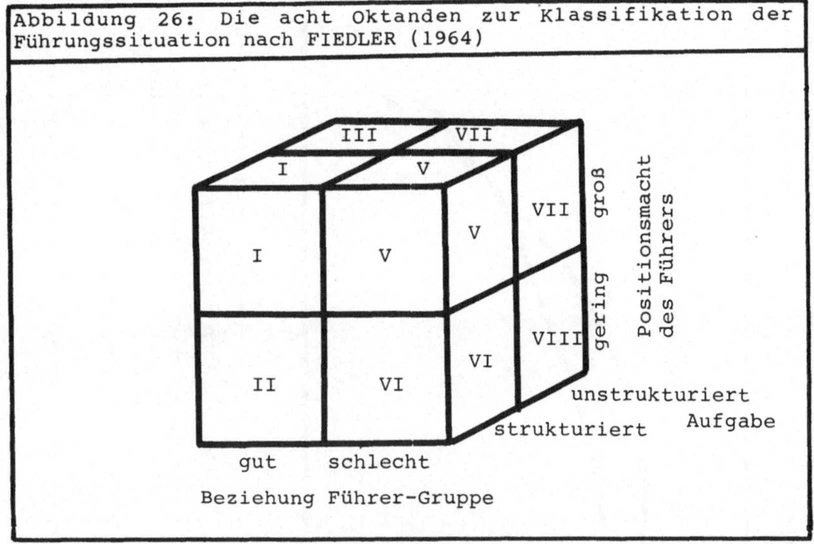

erhält das erste Mal, den ASO-Wert (assumed similarity between opposites), indem der Führer von allen Kollegen, mit denen er je zusammengearbeitet hatte, den am meisten und den am wenigsten beliebten auf einem semantischen Differential beurteilt. Die Differenz zwischen den beiden Urteilen zeigt eine geringe Diskrepanz in der Wahrnehmung verschiedener Personen an: entsprechende Führer können als tolerant, verständnisvoll und mitarbeiterorientiert angesehen werden. Der LPC-Wert (least preferred coworker) wird schon bei der Ermittlung des ASO-Wertes bestimmt. Da beide Masse hoch korrelieren (.70 bis .93) genügt in der Regel der LPC-Wert für die Messung des Führungsverhaltens.

Die mit dem LPC- (und dem ASO-) Wert gemessene Haltung des Führers zu seiner Umwelt kann nach FIEDLER die Gruppenleistung voraussagen, _sofern die Situation an Hand der drei Dimensionen definiert ist._ Die mittleren Korrelationen zwischen dem LPC- oder ASO-Wert und der Gruppenleistung aus 19 Arbeiten sind in Abbildung 24 dargestellt. Danach ist der aufgabenorientierte, kontrollierende Führer, der durch niedrige LPC-Werte bestimmt ist, vor allem effektiv in besonders günstigen und in besonders ungünstigen Situationen: die Kor-

Abbildung 27: Die Korrelation zwischen LPC- bzw. ASO-Werten des Führers und der Gruppenleistung in Abhängigkeit von der Situation (nach FIEDLER, 1964)

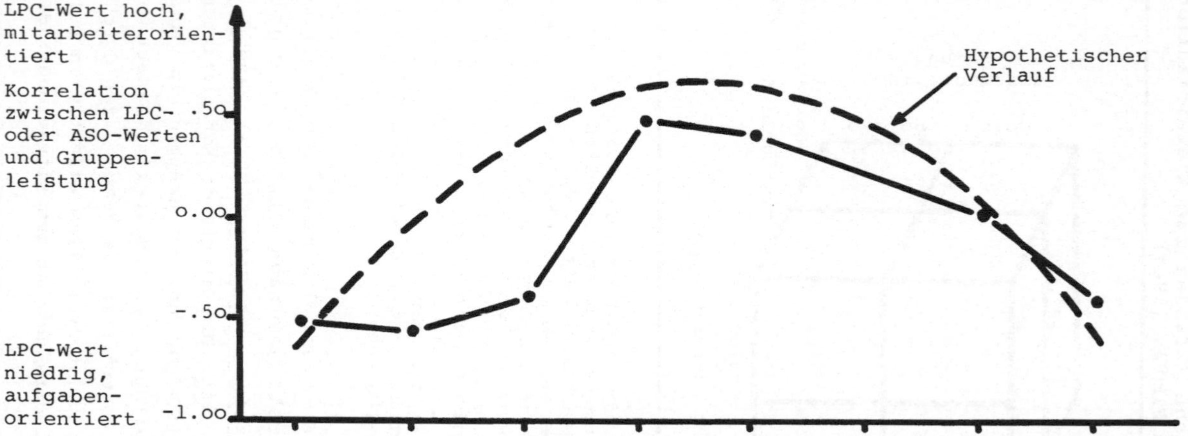

Situation:								
Chancen zu führen:	günstig für den Führer					ungünstig für den Führer		
Oktant:	I	II	III	IV	V	VI	VII	VIII
Beziehung Führer-Gruppe:	gut	gut	gut	gut	eher schlecht	eher schlecht	eher schlecht	eher schlecht
Aufgabe (s=struk- turiert, us=un- strukturiert):	s	s	us	us	s	s	us	us
Positionsmacht d. Führers:	stark	schwach	stark	schwach	stark	schwach	stark	schwach

relation zwischen der Gruppenleistung und dem LPC-Wert sind negativ. Mitarbeiterzentrierte Führer bewirken die beste Gruppenleistung in Situationen mittlerer Schwierigkeit: die Korrelationen sind positiv. Mit diesem Einbezug der Situation aufgrund von drei Kriterien war es FIEDLER somit gelungen, die ungeordneten, tendentiell widersprüchlichen und wegen eines fehlenden Gesamtkonzeptes unpräzisen Ergebnisse der Führungsforschung zu ordnen.

Mit dem Nachweis der Kontingenz von Führungsstil, Gruppenleistung und Situation in FIEDLER's eigenen Arbeiten konnte er einen Weg für eine Synthese der Situations- und der Verhaltenstheorie der Führung aufzeigen. Die Leistung der Gruppe ist nicht jeweils von den Führereigenschaften, dem Führerverhalten, dem Gruppenklima, der Aufgabenart, der Macht des Führers, der Zusammensetzung der Gruppe usw. abhängig, sondern sie kann Resultat der Wechselwirkungen dieser und weiterer Einflüsse sein. Eine rudimentäre Methode zum Studium dieser Wechselwirkungen hatte FIEDLER vorgelegt. Jüngere Untersuchungen haben jedoch eine Vielzahl von Unzulänglickeiten des Modells aufgezeigt, die eine Weiterentwicklung oder Neukonzeption notwendig machen.

FIEDLER (1971) selbst differenziert den Anwendungsbereich seines Kontingenzmodells. Da vor allem Abweichungen in den Laborstudien vorkommen, vermutet er, die Führungsvariablen werden nur in Feldstudien voll wirksam, während sie in kurzzeitigen Manipulationen im Laboratorium durch unkontrollierte Zufallseinflüsse verfälscht werden. Ausserdem fand er, dass Lerngruppen von Gruppen, die Aufgaben zu bearbeiten haben, unterschieden werden sollten, weil das Kontingenzmodell nur die Verhältnisse in der zweiten Kategorie erkläre.

Ein zweiter kritischer Punkt sind die ausgewählten Variablen. Da der LPC-Wert mit keinen bekannten Persönlichkeitseigenschaften korreliert (FIEDLER, 1967a), ist unklar, was er überhaupt misst. Nach FIEDLER (1967a, 36) erfasst er eine Grundhaltung des Führers, die erst in der Auseinandersetzung mit der Situation das Führerverhalten ergibt. Weil aber Führerverhalten zumindest aus den beiden weitgehend unabhängigen Faktoren der Aufgaben- und der Mitarbeiterorientierung besteht, müssten beide Dimensionen unabhängig voneinander be-

rücksichtigt werden. Wahrscheinlich misst der LPC-Wert auch
etwas anderes als die Dimensionen der Mitarbeiter- und der
Aufgabenorientierung, denn GRAHAM (1968) stellte keine Unterschiede zwischen der Beurteilung von Vorgesetzten mit hohen
und mit niederen LPC-Werten durch ihre Mitarbeiter auf diesen
beiden Dimensionen fest. Auch NEUBERGER & ROTH (1974) fanden
keine Zusammenhänge zwischen dem LPC-Mass und dem Führungsverhalten. Auf Widersprüche in der ASO- und LPC-Interpreta-
tion durch FIEDLER macht KUNCZIK (1972b) aufmerksam.

Aber auch die Situationsvariable, die sich aus den Beziehungen zwischen Führer und Gruppe, aus der Aufgabenart und aus
der Machtposition des Führers zusammensetzt und von FIEDLER
auf einem Kontinuum von "ungünstig" bis "günstig für den
Führer" angeordnet wurde, lässt Fragen offen. So meint KUNC-
ZIK (1972b), eine unstrukturierte Aufgabe könne für den Führer günstiger sein als eine strukturierte, wenn die Gruppe
beispielsweise vor der Aufgabe kapituliert und dem Einfluss
des Führers folgt. NEUBERGER & ROTH (1974) machen darauf
aufmerksam, dass die Situation auch durch Motivation und
Ressourcen der Gruppenmitglieder, durch die Kommunikationsstruktur und Organisation der Gruppe bestimmt wird, obwohl
das Kontingenzmodell diese und weitere denkbare Faktoren
nicht einbezieht. Da die Auswahl der von FIEDLER benutzten
Variablen nicht an Hand empirischer Kriterien erfolgte, wäre
zumindest im Nachhinein die Berechtigung dieser Auswahl und
die Beschränkung auf die geringe Anzahl zu prüfen.

Eine ähnliche Willkür zeigt sich auch bei der Operationalisierung der Variablen. Die Dichotomisierung der drei Dimensionen am Median in gute und schlechte Beziehungen zwischen
Führer und Geführten, in strukturierte und unstrukturierte
Aufgaben und in machthohe und machtniedere Führer bedingt,
dass in verschiedenen Untersuchungen gleichartige Fälle einmal in der oberen und dann in der unteren Hälfte eingeordnet
werden. Wenn unter diesen Bedingungen die abhängige Variable
nicht im prognostizierten Bereich liegt, muss die Theorie
noch nicht falsifiziert sein.

Als abhängige Variable wird nun der relativ komplexe Wert
eines Korrelationskoeffizienten zwischen dem LPC-Wert des
Führers und der Gruppenleistung verwendet. Damit ist - wie
NEUBERGER & ROTH (1974) bemerken - ein Vergleich der Leistungen in den einzelnen Oktanten nicht möglich, obwohl gerade
die Leistung von besonderer praktischer Bedeutung ist. Ausserdem benutzten FIEDLER und die übrigen Forscher die unter-
schiedlichsten Leistungsindikatoren: Prozentsatz der in einer
Saison gewonnenen Basketball-Spiele, Beurteilung der Messge-
nauigkeit von Gruppen durch Instruktoren, Genauigkeit des
Bombenabwurfs von Flugzeugmannschaften, Genauigkeit im Kano-
nenschiessen von Panzerbesatzungen, die benötigte Zeit, bestimmte Aufgaben auszuführen, das Nettoeinkommen, die Kreativität bei erfundenen Geschichten usw.

Eine sehr kritische Auseinandersetzung mit FIEDLER's Dateninterpretation stammt von GRAEN et al., 1970 und von NEUBERGER (1984). NEUBERGER stellt vor allem FIEDLER's Vorgehen in Frage, der, ohne eine Theorie zu haben, nur empirische Daten neu ordnet und dieses Konzept auch bei Gegenbefunden nicht weiterentwickelt habe.

Eine spezifische Fortentwicklung leistete FIEDLER (1978) jedoch, indem er die Zeitdimension in seine Konzeption einbezog. Je länger ein Führer seine Position innehat, desto grösser wird seine Erfahrung und desto günstiger wird die Situation für ihn sein. Ein Führer mit hohem LPC-Wert (d.h. Mitarbeiterorientierung) wird bei geringer Erfahrung schlechtere Leistungen erbringen als bei grösserer Erfahrung, weil er weniger Wert auf die Aufgabe legt. Ein Führer mit niederem LPC-Wert (d.h. Aufgabenorientierung) wird ohne Erfahrung mehr und mit zunehmender Erfahrung weniger leisten, weil er sich dann sicherer fühlt und seine Anstrengung nachlässt. Bei weiterem Erfahrungszuwachs wird der aufgabenorientierte Führer wieder mehr leisten als der mitarbeiterorientierte. Die von FIEDLER zitierten Studien bestätigen im grossen und ganzen seine Voraussagen, so dass ein neuer Ansatz zur Überprüfung des Kontingenzmodells vorhanden ist.

Die Bedingungen und die Auswirkungen verschiedener Führungsformen in der Kleingruppe sind somit bis heute noch nicht zufriedenstellend erforscht. Neuere Arbeiten (z.B. YUKL, 1981, NEUBERGER, 1984) zeigen, wie weitere Theorien zur Lösung des Rätsels vorgeschlagen werden. Unabhängig davon, welche Aspekte auch immer einbezogen werden, versprechen interaktive Ansätze, die Führung und Gruppenverhalten gleichzeitig als Resultanten und als Ursachen zahlreicher Einflüsse sehen, der Wirklichkeit am nächsten zu kommen.

3.4.4. Koalitionsbildung in Kleingruppen

Bisher haben wir die Machtverhältnisse zwischen Einzelpersonen in der Kleingruppe betrachtet. Machtverhältnisse können aber auch aufgebaut oder umgestossen werden, indem sich einzelne Mitglieder mit weiteren Inhabern von Machtpotentialen zu einer Untergruppe zusammenschliessen, um gemeinsam die Gesamtgruppe in ihrem Sinne zu führen. Diese Fragestellung wurde von der Koalitionsbildungs-Forschung untersucht. Unter einer Koalition sollten nach Meinung von THIBAUT & KELLEY (1959), GAMSON (1964), SHAW (1971) und STRYKER (1972) nur solche Untergruppen verstanden werden, die sich bilden, um durch die bewusste gemeinsame Nutzung ihrer Ressourcen - oft in Wettbewerb zu dem Rest der Gesamtgruppe - zu Ergebnissen zu gelangen, die sie allein nicht erreichen könnten. Damit entfallen alle zufälligen Subgruppenbildungen und alle Untergruppen, die auf rein emotionaler Basis entstanden sind und oft als "Cliquen" bezeichnet werden.

Die an der Erforschung der Koalitionsbildung beteiligten Autoren neigten mehr als sonst üblich dazu, ihre empirischen Arbeiten auf theoretische Modelle aufzubauen, so dass wir in diesem Bereich der Gruppenpsychologie kein theoretisches Defizit antreffen.

3.4.4.1. Theoretische Vorstellungen zur Koalitionsbildung

Die ersten Anstösse gingen von SIMMEL (1908) aus. Er machte sich Gedanken über Zweierverbindungen und über ihre strukturellen Veränderungen, sobald ein weiterer Partner dazukommt (s. S. 34). Der eigentliche Beginn der Erforschung der Koalitionsbildung wird jedoch durch die theoretischen Formulierungen von CAPLOW (1956) und GAMSON (1961a,b) markiert. CAPLOW (1956, 489-490) geht bei seiner Theorie der maximalen Kontrolle von vier vereinfachenden Annahmen aus, um das Verhalten der Partner in der Dreiergruppe zu erklären:

1. Wenn sich die Mitglieder der Triade nach ihrer Stärke (strength) unterscheiden, will ein stärkeres Mitglied ein schwächeres beherrschen (control).

2. Jedes Mitglied möchte möglichst viele Partner beherrschen.

3. Die Stärke der Mitglieder ist additiv.

4. Zwang vor oder während der Koalitionsbildung wird Gegenkoalitionen provozieren.

Diese Prämissen führten zu den Voraussagen, die in Tabelle 8

Tabelle 8: Koalitionsvoraussagen für die Triade von CAPLOW (1956) und GAMSON (1961a)				
Nummer	Machtverteilung	Beispiel	Vorausgesagte Koalitionen	
			CAPLOW	GAMSON
1	A=B=C	2-2-2	jede	jede
2	A>B;B=C, A<B+C	3-2-2	B-C	B-C
3	A<B;B=C	2-3-3	A-B oder A-C	A-B oder A-C
4	A>(B+C); B=C	3-1-1	keine	keine
5	A>B>C; A<(B+C)	4-3-2	A-C oder B-C	B-C
6	A>B>C; A>(B+C)	4-2-1	keine	keine
7	A>B>C; A=(B+C)	5-3-2	A-B oder A-C	keine Voraussage
8	A=(B+C); B=C	4-2-2	A-B oder A-C	

wiedergegeben sind. Beispielsweise ist in der Triade Nr. 3 B bzw. C im Nachteil, weil in der möglichen Verbindung BC keiner der Partner den anderen beherrschen kann. Die Verbindungen AB oder AC sind wahrscheinlicher, weil dort B oder C innerhalb der Untergruppe über A dominieren.

GAMSON (1961a,b, 1964) berücksichtigt in seiner Theorie der minimalen Ressourcen zusätzlich die Verteilung des erwarteten gemeinsamen Gewinns. Er setzt voraus, jeder Teilnehmer verlange vom gemeinsamen Gewinn einen Anteil proportional zum Ressourcenanteil in der Koalition. Damit dieser Gewinnanteil möglichst hoch ausfällt, wird der Partner vorgezogen, der eben noch zu einem Machtübergewicht verhilft. Mit diesen Vor-

aussetzungen spezifiziert GAMSON auch die Koalitionsbildung
in der Triade Nr. 5, in der nach CAPLOW AC und BC Ergebnisse
von gleicher Wahrscheinlichkeit darstellen: C zieht den Partner B vor der Alternative A vor, weil sein in dieser Verbindung erwarteter Gewinnanteil grösser ist; ebenso wird B den
Partner C aus demselben Grund wählen.

Ein Versuch der weiteren Verfeinerung der Voraussage über die
Triade 5 stammt von CHERTKOFF (1967). Er bezieht die Verhandlung in der Vorphase der Koalitionsbildung in seine Überlegungen ein und vermutet, die Wahrscheinlichkeit der Koalition
von A mit B ist 50%, ebenso wie die Wahrscheinlichkeit der
Koalition von A mit C 50% beträgt. Die Wahrscheinlichkeit
der Koalition von B mit C liegt aber bei 100%, während C
wiederum zu je 50% Wahrscheinlichkeit mit A und mit B zusam-
mengehen wird. Damit ist der Anteil der A-B-Koalitionen
50x0=0; der Anteil der A-C Koalitionen ist 50x50=25%; der
Anteil der B-C-Koalitionen ist 100x50=50%. Es bleiben 25% der
Fälle, in denen keine Koalition zustande kommt.

Die Befunde von BOND & VINACKE (1961) und UESUGI & VINACKE
(1963), dass weibliche Versuchspersonen andere Ziele im Experiment verfolgten, nämlich die gerechte Verteilung des Gewinns oder die Aufrechterhaltung eines guten Gruppenklimas,
veranlasste GAMSON (1964), eine Theorie der <u>Antihaltung</u> zum
<u>Wettbewerb</u> (anticompetitive theory) zu formulieren. Nach
dieser Theorie geht es den Gruppenmitgliedern hauptsächlich
darum, Konflikte zu vermeiden. Ihr Verhalten wird dann durch
die Lösung des geringsten Widerstandes bestimmt: sie schliessen Allpersonenkoalitionen, sie teilen den Gewinn unter allen
Gruppenmitgliedern gleich auf oder sie bilden keine Koalitionen. Auch altruistische Momente treten auf, wenn eine Tendenz der Starken gefunden wird, sich mit Schwachen zu verbinden, obwohl sie schon allein die Gruppe beherrschen könnten.

KELLEY & ARROWOOD (1960) wandten sich gegen die Vorstellung,
dass Ressourcen je nach ihrer Höhe zu mehr oder weniger Macht
in der Koalition verhelfen müssten. Nach ihrer <u>rationalen</u>

Theorie sollten die Gewinnanteile der Koalitionspartner gleich sein, weil die Tatsache, dass überhaupt eine Koalition zustande gekommen ist, die Macht der Subgruppe begründet und nicht der relative Ressourcenanteil ihrer Partner. Bei der Verteilung 4-3-2 ist grundsätzlich jede Koalition siegreich, denn jedes Paar (4-3, 4-2 oder 3-2) hat ein Übergewicht über den ausgeschlossenen Partner.

Nach SHAPLEY & SHUBIK (1954) werden die Gewinne nach der minimalen Macht ("pivotal power") verteilt. Darunter ist die Zahl der möglichen siegreichen Koalitionen zu verstehen, denen ein Partner angehört und die auf diesen Partner angewiesen ist. Im Beispiel der Tabelle 9 sind bei der gegebenen Ressourcenverteilung sechs Koalitionen möglich.

Bei fünf dieser Koalitionen muss der Inhaber der Ressource 5 beteiligt sein, damit die Koalition überhaupt zustande kommt.

Tabelle 9: Mögliche Koalitionen bei 4 Partnern mit den Ressourcen 5, 4, 3, 2 mit Angaben zur pivotal power

Mögliche Koalitionen	Summe der pivotal power
5,4	8
5,3	8
5,3, (2)*	9
5, (4), (3)	11
5, 4, (2)	9
4, 3, 2	7

Anzahl der Koalitionen, in denen ein bestimmer Ressourceninhaber notwendig ist	
(zur Berechnung der pivotal power)	5 : 5 4 : 3 3 : 3 2 : 1

*Eingeklammert sind Ressourceninhaber, die für das Zustandekommen einer siegreichen Koalition nicht unbedingt nötig sind.

Damit ist seine pivotal power = 5. Nach SHAPLEY & SHUBIK wird nun diejenige Koalition realisiert, bei der jedes Mitglied einen maximalen Gewinnanteil erwarten kann. Diese Bedingung wird von der Koalition mit dem kleinsten pivotal power-Wert erfüllt, so dass im Beispiel die Koalition 4-3-2 am wahrscheinlichsten ist.

Nach COLE (1969) gilt unter besonders unsicheren Umständen, z.B. wenn nur eine probabilistische Beziehung zwischen Ressourcen und Gewinnauszahlung besteht oder bei ängstlichen Personen, eine Theorie der maximalen Ressourcen. Es wird diejenige Koalition gebildet, die mit grosser Sicherheit die Restgruppe beherrschen kann.

MESSE, VALLACHER & PHILLIPS (1975) argumentierten, dass Ressourcen nach ihrem Zahlenwert nur dann gelten, wenn alle Partner diese Ressourcen ohne eigenes Zutun erhalten. Sofern Ressourcen auf vorher geleistete Aufwendungen zurückgehen, postulieren sie eine Gleichheits- (equity-)Theorie der Koalitionsbildung. Sie sagt voraus, dass solche Partner eine grössere Chance haben, an der Koalition beteiligt zu werden, die vorher grössere Aufwendungen erbracht haben.

Da bei der bisherigen Koalitionsforschung die Beziehungen zwischen den potentiellen Partnern unberücksichtigt geblieben waren, erinnert SCHNEIDER (1978) an die Ähnlichkeit wichtiger Eigenschaften, die eine Kontaktaufnahme zwischen Personen erleichtert. In der Theorie der Allianz der Ähnlichen wird erwartet, dass Personen mit ähnlichen Eigenschaften eher Koalitionen bilden als Personen mit abweichenden Eigenschaften.

Ausser diesen Theorien werden auf einer zweiten Ebene Bedingungen der Koalitionsbildung geklärt. So postulierten z.B. WILLIS (1962) und KOMORITA (1974), dass wegen der damit verbundenen erleichterten Koordination Koalitionen mit möglichst wenig Mitgliedern gebildet werden. SCHNEIDER (1977) belegte, wie die Koalitionsbildung auch vom thematischen Umfeld (z.B. Politik und Gewinnspiel) abhängt. OFSHE & OFSHE (1969) gliederten den Vorgang der Koalitionsbildung auf in die Auswahl eines oder mehrerer Koalitionspartner, mit denen man überhaupt über eine Koalition sprechen möchte, und in die Verhandlungen zwischen diesen Partnern.

Für diese Verhandlungsphase gilt die Verhandlungstheorie der Koalitionsbildung von KOMORITA & CHERTKOFF (1973). Sie nimmt an, dass ressourcenschwache Koalitionspartner einen Gewinn erwarten zwischen der Paritätsnorm (minimale Erwartung) und der Gleichverteilung unter allen Partnern (maximale Erwartung). Ressourcenstarke Partner erhoffen andererseits Gewinnanteile zwischen der Gleichverteilung (ihrem Minimum) und der Paritätsnorm (ihrem Maximum). Das tatsächlich erzielte Ergebnis liegt zwischen diesen Extremen und ist abhängig von der Verhandlungsführung.

3.4.4.2. Empirische Ergebnisse

Am häufigsten bediente man sich einer von VINACKE & ARKOFF (1957) eingeführten Versuchsanordnung, die mit dem Pachisiboard, einem indischen Brettspiel, arbeitet. Bei diesem Spiel erhält jeder Teilnehmer eine Wertmarke, mit der er auf einer in Felder eingeteilten Strecke vorrückt. Bei jedem Würfeln kann er die Würfelzahl mit dem Wert seiner Marke vervielfältigen und so schneller zum Ziel gelangen. Koalitionen berechtigen zur Addition der Werte und dadurch zu einem rascheren Vorrücken auf dem Feld.

Als Beispiel der Befunde ist in Tabelle 10 die Koalitionsbildung in der Triade Nr. 5 wiedergegeben. Es zeigt sich, dass die einfache Theorie von CAPLOW (1956), die A-C- und B-C-Koalitionen mit gleicher Häufigkeit erwartete, nicht bestätigt wird. GAMSON's Theorie der minimalen Ressourcen hätte ausschliesslich die B-C-Verbindung prognostiziert, was auch

Tabelle 10:   Gebildete Koalitionen in der Triade vom Typ Nr. 5
(aus VINACKE & ARKOFF, 1957, 409)

Koalitionen	Triade 5 4-3-2 N = 90
4-3	9
4-2	20
3-2	59
Keine Koalition	2
	90

nicht eintritt. Am besten trifft die von CHERTKOFF (1967) revidierte CAPLOW-Theorie die Verhältnisse, wenn auch hier Abweichungen vorkommen (A-B sollte =0 sein; keine Koalition sollte in 25% der Fälle auftreten).

Aber nicht nur diese am häufigsten verwendete Spielsituation, sondern auch Stimmenanteile der Kandidaten politischer Parteien (GAMSON, 1961b) oder Kapitalanteile in Wirtschaftsunternehmen (CHERTKOFF, 1971) dienten als Ressourcen im Kampf um die Dominanz in Kleingruppen. Wenn die bisherigen Ergebnisse hauptsächlich die minimale Ressourcentheorie unterstützen (GAMSON, 1961b, VINACKE & ARKOFF, 1957, CHANEY & VINACKE, 1960, VINACKE et al., 1966), wenn aber gleichzeitig differenziertere Interpretationen möglich sind (Erfahrung: KELLEY & ARROWOOD, 1960, CHERTKOFF & BRADEN, 1974; Status: ANDERSON, 1967; Persönlichkeitsvariable: BOND & VINACKE, 1961; Handlungsinitiative: WILLIS, 1962; Verhandlung: KOMORITA & CHERTKOFF, 1973) und wenn sich auch die anderen Theorien auf einzelne experimentelle Ergebnisse stützen können, so dürfte die Komplexität der Koalitionsbildung nicht durch eine einzige Theorie beschrieben werden können.

Der von CAPLOW (1968) gezeigte Optimismus, der die Ergebnisse

der Forschungen schon auf Ereignisse der Geschichte anwendet,
um Entwicklungen im 20. Jahrhundert besser zu verstehen,
erscheint auch noch heute nur partiell berechtigt.

3.4.5. Konsequenzen von Machtungleichheit

Machtunterschiede sind zwischen den Mitgliedern und zwischen
den Untergruppen einer Kleingruppe üblich. Für die Überlegenen bedeuten diese Unterschiede ein Bündel von Vorteilen, so
dass wir genügend Beispiele aus dem Alltag kennen, in denen
die Hierarchiedistanzen konsolidiert oder sogar ausgebaut
werden. Für die Unterlegenen aber bieten sich nur Chancen für
ein besseres Schicksal, wenn sie die Machtabstände zu den
Überlegenen verringern.

MULDER (1959, 1960, 1977) und MULDER et al. (1973a,b) haben
zur Erklärung dieser Phänomene die Hypothese der Machtdi-
stanz-Reduktion entwickelt und empirisch überprüft. MULDER
(1959, 190) geht von dem Axiom aus, die Macht-Variable be-
stimme die Zufriedenheit eines Menschen. Ein Bedürfnis nach
Machtausübung bewirkt eine Tendenz zur Vereinigung mit dem
Mächtigeren und gleichzeitig eine Tendenz zur Absonderung von
den weniger Mächtigen. Daraus folge wiederum eine Tendenz,
den Abstand zu dem mächtigeren Partner zu verringern, den
Abstand zum weniger mächtigen Partner aber zu vergrössern.
Diese Tendenz steigt im ersten Fall mit abnehmender Distanz,
im zweiten Fall mit zunehmender Distanz an.

Diese Hypothesen wurden in einem Kommunikationsnetz-Experi-
ment bestätigt: man wollte mit Partnern in machthöheren Positionen eher Freizeitaktivitäten verbringen als mit Partnern
in Randpositionen und zwar war diese Beziehung ausgeprägter,
wenn die eigene Macht nur wenig geringer war als die Macht
des Überlegenen. In späteren experimentellen Arbeiten (MULDER
et al., 1973a,b) wurde die Position des Machtüberlegenen bei
Vakanz von den Versuchspersonen in einer mittleren Machtstel-

lung eher übernommen als von Versuchspersonen in niederen Positionen. Im Grunde lassen sich diese Befunde auf ein relativ einfaches Modell des Strebens nach Dominanz, das von Befürchtungen vor Misserfolg korrigiert wird, reduzieren: weil man über andere dominieren möchte, sucht man seine Einflussmöglichkeiten zu vermehren, indem man Kontakte mit subjektiv erreichbaren Machthöheren sucht und Kontakten mit Machtniedrigeren - vielleicht aus zeitökonomischen Gründen - ausweicht. Zur Vermeidung von Misserfolgen wird man den Kontakttendenzen zu Machthöheren umso weniger nachgehen, je geringer deren Erreichbarkeit eingeschätzt wird.

Während diese Hypothese des Machtausgleichs in Kleingruppen von MULDER von einem Bedürfnis nach Macht ausgeht, haben ADAMS (1965) und WALSTER, BERSCHEID & WALSTER (1973) die Gleichheitstheorie (equity-theory) zur Erklärung des Verhaltens in sozialen Situationen weiterentwickelt und angewandt. Diese Theorie wurde von SCHNEIDER (1977) auch auf Machtbeziehungen übertragen.

Die Gleichheitstheorie geht zunächst von dem auch in der Spiel- und der Austauschtheorie zugrundeliegenden Theorem aus, jeder Mensch möchte in sozialen Beziehungen seine Erträge (Nutzen minus Kosten) maximieren. Um einem mörderischen Kampf aller gegen alle zu entgehen, gilt jedoch in vielen Kulturen die Norm, jeder habe Anrecht auf einen gerechten Anteil am Gesamtertrag. Eine gerechte, ausgeglichene (equitable) Beziehung zwischen zwei Partnern liegt vor, wenn gilt:

$$\frac{\text{Erträge von A}}{\text{Aufwand von A}} = \frac{\text{Erträge von B}}{\text{Aufwand von B}},$$

wobei die vier Grössen subjektive Masse darstellen. Damit das Prinzip der Maximierung der eigenen Erträge nicht dem Gleichheitsprinzip vorgezogen wird, belohnt die Gesellschaft die Beachtung des Gleichheitsprinzips und bestraft seine Missachtung.

Im Rahmen der Sozialisation wird die Beteiligung an unausgeglichenen Beziehungen, in denen die Erträge relativ zu den
Aufwendungen zu gross sind, mit innerer Qual (distress) verbunden. Dieser Zustand der inneren Bedrängnis wird umso grösser sein, je ungleichgewichtiger die Beziehung ist. Wer weniger erhält als er verdient, spürt diese innere Notlage ebenso
wie derjenige, der mehr einnimmt als ihm zukommt. Schliesslich sagen WALSTER et al. (1973) voraus, dass Personen in
einer unausgeglichenen Beziehung ihre Qual vermindern, indem
sie eine gerechte, gleichwertige Beziehung herzustellen bemüht sind.

Nach der Übertragung solcher Überlegungen auf Machtverhältnisse formuliert SCHNEIDER (1977, 80), eine <u>Machtausgleichs-
theorie</u>:

> <u>"Voraussetzung für stabile und alle beteiligten Personen
> zufriedenstellende soziale Beziehungen ist Machtgleich-
> heit. Machtunterschiede in einer Beziehung sind Motoren
> für Veränderungen."</u>

Durch mehrere Pilotstudien konnte bestätigt werden, dass:

- bei der Entwicklung von Machtansprüchen die eigenen Aufwendungen und die des Partners berücksichtigt werden;

- ein Machtausgleich von den Unterlegenen (wie es auch
  MULDER's Machtdistanzreduktions-Theorie voraussagt) und
  von den Überlegenen angestrebt wird;

- interindividuelle Unterschiede in der Machtausgleichsten-
  denz vorliegen, die auf Sozialisationsbedingungen zurückgeführt werden.

Immer wenn Machtdifferenzen vorhanden sind, die als ungerechtfertigt erlebt werden, ist also mit einer inneren Notlage und mit Versuchen zur Wiederherstellung ausgeglichener
Beziehungen zu rechnen. Das Spezifische an dieser Theorie

ist, dass nicht nur die Unterlegenen, sondern auch die Machthöheren einen Ausgleich anstreben.

3.4.6. Affektive Beziehungen

Affektive Beziehungen in der Kleingruppe sind nicht unabhängig von der Machtstruktur. Positive Gefühle zu einer Person oder einer Untergruppe erleichtern im Sinne einer "Macht durch Identifikation" deren Einfluss auf Denken und Handeln der Gruppenmitglieder. Da positive oder negative Gefühle ausserdem die Motivation der Gruppenmitglieder berühren, wollen wir einige Arbeiten zu dieser Fragestellung kennenlernen. Nach einem Überblick über die gebräuchlichen Methoden zur Messung des emotionalen Klimas in der Gruppe werden wir zunächst die Bedingungen und dann die Wirkungen bestimmter affektiver Beziehungen betrachten. Dabei wird sich zeigen, dass diese Fragestellung vor allem in der ersten Blütezeit der Kleingruppenforschung untersucht wurde. Neuere Arbeiten sind eher selten.

In der Literatur werden oft die Begriffe "Kohäsion" oder "Kohärenz" der Gruppe verwendet, um "die Summe aller Kräfte, die die Gruppe zusammenhalten" (KAUFMANN, 1973, 459) - eine Formulierung, die sich an FESTINGER (1950) anschliesst - zu kennzeichnen. CARTWRIGHT (1968, 91) definiert die Gruppenkohäsion:

> "... group cohesiveness refers to the degree to which the
> members of a group desire to remain in the group. Thus,
> the members of a highly cohesive group, in contrast to
> one with a low level of cohesiveness, are more concerned
> with their membership and are therefore more strongly
> motivated to contribute to the group's welfare, to advan
> ce its objectives, and to participate in its activities."

Wie man es bei einem solchen Sammelbegriff erwarten würde, unterlegten verschiedene Autoren jeweils eigene Bedeutungen, wenn sie an die Operationalierung gingen. Als wichtige Dimensionen der Kohäsion nennen MC DAVID & HARARY (1968): die gegenseitige Anziehung der Mitglieder, das Interesse an den Aktivitäten und Funktionen der Gruppe, die Befriedigung der persönlichen Bedürfnisse durch die Gruppe. SHAW (1981) stellt heraus: die Anziehung der Gruppe einschliesslich der Widerstände gegen das Verlassen, die Zufriedenheit (morale) und die Koordination der Individualanstrengungen. GOLEMBIEWSKI (1962) schlägt ebenfalls drei Bedeutungen der Kohäsion vor: die Attraktivität der Gruppe für ihre Mitglieder, die Koordination der Anstrengungen der Mitglieder und die Motivationsstärke von Gruppenmitgliedern bei der Verfolgung von Aufgaben.

Wenn wir diese Anregungen zusammenfassen, umfasst die Kohäsion den Grad der gegenseitigen Zuneigung und Abneigung der einzelnen Gruppenmitglieder, die Bedeutung der Gruppe als Instrument zur Befriedigung von Bedürfnissen und die allgemeine Zufriedenheit der Gruppe. Wir werden uns mit der ersten Dimension, der gegenseitigen Zuneigung und Abneigung der einzelnen Gruppenmitglieder befassen.

3.4.6.1. Methoden zur Messung der affektiven Beziehungen

Die Soziometrie

Die Soziometrie ist die am weitesten verbreitete Methode zur Messung affektiver Beziehungen in Kleingruppen. Ihre Grundzüge und Weiterentwicklung sind häufiger beschrieben (z.B. MORENO, 1954, HÖHN & SCHICK, 1954, REMMERS, 1963, NEHNEVAJSA, 1967, LINDZEY & BYRNE, 1968, VORWERG, 1969, DOLLASE, 1973).

Ihr Begründer, MORENO, war als Schöpfer gruppentherapeutischer Verfahren, in denen die Soziometrie als Diagnoseinstrument ihren Platz hatte, so von einem eigentümlichen Sendungsbewusstsein und von einer gewissen geistigen Arroganz erfüllt, dass er zu einer peinlichen Überschätzung seines anerkannten Lebenswerkes kam. Das wird in seinem 1934 geschriebenen Buch offensichtlich, wie einige Zitate belegen (MORENO, 1954):

> "Ein wirkliches therapeutisches Verfahren darf nichts weniger zum Objekt haben als die gesamte Menschheit" (3) - "In den letzten 150 Jahren haben sich drei Hauptströmungen des sozialen Denkens entwickelt: Soziologie, wissenschaftlicher Sozialismus und Soziometrie" (XIV) - "Die Soziometrie erhebt den Anspruch, eine selbständige Wissenschaft zu sein. Sie ist die unentbehrliche Voraussetzung aller Sozialwissenschaften" (19).

Die soziometrische Methode - von MORENO als "soziometrischer Test" eingeführt - verbreitete sich trotz der Eigenarten ihres Begründers sehr rasch, weil sie mit wenig Aufwand in sehr kurzer Zeit Einblicke in die Sympathieverhältnisse kleiner und mittlerer Gruppen gewährt. Die Hauptanwendung liegt nicht mehr im wissenschaftlichen Bereich, wo sie die Gruppenanalyse fördern kann, sondern in der Pädagogik, wo sie erzieherische Massnahmen gegen einzelne benachteiligte Gruppenmitglieder begründen und kontrollieren kann.

<u>Datenerhebung</u>. In der ursprünglichen Form des soziometrischen Tests werden die Mitglieder einer Gruppe aufgefordert, anzugeben, welche Partner aus der Gruppe sie für bestimmte Ziele wählen. MORENO legte Wert auf einen konkreten Anlass, der für den Befragten unmittelbare Folgen haben sollte, so dass die Frage: "Neben wem möchtest Du sitzen?" vor der allgemeinen Frage: "Wen hast Du am liebsten?" vorzuziehen ist. Der Befragte kann so viele Namen angeben, wie im gerade einfallen. Zusätzlich kann die negative Frage ("Neben wem möchtest Du auf keinen Fall sitzen?") gestellt werden.

<u>Variationen der Methode</u>. In der Folgezeit wurden zahlreiche Variationen dieser einfachen Technik vorgeschlagen. So wird in der Regel die Zahl der positiven oder negativen Wahlen auf eine, zwei oder drei begrenzt. Dem Vorteil der klareren statistischen Analyse der Daten und der besseren Vergleichbarkeit der Antworten einzelner Personen steht der Nachteil gegenüber, dass die Kontaktfähigkeit (MORENO: "emotionale Ausdehnung"), die an der absoluten Zahl der gewählten Partner gemessen wird, nicht mehr zur Verfügung steht.

Anstelle einer oder mehrerer unabhängiger Wahlen wurde eine Rangordnung der Individuen einer Gruppe aufgrund der in mehreren gleichgewichtigen Fragen erhaltenen Wahlen vorgeschlagen. Oder jedes Mitglied sollte alle Partner in der Gruppe hinsichtlich einer Frage in eine Rangordnung bringen, so dass eine Rangskala der Personen erstellt werden kann. Die Rangskala kann auch auf der Paarvergleichsmethode aufgebaut werden, ein Verfahren, das sich bei grösseren Gruppen wegen der $n \cdot (n-1) \cdot 0,5$ Paare als sehr aufwendig erweist. HÖHN & SEIDEL (1969) merken jedoch an, dass die Rangordnungen keine Aussagen mehr über das Gruppenklima, sondern nur über die Reihenfolge beliebter und unbeliebter Mitglieder zulassen.

Wenn eine direkte Befragung unmöglich ist, lässt sie sich durch Bildwahlverfahren, durch die Beobachtung der Kommunikationshäufigkeiten, der freigewählten Sitzordnung, der Besuchshäufigkeiten o.ä. ersetzen.

Mit dem Ziel, den Realitätsgrad der Wahrnehmung der affektiven Beziehung in der Gruppe zu kontrollieren, schlug MORENO (1942) vor, jedes Mitglied angeben zu lassen, von welchen Partnern es in dem soziometrischen Test gewählt wird. Dieser Ansatz wurde später von TAGIURI (1952) als Beziehungsanalyse ("relational analysis") ausgebaut und im Rahmen der Personwahrnehmung erweitert.

HELLER & KRÜGER (1974) entwickelten eine weniger wertende Beurteilungsmethode der Gruppenpartner, indem sie die Versuchspersonen für jeden Partner angeben lassen, wie oft sie mit ihm sprechen und wie oft sie sich über ihn ärgern.

<u>Die Qualität der soziometrischen Methode</u>. Die für die Zuverlässigkeit eines psychologischen Tests üblichen statistischen Prüfverfahren werden nur zögernd auf die soziometrische Methode angewandt, weil Veränderungen des Gruppenklimas in der Zeit erwartet werden müssen (Wiederholungszuverlässigkeit) und weil die einzelnen Gruppenmitglieder sich in der Beurteilung ihrer Partner ganz legitim unterscheiden können (Inter-Beurteiler-Zuverlässigkeit). Trotzdem liegen eine Reihe von Untersuchungen vor, die gewisse Anhaltspunkte über die Zuverlässigkeit des soziometrischen Tests liefern und z.B. bei MOUTON, BLAKE & FRUCHTER (1960a) und bei LINDZEY & BYRNE (1969) referiert sind.

Danach sinken die Korrelationen zwischen wiederholten Messungen der Sympathien mit wachsendem Zeitabstand zwischen den Messungen, mit abnehmendem Alter der Gruppenmitglieder, mit abnehmender Bedeutung der Wahlthematik, während sie mit der Dauer der Gruppenexistenz ansteigen. Unter den günstigen Bedingungen werden Reliabilitätskoeffizienten von .90 erreicht. Nach diesen Ergebnissen sollte bei Vorschulkindern nicht mit der soziometrischen Wahl gearbeitet werden, weil dieses Messinstrument an diese jungen Versuchspersonen offensichtlich zu grosse Anforderungen stellt. Die übrigen einschränkenden Befunde lassen es andererseits ratsam erscheinen, in jedem Fall zu überprüfen, ob eine ausreichende Zuverlässigkeit vorhanden ist oder ob geringe Reliabilitätskoeffizienten plausibel zu erklären sind.

Andere Versuche zur Bestimmung der Zuverlässigkeit (Paralleltestzuverlässigkeit, interne Konsistenz) führen in günstigen Fällen zu etwas niedrigeren Werten, so dass die hohen Wiederholungszuverlässigkeitskoeffizienten wohl auch auf die Gedächtnisleistung der Versuchspersonen zurückgeführt werden müssen. HÖHN & SEIDEL (1969) fordern allerdings, dass nicht die einfachen Korrelationen der Wahlen, sondern Vergleiche der Gesamtmatrizen, die aus den Antworten aller Gruppenmitglieder erstellt werden können, vorgenommen werden sollten. Ausser bescheidenen Ansätzen liegen hier jedoch noch keine befriedigenden Verfahren vor.

Auch über die Gültigkeit des soziometrischen Verfahrens berichten MOUTON, BLAKE & FRUCHTER (1960b) in einem Sammelreferat. Die Untersuchungen belegen eine gewisse Gültigkeit bezogen auf Aussenkriterien wie die Sitzordnung, das Interaktionsverhalten, das Lehrerurteil oder andere Statusmerkmale in der Gruppe.

Diese Befunde rechtfertigen die Verwendung der soziometrischen Methode zur Bestimmung des affektiven Klimas in einer Gruppe, sofern gleichzeitig die Brauchbarkeit im jeweiligen Fall überprüft wird. Eine kritiklose Benutzung dagegen kann zu Artefakten und zu falschen Schlussfolgerungen führen.

Auswertung. MORENO hatte das Soziogramm benutzt, um die Beziehungen zwischen den Gruppenmitgliedern anschaulich darzustellen. Dazu hatte er die Personen durch Kreise und Dreiecke (männliche und weibliche Personen) aufgezeichnet und durch gerichtete oder ungerichtete (ein- oder gegenseitige Wahlen), ausgezogene oder unterbrochene Linien (positive oder negative

Wahlen) dargestellt (Abb. 28). Im Zielscheibensoziogramm sind die Personen nach der Zahl der empfangenen Wahlen angeordnet. Die Matrizendarstellung liefert ebenfalls einen raschen Überblick, der zudem nicht getrübt ist durch gestalterische Mängel im Soziogramm, wie sie vor allem bei grossen Personenzahlen auftreten.

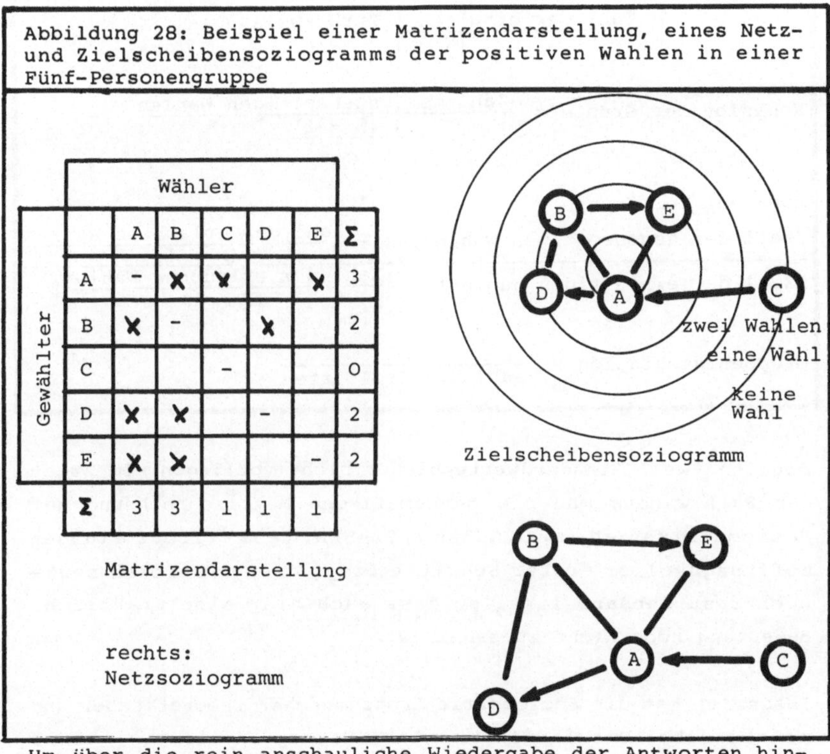

Abbildung 28: Beispiel einer Matrizendarstellung, eines Netz- und Zielscheibensoziogramms der positiven Wahlen in einer Fünf-Personengruppe

Um über die rein anschauliche Wiedergabe der Antworten hinauszukommen, wurden zwei Wege beschritten. Im ersten Fall entwickelte man eine grosse Zahl von Indices. Einige Beispiele sind in Tabelle 11 wiedergegeben. Diese Indices erlauben den Vergleich zwischen verschiedenen Gruppen oder zwischen der Situation in einer Gruppe zu verschiedenen Zeitpunkten. Eine Bewertung von Gruppen ist jedoch noch nicht

Tabelle 11: Beispiele von Indices zur Analyse soziometrischer Daten

$$\text{Wahlstatus einer Person} = \frac{\text{Zahl der erhaltenen Wahlen}}{(N - 1)}$$

$$\text{Zurückweisungsstatus einer Person} = \frac{\text{Zahl der erhaltenen Zurückweisungen}}{(N - 1)}$$

$$\text{Kohäsion der Gruppe} = \frac{\text{Zahl der gegenseitigen Wahlen}}{\frac{N\,(N - 1)}{2}}$$

$$\text{Kohärenz der Gruppe} = \frac{(\text{Zahl der gegenseitigen Wahlen})\ \left(1 - \frac{\text{Zahl der erlaubten Wahlen}}{(N - 1)}\right)}{(\text{Zahl der einseitigen Wahlen})\ \left(\frac{\text{Zahl der erlaubten Wahlen}}{(N - 1)}\right)}$$

$$\text{Gruppenintegration} = \frac{1}{\text{Zahl der Isolierten}}$$

möglich, weil Standardwerte bisher nicht vorliegen. Im zweiten Fall wandte man die mathematische Matrizenrechnung auf Soziomatrizen an (s. GLANZER & GLASER, 1959). Trotz einiger hoffnungsvoller erster Schritte liegt dieser Bereich heute noch fast unbearbeitet, so dass auch hier eine praktische Bedeutung noch nicht zu sehen ist.

Insgesamt hat die Soziometrie trotz mancher theoretischer und methodischer Unzulänglichkeiten Eingang in die angewandte Kleingruppenforschung gefunden, weil sie in kurzer Zeit Informationen über die Gruppe liefert, die auch ohne besondere Ausbildung verständlich erscheinen.

<u>Weitere Methoden</u>
Kein anderes Verfahren zur Bestimmung der Gruppenkohäsion hat auch nur annähernd eine ähnliche Bedeutung erlangt wie die Soziometrie. Bei den Alternativen handelt es sich in der

Regel um kurzfristig entwickelte Kontrollmethoden, die si-
cherstellen sollten, ob eine experimentelle Manipulation zur
Erzeugung von mehr oder weniger kohärenten Gruppen Erflg
hatte.

So liessen ARONSON & MILLS (1959) eine Gruppendiskussion und
die Gruppenmitglieder anhand von 14 einfachen Beurteilungs-
skalen, die durch Polaritäten wie: "langweilig - interessant", "intelligent - nicht intelligent" gekennzeichnet waren, einschätzen. FESTINGER, SCHACHTER & BACK (1950) zählten
Binnen- und Aussenkontakte der Bewohner verschiedener Wohna-
reale und verwendeten den prozentualen Anteil der Binnenkontakte als Mass der Kohäsion. SCHACHTER (1951) stellte seinen
Versuchspersonen folgende drei Fragen:

> "Möchten Sie Mitglied dieser Gruppe bleiben?"
> "Wie oft sollte sich diese Gruppe Ihrer Meinung nach
> treffen?"
> "Würden Sie gerne Ihre Kollegen überreden, in der Gruppe
> zu bleiben, falls eine grössere Anzahl die Gruppe verlas-
> sen möchte, was zur Auflösung der Gruppe führen könnte?"

SCHACHTER et al. (1951) liessen auf einer fünfstufigen Skala
drei andere Fragen beantworten:

> "Wie gefiel Ihnen Ihre Arbeitsgruppe?"
> "Wenn Sie an einem anderen Experiment teilnehmen würden,
> wie sehr würden Sie dann wünschen, mit denselben Studen-
> tinnen zusammenzuarbeiten?"
> "Wie gerne würden Sie wieder mit den Mitgliedern Ihrer
> Arbeitsgruppe zusammenkommen?"

BACK (1951) benutzte eine geeichte Skala, die aus sieben
Aussagen bestand. Die Aussage mit dem geringsten Sympathie-
grad lautete: "Ich möchte ihn manchmal hier im Universitäts-
gelände sehen", während die grösste Sympathie erfasst wurde
durch: "Ich möchte wichtige persönliche Probleme mit ihm
besprechen".

HAGSTROM & SELVIN (1965) verwenden 19 Aussagen, die nach
einer Faktorenanalyse die instrumentelle und die intrinsische
Attraktivität der Gruppe (Gelegenheit zu sozialen Kontakten;
Gelegenheit zu persönlichen Beziehungen) messen. Obwohl diese
Zwei-Faktoren-Lösung nur als ein Befund angesehen werden
kann, der von den benutzten Aussagen und von den untersuchten
Gruppen abhängt, stellt diese Arbeit doch einen ersten
Schritt in dem Bemühen dar, die Messung der Gruppenkohäsion
zu systematisieren und zu standardisieren.

3.4.6.2. <u>Bedingungen affektiver Beziehungen in der Kleingrup-
<u>pe</u></u>

Einzelne Bedingungen von Verständnis und Zuneigung unter den Mitgliedern einer Gruppe haben wir schon kennengelernt: das Verhalten des Führers im Sinne von starker Lenkung und von geringer Partizipation der Gruppenmitglieder an Entscheidungen kann zu Feindseligkeiten in der Gruppe führen (S.174ff.); das Wissen um die Ähnlichkeit, Komplementarität oder Sympathie der Gruppenmitglieder auf verschiedenen Dimensionen begünstigt Gefühle der Zuneigung (S. 58ff.); mit zunehmender Kommunikation kann die gegenseitige Sympathie wachsen (S.82ff.); bei dem Gefühl der Bedrohung steigt die Gruppenkohäsion (S. 53ff.). Ausserdem ist die hohe interne Zuneigung erst in einem bestimmten Stadium der Gruppenentwicklung möglich (S. 68ff.).

FEGER (1972) weist immer wieder auf die Komplexität der Beziehungen zwischen Bedingungsvariablen und der Gruppenkohäsion hin. Es wäre deshalb falsch, einzelne Variable isoliert zu betrachten. Stattdessen ist es nötig, die Möglichkeit von Wechselwirkungen und von Zusatzeinflüssen immer zu berücksichtigen.

ANDERSON, LINDNER & LOPES (1973) konnten demonstrieren, dass sich für einen externen Beurteiler die Attraktivität der Gesamtgruppe als der um die Bedeutung der Gruppenmitgleder gewichtete Mittelwert der Attraktivität dieser Gruppenmitglieder darstellt. Damit liegt ein Ansatz zur Integration des Gesamturteils aus den Einzelurteilen vor. Die getrennte Betrachtung, wie sie hier noch vorgenommen wird, dürfte später einmal durch die integrierte Behandlung der Attraktivität der Einzelmitglieder und der Gesamtgruppe ersetzt werden.

<u>Bedingungen für die Zuneigung zur Gesamtgruppe</u>. ARONSON & MILLS (1959) benutzten dissonanztheoretische Vorstellungen, um die Zuneigung eines Mitgliedes zu einer exklusiven Gruppe zu erklären. Wenn eine Person eine Reihe von Unannehmlichkeiten freiwillig auf sich nimmt, um Mitglied einer Gruppe zu

werden, so ist dieses Wissen dissonant mit möglichen negativen Eigenschaften der Gruppe. Zur Wiederherstellung von kognitiver Konsonanz wird das Individuum daher die Gruppe positiv einschätzen. In einem Laborexperiment konnten die Autoren die grössere Attraktivität einer Gruppe nach beschwerlichen Eintrittsprozeduren verglichen mit Kontrollgruppen bestätigen. Eine Wiederholung des Versuches unter Vermeidung einzelner Details, die Alternativinterpretationen liefern konnten, durch GERARD & MATHEWSON (1966) unterstützte die dissonanztheoretische Erklärung. Damit ist eine hohe Attraktivität der Gruppe dann zu erwarten, wenn die Aufnahmebedingungen streng sind und von den künftigen Mitgliedern einen grösseren Einsatz verlangen.

Wir hatten gesehen, dass Gruppen unter anderem entstehen, wenn sie erwarten lassen, dass sie einzelne Bedürfnisse ihrer Mitglieder besser befriedigen als wenn die Individuen allein bleiben. Die Zustimmung zur Gruppe und zu den Mitgliedern dürfte daher umso grösser sein, je grösser der Belohnungseffekt der Gruppe für das einzelne Mitglied ist, weil die positive Haltung zur Bedürfnisbefriedigung auf die anwesenden Personen übertragen wird. Diese Hypothese testeten LOTT & LOTT (1960), indem sie Schulkinder eine Aufgabe in Dreiergruppen ausführen und die Gruppen entweder ein Spielzeugauto gewinnen oder diese Belohnung nicht gewinnen liessen. Im anschliessenden soziometrischen Test wählten die belohnten Versuchspersonen häufiger Mitglieder ihrer Gruppe als die nicht belohnten Versuchspersonen. MIKULA & EGGER (1974) belegen, dass neutrale Personen, die bei Erfolgserlebnissen anwesend sind, sympathischer eingeschätzt werden als dieselben Personen, die Misserfolge der Beurteiler erleben. Weitere Belege für die lerntheoretische Erklärung der Gruppenkohärenz finden sich bei LOTT & LOTT (1965).

Der häufige Befund, dass die Mitglieder von erfolgreichen Gruppen sich gegenseitig günstiger beurteilen als die Mit-

glieder erfolgloser Gruppen (z.B. ZANDER & HAVELIN, 1960,
WILSON & MILLER, 1961, DEUTSCH, 1959) kann damit zurückgeführt werden auf die Generalisation positiver Erfahrungen auf
die Umgebungsreize, die anwesenden Gruppenmitglieder.

Die Bedingungen positiver Bewertung einzelner Personen in der
Gruppe wurden hauptsächlich von der soziometrischen Forschung
untersucht. Schon frühzeitig hatte man festgestellt, dass die
soziometrischen Wahlen ungleich verteilt sind; eine Tendenz
zur Hierarchisierung der Zuneigung ist offensichtlich. V.
CUBE & GUNZENHAUSER (1967) - wie auch schon MORENO (1954,
102) - übertrugen den physikalischen Entropiebegriff, der
eine totale Unordnung der Moleküle und damit die Aufhebung
jeder Energiedifferenz beschreibt, auf die Attraktivität der
einzelnen Gruppenmitglieder. Die "Gruppenentropie" liefert
ein Mass für die Abweichung von der Gleichverteilung der
Wahlen und trägt zur Charakterisierung einer Gruppe bei. V.
CUBE (1971) liefert einige Beispiele für die Brauchbarkeit
dieses Masses.

Wenn NEHNEVAJSA (1967) zusammenfassend von Korrelationen
zwischen dem soziometrischen Status und Intelligenz, Kennt-
nissen, Bildungsstand, sozioökonomischem Status, Leistung,
seelischer Gesundheit und Kommunikationsfrequenz berichtet,
so ist damit noch nichts über Kausalbeziehungen ausgesagt.
Zumindest die letzten drei Variablen können auch in der
Richtung: Beliebtheit in der Gruppe führt zu seelischer Gesundheit usw. interpretiert werden. Aber auch die übrigen
Variablen lassen Wechselwirkungen und nicht nur einseitige
Kausalbeziehungen erwarten. Dasselbe gilt für die Befunde von
KUHLEN & BRETSCH (1960), KIDD (1960), NORTHWAY (1960) und für
weitere bei MOUTON, BLAKE & FRUCHTER (1960b) und LINDZEY &
BYRNE (1969) zusammengestellten Ergebnissen, dass Ausländer,
jüngere Personen, Individuen mit persönlichen Problemen, mit
wenig Freizeitaktivitäten, mit geringer Angepasstheit, geringer sozialer Beteiligung, Abhängigkeit usw. unter den Iso-

lierten häufiger anzutreffen sind. Da korrelative Studien
über die Richtung der Beziehungen nichts aussagen, liefern
diese Befunde nur Hypothesen über beliebtheitsfördernde Eigenschaften und über die Entwicklung von circuli vitiosi der
Art, wie sie in Abbildung 29 illustriert sind.

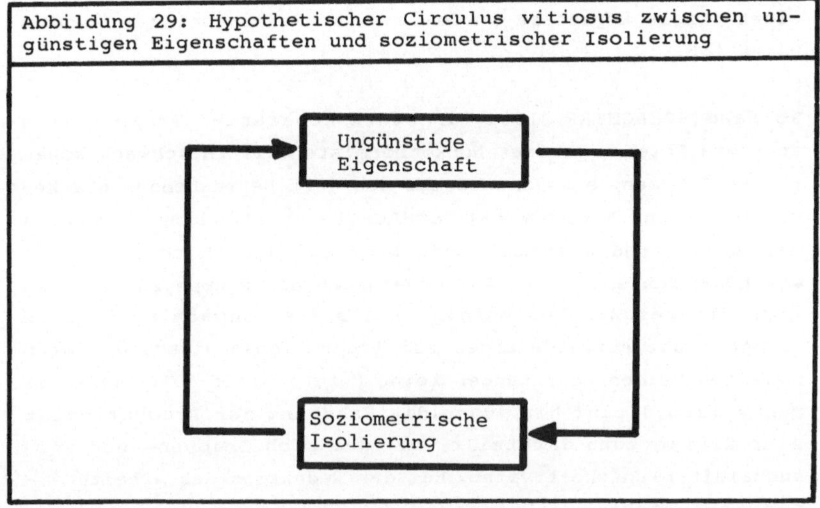

Abbildung 29: Hypothetischer Circulus vitiosus zwischen ungünstigen Eigenschaften und soziometrischer Isolierung

3.4.6.3. Wirkungen affektiver Beziehungen in der Kleingruppe

In der Regel wurde die Kohäsion als unabhängige Variable
untersucht, indem das Verhalten von stark kohärenten und von
schwach kohärenten Gruppen verglichen wurde. Man manipulierte
die Kohäsion, indem die Versuchspersonen innerhalb oder ausserhalb ihrer Interessengebiete diskutieren konnten (z.B.
SCHACHTER, 1951), indem sie erfuhren, die Gruppe sei so
zusammengestellt, dass die Mitglieder sich mögen (z.B.
SCHACHTER et al., 1951), indem man ihnen sagte, sie gehörten
Experimentalgruppen mit besonders hoher Leistungsfähigkeit an
(z.B. BACK, 1951).

FESTINGER, SCHACHTER & BACK (1950) hatten bei ihrer Umfrage

in zwei Wohngebieten festgestellt, dass in Gebäuden oder
Häusergruppen, deren Bewohner die Mehrzahl ihrer Freunde in
der Nachbarschaft hatten, weniger Abweichungen von den Grup-
penvorschriften vorkommen. Die Autoren interpretieren diesen
Befund so, dass die Kohäsion der Gruppe Macht über ihre
Mitglieder verleiht, woraus eine höhere Konformität resultiert. Diese Hypothese wurde in einer Reihe von Experimenten
bestätigt.

So fand SCHACHTER (1951) in stark kohärenten Gruppen eine
stärkere Ablehnung eines Nonkonformisten als in schwach kohärenten Gruppen, ein Hinweis auf den dort herrschenden stärkeren Druck zur Konformität. SCHACHTER et al. (1951) stellten
bei einer Produktivitätsaufgabe fest, dass Mitglieder von
stark kohärenten Gruppen Aufforderungen der Gruppe zur Produk-
tionsdrosselung eher befolgten als die schwach kohärenten
Gruppen. Bei Aufforderungen zur Produktionssteigerung traten
zwischen beiden Bedingungen keine Unterschiede auf. Die Autoren weisen darauf hin, dass die Erhöhung der Produktivität
eine Zielsetzung darstellt, bei der sich Gruppen- und Ver-
suchsleiterwünsche treffen. Bei der Reduktion des Arbeitstempos aber steht die Forderung der Gruppe im Gegensatz zur
Anweisung des Versuchsleiters, so dass der stärkere Einfluss
der kohärenten Gruppe gerade hier zum Ausdruck kommen kann.
BERKOWITZ (1954) fand eine stärkere Erhöhung bzw. Senkung in
kohärenten Gruppen bei entsprechenden Gruppenstandards. THI-
BAUT & STRICKLAND (1956) wie auch KIESLER & CORBIN (1965)
machten durch multivariate Versuchsanordnungen ebenfalls auf
die Abhängigkeit der einfachen Beziehung: "mehr Kohäsion
führt zu mehr Konformität" von weiteren Variablen aufmerksam.

Die Produktivität in kohärenten Gruppen dürfte, wie wir aus
dem Experiment von SCHACHTER et al. (1951) gesehen haben, nur
dann höher sein als in schwach kohärenten Gruppen, wenn die
Gruppe sich selbst die Produktivität als Ziel gesetzt hat.
Eine Arbeit von SHAW & SHAW (1962) wies auf eine andere ein-

schränkende Bedingung der Gruppenkohäsion als Produktivitäts-
stimulanz hin: Dreiergruppen von Schulkindern waren nach den
soziometrischen Wahlen so zusammengestellt worden, dass stärker und schwächer kohärente Gruppen entstanden. Diese Gruppen
hatten Orthografieaufgaben zu lösen. In der ersten Aufgaben-
periode korrelierte die Gruppenkohäsion mit der Orthografie-
leistung im Mittel mit .47, so dass hohe Kohäsion zu guter
Leistung zu führen schien. Beim zweiten Aufgabendurchgang
betrug die Korrelation aber nur noch - .01; damit war kein
Zusammenhang mehr vorhanden. Der Widerspruch löst sich auf,
sobald das Interaktionsverhalten der Schulkinder in den beiden Versuchsphasen beachtet wird. Während die stark kohärenten Gruppen sich in der ersten Phase konzentriert der Aufgabe
zugewandt hatten, hatten sie in der zweiten Phase die sozial-
emotionalen Aktivitäten zulasten der Aufgabenbearbeitung
erhöht. Gerade weil sich die Gruppenmitglieder gegenseitig
mochten, hatten sie also die extern gestellte Aufgabe vernachlässigt und sich um die weitere Pflege des Binnenklimas
bemüht. Wenn zusätzlich noch die Art der Aufgabe systematisch
variiert würde, wären die oft widersprüchlichen empirischen
Befunde (s. Übersicht bei LOTT & LOTT, 1965) verständlicher.

Die Kohäsion einer Gruppe in dem hier behandelten engeren
Sinne der positiven emotionalen Beziehungen zwischen den
Mitgliedern der Gruppe und der positiven Beziehung eines
Mitgliedes zur Gesamtgruppe ist somit eine wichtige abhängige
und eine wichtige unabhängige Variable. Die Komplexität der
Wechselwirkungen dieser Variable mit anderen Einflüssen und
die Tatsache, dass die Thematik in den letzten Jahren etwas
aus der Mode gekommen ist, führten dazu, dass wir heute noch
sehr wenige definitive Aussagen zu realen Situationen machen
können.

3.5. Gruppenleistung

Wenn mehrere Menschen eine Aufgabe gemeinsam lösen, kann das

Ergebnis ebenso gut sein wie bei individuellen Arbeiten, es kann aber auch darüber oder darunter liegen. Die rasche Popularisierung erster Befunde und die Suche nach Möglichkeiten der Produktivitätssteigerung haben dazu geführt, dass wir überwiegend einen positiven Einfluss der Gruppe auf die Leistung erwarten und die beiden anderen Alternativen vernachlässigen. Um ein realistisches Bild des Gruppeneinflusses auf die Aktivitäten der betroffenen Individuen zu erhalten, werden wir uns zunächst wichtigen Determinanten der Gruppenleistung zuwenden und anschliessend empirische Ergebnisse betrachten. Sammelreferate zur Gruppenleistung finden sich bei LORGE et al. (1958), COLLINS & GUETZKOW (1964), HOFFMAN (1965), KELLEY & THIBAUT (1969), SCHARMANN (1972), STEINER (1972) und BRANDSTÄTTER, DAVIS & STOCKER (1982).

3.5.1. Einflussfaktoren auf die Gruppenleistung

In früheren Kapiteln hatten wir schon Arbeiten dargestellt, die den Einfluss der Gruppenorganisation, des Führungsstiles und des Gruppenklimas auf die Leistung untersuchten. An dieser Stelle sollen noch die Art der Aufgabe und die Zusammensetzung der Gruppe als Determinanten der Gruppenleistung diskutiert werden.

3.5.1.1. Die Art der Aufgabe

Die Leistungsfähigkeit des einzelnen oder einer Gruppe hängt davon ab, ob die Pluralität von Meinungen, die Kombination von Kräften oder von Wissen, die Nutzung herausragender Kapazitäten, die Motivationshilfe der Kollegen zu einer höheren Leistung beitragen können oder nicht. Es liegen daher verschiedene Versuche vor, die Aufgaben so zu klassifizieren, dass von vornherein feststeht, welcher Gruppeneffekt möglich ist.

So unterscheidet HOFSTÄTTER (1957a) Aufgaben vom Typus des Tragens und Hebens, die eine Kräfteaddition zulassen, Aufgaben vom Typus des Suchens, für die rein statistisch ein

Fehlerausgleich erfolgt, und Aufgaben vom Typus des Bestimmens, in denen die Gruppenmitglieder und die Umwelt klassifiziert und damit in eine sicherheitsspendende Ordnung einge-
gliedert werden. THIBAUT & KELLEY (1959) stellen drei Dimensionen von Aufgaben heraus: die Anforderungen können konjunk-
tiv oder diskonjunktiv sein, d.h. zur Lösung müssen mehrere
Personen kooperieren oder eine Zusammenarbeit ist nicht nötig; die Korrespondenz zwischen den Handlungen der Gruppenmitglieder kann gegeben sein oder fehlen, d.h. alle Teilnehmer können gleichzeitig gute Lösungen erreichen oder nur eine
Person kann die Lösung finden; der Zustand der Aufgabe kann
unverändert bleiben oder von den Umgebungsbedingungen abhängen. COHEN (1958) klassifiziert in Aufgaben der Informationsaufnahme, der Informationstransformation und der Ausführung.
ROBY & LANZETTA (1958) erweitern diese Einteilung, wenn sie
Aufgaben mehr oder weniger von task-input- und task-output
Variablen und von Gruppen-input- und Gruppen-output-Variablen
bestimmt sehen, d.h. von Ereignissen in der Aufgabensituation
und in dem Verhalten der Gruppenmitglieder. Diese Ereignisse
werden wiederum nach drei Eigenschaften (Beschreibung, Verteilung und Funktionen) unterteilt, so dass 12 Aufgabenklas-
sen entstehen. SHAW (1963) gelangte durch Faktorenanalyse von
104 Gruppenaufgaben, die auf 10 Skalen beurteilt wurden, zu
den sechs Dimensionen: Schwierigkeit, Vielfalt der Lösungsmöglichkeiten, aufgabengebundenes Interesse, Kooperation,
intellektuelle oder motorische Anforderungen und Bekanntheit
bzw. Bedeutung über den Versuch hinaus. COLLINS & GUETZKOW
(1964) und COLLINS (1970) sprechen (1) von Aufgaben, deren
Lösung mit einem Zufallsfehler behaftet sind, so dass die
Nutzung mehrerer Schätzungen wie z.B. Längenschätzen zu einer
Fehlerreduktion führt, (2) von Aufgaben, die Informationslie-
ferung voraussetzen, wie z.B. kreative Entwicklungen oder
Gedächtnisleistungen, (3) Aufgaben, die eine Vermehrung des
Einsatzes oder eine Arbeitsteilung verlangen, wie z.B. das
Ausheben einer Grube oder die Trennung von Produktion und
Vertrieb. STEINER (1972) nennt neben den disjunktiven, kon-
junktiven und additiven Aufgabentypen auch solche, welche die
Gruppe nach einem von ihr frei gewählten Verfahren lösen kann
("discretionary tasks"), teilbare und unteilbare Aufgaben und
Aufgaben, die eine maximale oder eine optimale Lösung erwar-
ten.

Diese Klassifikationen gewinnen an Bedeutung, wenn sie dazu
beitragen, Pseudogruppeneffekte (SECORD & BACKMAN, 1964) von
tatsächlichen Gruppeneffekten abzuheben. Unter tatsächlichen
Gruppeneffekten sind dabei Leistungssteigerungen oder -ver-
minderungen zu verstehen, die über das reine Addieren der
Einzelleistungen hinausgehen. COLLINS & RAVEN (1964, 58)
sprechen von "assembly" effects":

"An assembly effect occurs when the group is able to
achieve collectively something which could not have been
achieved by any member working alone or by a combination
of individual efforts".

Dieser Zusatznutzen der Gruppe kann z.B. in einer Motiva-
tionssteigerung, in einer Erhöhung der Selbstkritik oder in
einem organisatorischen Vorteil der Gruppe gegenüber dem
einzelnen bestehen.

Pseudogruppeneffekte dagegen liegen vor, wenn nur die Kombination individueller Leistungen zu einer höheren Gesamtlei-
stung ohne jede zusätzliche Verbesserung des Endproduktes
führt. Ein solcher Pseudoeffekt ist zunächst gegeben, wenn
die Einzelbeiträge nur addiert werden, wie es bei Aufgaben
vom Typus des Tragens und Hebens, oder bei Aufgaben vom Typ
(3) nach COLLINS & GUETZKOW der Fall ist. So können zwei
Personen in einer begrenzten Zeit Serien von Rechenaufgaben
bearbeiten, für die ein Rechner allein die vorgegebene Zeit-
grenze überschreiten müsste.

Rudern zwei oder mehr Personen in einem Boot oder ziehen sie
an einem Seil, würde man zwar ebenfalls eine Kräfteaddition
erwarten. Empirische Arbeiten berichten jedoch von einer
Leistungsreduktion. Dieser Leistungsabfall pro Person mit
zunehmender Gruppengrösse, nach dem Entdecker, dem MOEDE-
Schüler RINGELMANN, als RINGELMANN-Effekt bezeichnet, wurde
von INGHAM et al. (1974) nachuntersucht. Dabei stellten diese
Autoren fest, dass beim Seilziehen die Zugleistung jeder
Person in der Zweier- und Dreiergruppe abnimmt. Bei grösseren
Gruppen fanden sie keine weitere relative Verminderung der
Individualleistungen.

Diese Verminderung der Leistung könnte in Koordinations-
schwierigkeiten beim Seilziehen begründet sein. In einem
Zusatzversuch mit Konfederaten, die eigene Anstrengungen
simulierten, so dass nur die Versuchspersonenkräfte gemessen
wurden, schlossen INGHAM et al. (1974) diese Möglichkeit aus.
Da die Reduktion in derselben Grössenordnung bleibt, vermuten
die Autoren, eine Diffusion der Verantwortlichkeit unter den
Gruppenmitgliedern wegen der Anonymität ihres Beitrages und
wegen fehlender Rückmeldung über den Einzelerfolg - also
motivationale Faktoren - seien für den Gruppeneffekt verant-

wortlich. Die Bedeutung dieser Befunde, z.B für Hochlei-
stungssportarten wie Mannschaftsrudern, sind offensichtlich.

Pseudogruppeneffekte liegen auch bei Schätz- oder Urteilsauf-
gaben vor, bei denen einzelne Personen näherungsweise richtige Antworten liefern, in ihren Fehlern aber beiderseits des
richtigen Wertes liegen. Es handelt sich also um Aufgaben vom
Typus des Suchens, die disjunktiv bearbeitet werden können,
und die COLLINS & GUETZKOW dem Typ (1) zuordnen.

KNIGHT (1921) und GORDON (1924) haben diesen Zusammenhang zum
ersten Mal dargestellt. Weitere Diskussionen darüber finden
sich z.B. bei HOFSTÄTTER (1957a) und bei ZAJONC (1966).
GORDON liess seine Versuchspersonen 10 Gewichte in eine Rangreihe ordnen. Andere Autoren stellten die Aufgabe, Punktmengen oder geometrische Figuren in eine Rangreihe zu ordnen,
sie liessen sogar Persönlichkeitszüge oder die Ästhetik von
Objekten beurteilen. Während GORDON für Einzelpersonen eine
mittlere Korrelation zwischen der Schätzung und dem tatsächlichen Gewicht von .41 fand, betrug die mittlere Korrelation
für synthetische Fünfergruppen .68, für Zehnergruppen .79 und
für Fünfzigergruppen sogar .94.

Diese bessere Leistung der synthetischen Gruppe ist - wie
HOFSTÄTTER (1957a, 29f.) ausführt - rein statistisch zu erwarten, weil sich bei der Mittelung der Einzelurteile Fehler
nach oben und nach unten ausgleichen. Die bessere Leistung
der synthetischen Gruppen setzt allerdings voraus, dass die
Individualschätzungen tendentiell richtig sind. Sind die
Korrelationen der Individualschätzungen mit den richtigen
Werten negativ, wird die Gruppenleistung unter den Einzelleistungen liegen (s. ZAJONC, 1966, 101).

Zur Voraussage der Leistung einer synthetischen Gruppe
schlägt HOFSTÄTTER (1957a) die Korrekturformel von SPEARMAN-
BROWN vor:

$$r_N = \frac{N \cdot r_1}{1+(N-1) \cdot r_1}$$ wobei r_1 die mittlere Korrelation der

Einzelleistung mit der richtigen Lösung darstellt. ZAJONC
(1966) benutzt eine andere Formel:

$$r_N = \frac{N \cdot r}{N+N \cdot (N-1) \cdot r_i}$$ wobei unter r_i die mittlere

Interkorrelation zwischen den einzelnen Rangreihen zu verstehen ist.

Reale Gruppen lassen die Vorteile des statistischen Fehlerausgleichs nur dann erkennen, wenn die Gruppenmitglieder ihre Individualurteile unbeeinflusst voneinander fällen können. Da diese Voraussetzung in natürlichen Gruppen nur selten erfüllt ist, ist der auf dem statistischen Fehlerausgleich beruhende Gruppenvorteil dort geringer als in den synthetischen Gruppen.

Auch <u>Suchaufgaben</u> liefern einen Gruppenvorteil, der nicht auf Motivations- oder Organisationsleistungen der sozialen Gruppierung, sondern auf statistische Bedingungen zurückgeht, wenn die Findewahrscheinlichkeiten der beteiligten Personen grösser als Null ist. HOFSTÄTTER (1957a, 161ff., 1957b, 159ff.) diskutiert diese Fälle, die er den Aufgaben vom Typus des Bestimmens zuordnet. Beträgt die Findewahrscheinlichkeit der ersten Person eines Paares p_1 und die Findewahrscheinlichkeit der zweiten Person p_2, so ist die Findewahrscheinlichkeit des Paares: $P_{Paar} = 1 - (1-p_1) \cdot (1-p_2)$ oder allgemein die Findewahrscheinlichkeit einer N-Personengruppe $P_N = 1 - (1-p_i)^N$, wobei p_i die mittlere Findewahrscheinlichkeit jedes Gruppenmitgliedes bedeutet.

Wenn $p_1 = 0,2$ und $p_2 = 0,4$, so ist $P_{Paar} = 1-(1-0,2) \cdot (1-0,4) = 1-0,48 = 0,52$ bzw. unter Verwendung der mittleren Findewahrscheinlichkeit $\frac{0,2+0,4}{2} = 0,3$: $P_{Paar} = 1-(1-0,3)^2 = 1-0,7^2 = 1-0,49 = 0,51$.

Die höhere Findewahrscheinlichkeit der Gruppe gilt jedoch nur unter den Bedingungen der ungehinderten Kommunikation, der Unabhängigkeit der Suchanstrengungen und der Zustimmung aller Gruppenmitglieder zu dem "Fund" eines Partners. Auch diese Voraussetzungen treffen auf natürliche Situationen selten zu, so dass grössere Abweichungen von dem idealen Modell eines Pseudogruppeneffektes zu erwarten sind. HOFSTÄTTER selbst wendet die Formel auf die Ergebnisse von TAYLOR & FAUST (1952; s. auch S. 219) an und findet eine recht genaue Entsprechung zwischen den empirischen Befunden und den vorausgesagten Ergebnissen.

Ein weiterer Pseudogruppeneffekt liegt vor, wenn alle Gruppenmitglieder ohne weiteres Zutun die Lösung eines herausragenden Partners übernehmen können. Die Gruppe ist dann so gut wie das beste Mitglied. Da sich unter fünf Personen mit höherer Wahrscheinlichkeit eine Person findet, der eine Aufgabe leicht fällt als unter Einzelpersonen, sollte sich dieser Gruppenvorteil häufig auswirken. In natürlichen Gruppen wird die Lösung des überlegenen Partners jedoch nur dann sofort übernommen werden, wenn die richtige Lösung einsichtig ist und längere Diskussionen unterbleiben. Bei Aufgaben, die nicht diesem sogenannten "Heureka-Typ" angehören, geht die Sonderleistung des qualifiziertesten Mitgliedes durch längere Erklärungen und Anzweiflungen zumindest teilweise verloren.

Einige Aufgabenarten führen also zu Gruppenmehr- oder -minderleistungen, die unabhängig von Motivations- oder Koordinationswirkungen der Gruppe eintreten. Im Gesamtrahmen der Forschungen zur Gruppenleistung wurde die Aufgabenart bisher zu wenig berücksichtigt. HACKMAN (1968, 163) beklagt,

> "that small-group researchers have used tasks to study groups but have not used groups to study tasks",

d.h. die aufgabenspezifischen Verhaltensweisen von Gruppen seien bisher zu wenig Untersuchungsobjekt gewesen. In einem Experiment konnte er nachweisen, dass Produktions-, Diskussions- und Problemlösungsaufgaben unterschiedliche Ergebnisse erbringen. Zusammen mit dem Befund von MORRIS (1966), dass auch die Interaktionsqualität von diesen Aufgabenarten beeinflusst wird, ist damit die Notwendigkeit zu einer stärkeren Ausrichtung der Forschung auf bestimmte Aufgabentypen offensichtlich.

3.5.1.2. <u>Die</u> <u>Zusammensetzung</u> <u>der</u> <u>Gruppe</u>

Die allgemeine Hypothese, homogene Gruppen zeigen andere
Leistungen als heterogene Gruppen, ist theoretisch begründet.
ZILLER (1972) diskutiert drei theoretische Ansätze, die zur
Erklärung der Überlegenheit einer der beiden Formationen
herangezogen werden können. Der erste Ansatz geht von der
Tatsache aus, dass in einigen Gruppen einzelne Statusmerkmale
parallel verlaufen, in anderen Gruppen aber nicht. So können
z.B. die Statusmerkmale Alter und Macht gleichartig verlaufen: je älter man ist, desto grösser ist die Macht, die man
ausübt. Bei Frauen sind diese Merkmale oft inkongruent, weil
den jungen Frauen ihr Aussehen und ihre Ungebundenheit eine
grössere Macht vermitteln können als den älteren Frauen.
Solche Statusinkongruenz führt in Gruppen mit gemeinsamer
Aufgabenstellung dazu, dass neben den Aktivitäten zur Aufgabenlösung die Versuche zur Herstellung von Statusübereinstim-
mung Zeit und Kraft erfordern. Daneben ist unter Statusinkongruenz wegen der mehrdeutigen Gruppenstruktur die Reibungslo-
sigkeit der aufgabenbezogenen Interaktion beeinträchtigt.
Wenn auch das Selbstbewusstsein der Betroffenen eingeschränkt
ist, wird ihr Interesse nicht nur auf das Gruppenziel, sondern auch auf die eigene Person gerichtet sein.

Immer dann, wenn eine heterogene Zusammensetzung der Gruppe
zur Problematik der Statusinkongruenz führt, werden homogene
Gruppen überlegen sein; wenn heterogene Gruppen statuskon-
gruente Bedingungen repräsentieren, und homogene Gruppen
Bemühungen um eine Statusdifferenzierung hervorrufen, werden
heterogene Gruppen bessere Leistungen zeigen. ZILLER verweist
auf eine frühere Untersuchung (EXLINE & ZILLER, 1959), in der
männliche heterogene und weibliche homogene Gruppen erfolgreicher Probleme lösten als die jeweiligen Alternativgruppie-
rungen.

Eine zweite theoretische Position geht von der Tendenz merk-
malsähnlicher Personen aus, sich zu Gruppen zusammenzu-
schliessen und sich gegenseitig wegen ihrer ähnlichen Eigen-

schaften zu bestätigen und zu verstehen (s. S. 58ff). Danach ist zu erwarten, dass sich die Mitglieder homogener Gruppen gegenseitig in ihrem Verhalten verstärken. Andererseits ist die Richtung des Zusammenhangs zwischen Homogenität der Gruppenzusammensetzung und der Leistung nicht eindeutig zu bestimmen. Einmal kann die Einigkeit und Attraktivität eine rasche Hinwendung zu den Lösungsversuchen ohne Ablenkung durch den Aufbau einer gemeinsamen Arbeitsgrundlage bewirken und in einen Leistungsvorsprung der homogenen Gruppe münden. Andererseits ist auch die Überlegenheit heterogener Gruppen denkbar, weil die allgemeine Zustimmung in homogenen Gruppen einer kritischen Bewertung der Einzelbeiträge entgegensteht und weil die starke Gruppenkohäsion eine Bevorzugung der sozal-emotionalen Beiträge zulasten der aufgabenorientierten Aktivitäten erwarten lässt. Unberücksichtigt bleiben hierbei die Hypothesen von WINCH (1958), der an die Stelle der Ähnlichkeit die Komplementarität von Persönlichkeitszügen setzt.

Schliesslich wendet ZILLER die Theorie des sozialen Vergleichs von FESTINGER (1954) auf die Leistungsfähigkeit heterogener und homogener Gruppen an. Die Tendenz, das eigene Verhalten und die eigenen Ansichten in Ermangelung objektiver Standards mit der Umgebung zu vergleichen und dabei solche Umgebungen auszuwählen, die zur Bestätigung der eigenen Haltung führen, oder die eigene Meinung der sozialen Umwelt anzugleichen, führt allmählich zu einer Abschleifung der Unterschiede in heterogenen Gruppen. Wenn Heterogenität zu höherer Leistung befähigen sollte, müssten Gegenkräfte gegen eine schleichende Homogenisierung - z.B. in einer grosszügigen Öffnung der Gruppe - gefördert werden.

HOFFMANN (1965) vermutet, die von ihm und anderen gefundene Überlegenheit heterogener Gruppen sei in den grösseren Unterschieden im Denken und im Wissen dieser Gruppen begründet. Aus der grösseren Variabilität der Mitglieder resultiert dann ein stärkeres Ressourcenpotential, das zu den besseren Leistungen führen kann.

Trotz dieser Ansätze zu einer theoretischen Behandlung der Frage, welchen Einfluss die Homogenität oder Heterogenität der Gruppenzusammensetzung auf die Leistung haben, bleiben noch viele Fragen offen: Wird die Statusinkongruenz wirklich erlebt, die zur Interpretation des unterschiedlichen Verhaltens männlicher und weiblicher Gruppen beschrieben wird? Welche der angeführten Konsequenzen der Ähnlichkeiten unter Gruppenmitgliedern sind so entscheidend, dass sie das Verhalten beeinflussen? Und vor allem: auf welche Merkmale beziehen sich Homogenität oder Heterogenität überhaupt? Auf Geschlecht, auf Einstellungen, auf Leistungsfähigkeit, auf Persönlichkeitszüge? Welche Dimensionen unter diesen Merkmalen dominieren über andere Merkmale?

Diesem Mangel an theoretischer Einsicht stehen einige übereinstimmende empirische Befunde gegenüber. So stellten HOFFMAN & MAIER (1961) Vierpersonengruppen zusammen, die Problemaufgaben lösen sollten. Als homogene Gruppen galten solche, deren Mitglieder hohe positive Interkorrelationen ihres aus einem Persönlichkeitstest gewonnenen Profils aufwiesen; heterogene Gruppen waren durch niedrige positive oder durch negative Interkorrelationen gekennzeichnet. Die nach diesem Kriterium bestimmten heterogenen Gruppen entwickelten bei drei von vier Problemen signifikant bessere Lösungen als die homogenen Gruppen.Wurden homogen männliche Gruppen den gemischtgeschlechtlichen Gruppen gegenübergestellt, so erwiesen sich die Leistungen der geschlechtlich heterogenen Arbeitsgruppen tendentiell hochwertiger. In seinem Übersichtsreferat zitiert HOFFMAN (1965) eine Reihe weiterer Arbeiten, welche die leistungsmässige Überlegenheit heterogener Gruppen bestätigen.

Dagegen sind die Ergebnisse weniger eindeutig positiv, die SHAW (1971) beschreibt. So vergleicht GOLDMAN (1965) die Leistung von Dyaden, die nach Intelligenztestdaten zu homogenen oder heterogenen Paaren zusammengestellt worden waren. Trotz mancher positiver Resultate ergibt sich keine eindeutige Überlegenheit der heterogenen Gruppen. Etwas klarer wird

die bessere Leistung intelligenzmässig heterogener Gruppen in
der Arbeit von LAUGHLIN, BRANCH & JOHNSON (1969), in der
Triaden zusammenarbeiteten. TRIANDIS, HALL & EWEN (1965)
bildeten Zweiergruppen aus Personen mit grosser und geringer
Ähnlichkeit von Einstellungen zu 18 Themen. Die heterogenen
Gruppen schnitten bei der Bearbeitung von Problemaufgaben
besser ab, aber nur, wenn sie Erfahrungen mit dieer Art von
Aufgaben hatten. Ohne Erfahrungen waren sie den homogenen
Gruppen unterlegen.

Insgesamt scheint somit die Gleichheit der Persönlichkeitsmerkmale oder Einstellungen von Gruppenmitgliedern geringere
Leistungen zu ermöglichen. Das Phänomen ist jedoch sehr labil
und kann durch Variation von Zusatzeinflüssen umgekehrt werden. Fortschritte in dieser Frage lassen sich erwarten, wenn
die Beziehungen der homogenen oder heterogenen Eigenschaften
zur Aufgabe in die Überlegungen miteinbezogen werden. So
dürfte beispielsweise eine Gruppe mit ausschliesslich dominanten Mitgliedern während der Problemlösung Konflikte entwickeln, deren Regelung von der Aufgabenlösung ablenkt. Dominante und submissive Partner werden andererseits weniger
Machtkämpfe veranstalten; bei kreativen Aufgaben dürfte dagegen dominantes Verhalten einzelner Partner die Streubreite
der Lösungsvorschläge und damit die Leistung steigern.

3.5.1.3. Persönlichkeitseigenschaften

Eine Reihe von Persönlichkeitsmerkmalen einzelner Gruppenmitglieder und verschiedene situative Momente begünstigen oder
behindern eine volle Entfaltung der Gruppe. HOFFMAN (1965)
hat die wichtigsten Untersuchungen zu dieser Frage referiert.

Fehlendes Selbstvertrauen als überdauerndes Merkmal oder
temporär nach eigenen Misserfolgen erhöhen die Bereitschaft
zur Konformität, unabhängig von der Richtigkeit der von der
Majorität vertretenen Auffassungen. Ebenso neigen Gruppenmitglieder dazu, Partnern, die in ähnlichen oder abweichenden

Aufgaben Erfolg hatten, eher zuzustimmen.

RIECKEN (1958) machte auf die Bedeutung der Redegewandtheit aufmerksam, indem er zeigen konnte, wie redefreudige Personen ihrer Gruppe relevante Informationen erfolgreicher weitergeben konnten als schweigsame. Verfügen die redefreudigen Gruppenmitglieder über die Möglichkeit, das Problem zu lösen, so wird die Leistung der Gesamtgruppe höher sein als wenn die Voraussetzungen zur Bearbeitung des Problems bei den zurückhaltenderen Mitgliedern liegen.

Wie wichtig es für den Gruppenerfolg ist, dass der richtige Diskussionsleiter gefunden wird, geht aus der Arbeit von GOLDMAN & FRAAS (1965) hervor, in der Gruppen bessere Leistungen zeigten, deren Führer von dem Versuchsleiter aufgrund aufgabenbezogener Fertigkeiten bestimmt oder von der Gruppe gewählt wurde, als Gruppen, deren Leiter zufallsmässig festgesetzt wurde bzw. die ohne Leiter arbeiteten. Nach MAIER (1953) leisten Gruppen mit geübten Leitern mehr als Gruppen, deren Führer vorher nicht geschult worden war.

3.5.2. Allgemeine Ergebnisse der Forschung zur Gruppenleistung

3.5.2.1. Problemlösen

Ein Vergleich der Leistung eines Individuums mit den Ergebnissen einer Gruppe ist problematisch. Wenn sich die Problemlösung einer Einzelperson nach einem bestimmten Kriterium (z.B. Originalität, Realisierbarkeit, Zahl der Vorschläge oder Zeit) dem Resultat einer Vierpersonengruppe als gleichwertig erweist, ist die Gruppe dann unterlegen, weil in ihr vier Teilnehmer arbeiteten? Um dem Dilemma der absoluten Bewertung zu entgehen, stellt man in der Regel nicht nur das Individuum der Gruppe gegenüber, sondern man vergleicht auch die Leistung von "synthetischen" oder "nominalen" Gruppen, die aus individuell arbeitenden Gruppen gebildet wurden, mit den Ergebnissen von Realgruppen gleicher Personenzahl. Je nachdem, ob der Leistung pro Zeiteinheit oder der Lösungsqualität die zentrale Bedeutung zukommt, wird man ein in dieser Art zweidimensionales Versuchsergebnis anders bewerten.

In ihrer Studie über das Verhalten von Individuen, Zweier- und Vierergruppen bei dem Ratespiel, bei dem ein gedachter Gegenstand durch maximal 20 Fragen zu erraten ist, verglichen TAYLOR & FAUST (1952) die Leistung von Individuen mit der Leistung von Realgruppen der beiden Grössen. Einzelpersonen benötigten am ersten Tag mehr Fragen (24,3) als die Zweier- und Vierergruppen (19,6), die sich ihrerseits nicht unterschieden. Einzelpersonen beanspruchten auch mehr Zeit zur Lösung (5,06 Minuten) als Dyaden (3,70) oder Tetraden (3,15). Vergleicht man jedoch die Mann-Minuten, so erscheinen die Einzelpersonen als überlegen. Der Leistungsvorteil der Gruppen hinsichtlich der Fragenanzahl überträgt sich nicht auf die betroffenen Personen, denn als am fünften Tag alle Versuchspersonen der Individualbedingung unterworfen wurden, traten keine Unterschiede zwischen der Leistung der vorher einzeln oder kollektiv arbeitenden Personen auf.

Partielle Leistungsvor- und -nachteile der Gruppe je nach dem verwendeten Leistungskriterium fanden auch TAYLOR, BERRY & BLOCK (1958), als sie die Wirkung des Brainstorming überprüften. Sie legten Einzelpersonen und Vierergruppen nacheinander drei Probleme vor und liessen sie unter Beachtung der für die Brainstorming-Methode gültigen Regeln (keine Kritik; je wilder die Lösung desto besser; möglichst viele Ideen; Ergänzungen und Verbesserungen von Vorschlägen erwünscht) bearbeiten.

Einige ihrer Ergebnisse sind in Tabelle 12 zusammengestellt. Danach sind Individuen den Gruppen deutlich unterlegen. Werden jedoch die Leistungen der Realgruppen mit den Leistungen der Nominalgruppen unter Ausschaltung von Mehrfachnennungen

Tabelle 12: Die mittlere Zahl der Lösungsvorschläge von Individuen, Real- und Nominalgruppen zu drei Problemen (nach TAYLOR, BERRY & BLOCK, 1958)				
	Mittlere Zahl der Lösungsvorschläge			
	Problem 1	Problem 2	Problem 3	Mittel all. Probleme
Lösungsvorschläge allgemein:				
Individuen	20,7	19,9	18,2	19,6
Realgruppen	38,4	41,3	32,6	37,5
Nominalgruppen	68,3	72,6	63,5	68,1
Einzigartige Lösungsvorschläge:				
Realgruppen	7,5	17,7	7,3	10,8
Nominalgruppen	13,7	28,1	17,5	19,8

verglichen, liegen die Nominalgruppen vorn. Dieses Leistungsdefizit der Realgruppen wird von den Autoren auf eine immer
noch wirksame Selbstkritik der Gruppenmitglieder zurückgeführt, die bewirkt, dass manche Äusserungen unterbleiben, und
auf die Kanalisierung der Gedanken aller Gruppenmitglieder in
Richtung auf die vorgetragenen Lösungsvorschläge.

Der Befund des Leistungsdefizites der Realgruppen gegenüber
Nominalgruppen wurde von DUNNETTE, CAMPBELL & JAASTAD (1963)
repliziert. COHEN, WHITMYRE & FUNK (1960) stellten andererseits höhere Leistungen bei Realgruppen fest, wenn die Mitglieder sich gegenseitig für die Brainstorming-Aufgabe gewählt hatten und wenn die Gruppen in dieser speziellen Methode der Ideenproduktion geübt waren. Damit sind die allgemeinen Ergebnisse der anderen Arbeiten jedoch nicht wider-

legt, vielmehr ist eine Abhängigkeit der Gruppenleistung von den überprüften modifizierenden Voraussetzungen aufgezeigt.

Eine genaue Analye von Einzel- und Gruppenleistungen unter gleicher Zeitvorgabe stammt von BARNLUND (1959). Aufgrund vorausgegangener Tests konnte er leistungshomogene Gruppen zusammenstellen. Diese Gruppen und individuell arbeitende Kontrollpersonen lösten dann in einer festgelegten Zeit die Aufgaben der Parallelform des Tests. BARNLUND verglich die Leistung der Kontrollpersonen, der Diskussionsgruppen und die synthetische Gruppenleistung, die aus den Individualwerten der Gruppenmitglieder vom Vortest unter der Annahme einer Mehrheitsentscheidung berechnet worden war. Die Ergebnisse der Realgruppen lagen signifikant über den Individualleistungen und über den synthetischen Gruppenergebnissen, selbst wenn nur die Werte der besseren Mitglieder aus den weitgehend homogenen Gruppen herangezogen wurden.

BARNLUND fragte sich, welche Ursachen die bessere Leistung kooperativ arbeitender Gruppen haben könnte und führt folgende Gründe an:

- Die Zugehörigkeit zu einer Gruppe steigert die Bereitschaft, die Aufgabe erfolgreich zu lösen

- Die Zugehörigkeit zu einer Gruppe steigert die Selbstkritik der Teilnehmer, indem sie ihre Lösungsvorschläge noch einmal überprüfen, ehe sie sie vor der Gruppe zur Diskussion stellen

- Die Kombination der Fähigkeiten in der Gruppe übertrifft die Fähigkeit zur Problemlösung eines einzelnen

- Fehler werden in der Gruppe eher entdeckt und eliminiert.

Die Frage, wer in der Gruppe von dem Fähigkeitspool am meisten profitiert, gingen GOLDMAN (1965) und LAUGHLIN, BRANCH & JOHNSON (1969) nach. In beiden Arbeiten wurden Versuchspersonen nach Intelligenztestwerten so auf Zweier- oder Dreier-

gruppen aufgeteilt, dass homogene Gruppen jedes Leistungsniveaus und heterogene Gruppen entstanden. Versuchspersonen,
die mit Partnern über ihrem Leistungsniveau zusammenarbeiteten, verbesserten ihre Leistung mehr als wer mit Partnern des
gleichen oder eines niedrigeren Niveaus zusammen war. Den
grössten Nutzen des Gruppenvorteils bei diesen Intelligenz-
aufgaben hatten somit die schwachen Versuchspersonen, die mit
potenten Partnern eine Gruppe bildeten. Daneben zeigte sich
der Gruppenvorteil aber auch bei Kooperation von Personen
gleicher Leistungshöhe.

Das Phänomen des Leistungsvorteils der Gruppe weckte schon
relativ früh Bemühungen, mathematische Modelle zu entwickeln,
welche die empirischen Befunde adäquat beschreiben (z.B.
LORGE & SOLOMON, 1955, DAVIS & RESTLE, 1963, STEINER, 1966,
ROBY, 1968). Die guten Annäherungen der Prognosen an die
empirischen Befunde lassen vermuten, dass die wichtigsten
Determinanten erfasst sind. DAVIS & RESTLE (1963) konnten in
ihrem Experiment vor allem nachweisen, dass sich in den ad-
hoc-Versuchsgruppen keine Hierarchie ausbildet, an deren
Spitze die fähigsten Personen stehen, sondern dass alle Mitglieder sich etwa in gleicher Weise an der Gruppenarbeit
beteiligen - unabhängig von der Bedeutung der Beiträge für
die Lösung.

Die diskutierten Untersuchungen belegen, dass Gruppen bei
Problemlöseaufgaben mehr leisten können als Individuen. Dieser Leistungsvorteil der Gruppe dürfte, ausser mit der Erklärung der Findewahrscheinlichkeiten, mit einer motivierenden
und kontrollierenden Funktion der Gruppe zusammenhängen. Wenn
jedoch nicht nur die absolute Leistungshöhe, sondern auch der
Zeitaufwand und die Zahl der beteiligten Personen berücksichtigt werden, liegt die Individualleistung in der Regel über
dem, was Individuen in der Gruppe zustande bringen.

3.5.2.2. Soziale Erleichterung
Die Fragestellung, in welcher Weise die blosse Anwesenheit
von einigen Personen die Leisung eines Individuums beeinflusst, wurde zwar schon in der Anfangszeit der empirischen
Psychologie von TRIPLETT (1897), MEUMANN (1904), ALLPORT

(1924) u.a. untersucht. Seit der kritischen Besprechung einiger Arbeiten und seit der Präsentation einer motivationalen
Theorie zur Erklärung der oft widersprüchlichen Ergebnisse
durch ZAJONC (1966, 1968a) kann eine Darstellung dieses The-
mas nicht mehr darauf verzichten, die wichtigsten Gedanken-
gänge ZAJONC's zu referieren.

Eine Reihe von Untersuchungen war auf das Phänomen gestossen,
dass Versuchspersonen ihre Leistung verbessern, sobald Zuschauer anwesend sind. Beispielsweise liess TRAVIS (1925)
Versuchspersonen eine Geschicklichkeitsaufgabe am Pursuit-
rotor solange lernen, bis die Lernkurve nicht mehr weiter
anstieg. Danach beobachteten vier bis acht Personen die Versuchspersonen aufmerksam, während sie ihre Übungen fortsetz-
ten. Es kam zu einer deutlichen Leistungsverbesserung. Andere
Arbeiten zeigten jedoch ein Leistungsdefizit vor Beobachtern,
sobald die Versuchspersonen keine gut gelernten Tätigkeiten
verrichteten, sondern erst vor den Zuschauern lernten. So
benötigten Versuchspersonen von HUSBAND (1931) zum Lernen
eines Fingerlabyrinthes vor einer Beobachtergruppe 19,1 Wiederholungen gegenüber 17,1 Wiederholungen einer individuell
arbeitenden Kontrollgruppe. Die mittlere Fehlerzahl in der
ersten Bedingung lag bei 41,1 gegenüber 36,6 in der Variante.

Aber auch bei Nebeneinanderarbeiten (coaction) manifestieren
sich ähnliche Unterschiede: die Leistungen im Assoziieren, in
einem Durchstreichtest, im Sehen von Kippfiguren (Zeichnungen, die bei unterschiedlichem Betrachtungsschwerpunkt verschiedene Wahrnehmungsinhalte liefern, wie z.B. eine Würfel-
anordnung von 6 oder 7 Würfel, je nachdem, ob man "von oben"
oder "von unten" darauf blickt) und einfache Multiplikationen
waren im Individualversuch schlechter als bei Koaktion, während Problemlöseaufgaben und Urteile über Gewichte oder Gerü-
che bei Koaktion schlechter gelöst wurden (ALLPORT, 1924).
ALLPORT interpretierte seine Ergebnisse so, dass bei Gegenwart anderer Personen eine "soziale Erleichterung" eintritt,
ohne die Gegenbefunde damit erklären zu können.

ZAJONC (1966, 1968a) stellte als Gemeinsamkeit aller Aufgaben, deren Bearbeitung durch die Anwesenheit von Zuschauern
oder Kollegen gefördert wird, die Tatsache heraus, dass die Reaktionen
gut gelernt und/oder unkompliziert sind. In den Fällen der
Behinderung durch andere Personen waren dagegen ungelernte
oder komplexe Reaktionen verlangt, bei denen öfter ein Fehl-
verhalten zu erwarten ist. In einem Versuch, die vorher

widersprüchlichen Befunde auf einem höheren Generalisations-
niveau in Übereinstimmung zu bringen, folgerte ZAJONC, die
<u>Anwesenheit</u> <u>anderer</u> <u>Individuen</u> <u>erleichtert</u> <u>die</u> <u>Abgabe</u> <u>domi-</u>
<u>nanter</u> <u>Reaktionen</u>. Bei leichten Aufgaben sind richtige Reak-
tionen dominant, bei schwierigen Aufgaben aber falsche Reaktionen. Die Gegenwart anderer Personen bedingt somit eine
allgemeine Aktivierung, bei der der Organismus dominante
Reaktionen rascher als bei normalem Erregungszustand abgibt.

Mit dieser motivationalen Interpretation zahlreicher Arbeiten
aus der Human- und Tierpsychologie (s. einige Artikel in
ZAJONC, 1969) war es ZAJONC gelungen, ehemalige Ungereimthei-
ten durch eine übergreifende Theorie aufzulösen. Eine Reihe
von Experimenten überprüfte in der Folge die Gültigkeit der
neuen Theorie. Sie sind von COTTRELL (1972) referiert.

Zunächst wurden zahlreiche Versuche unternommen, die Abgabe
dominanter Reaktionen unter der Zuschauer- und Koaktionsbe-
dingung eindeutig zu replizieren. Das ist weitgehend gelungen
(z.B. ZAJONC & SALES, 1966, COTTRELL et al., 1968, MATLIN &
ZAJONC, 1968, MARTENS, 1969, ZAJONC et al., 1970).

Der Dominanzgrad der Reaktionen wurde beispielsweise manipuliert, indem die Versuchspersonen sinnlose Wörter 1-, 2-, 4-,
8- oder 16mal kennenlernten und anschliessend im sogenannten
"Pseudo-Wiedererkennungstest" angeben sollten, welche der
gelernten Wörter subliminal tachistoskopisch projiziert wurden. In Wirklichkeit wurden überhaupt keine Wörter sondern
nur optische Reize, denen bei extrem kurzer Exposition Wort-
charakter zukam, dargeboten. Dabei wurden sinnlose Wörter,
die durch wenige Wiederholungen gelernt worden waren, vor
zwei Beobachtern seltener genannt als ausgiebig erlernte und
damit dominante Wörter. Oder es wurde die Zeit gemessen, die
beim freien Assoziieren zwischen der Reizdarbietung und der
Versuchspersonenreaktion liegt; unter der Beobachterbedingung
verkürzte sich diese Latenzzeit.

Damit konnte auch der Einwand von JONES & GERARD (1967, 604),
die schlechtere Leistung bei schwierigen Aufgaben könnte
durch Ablenkungseffekte der Zuschauer hervorgerufen sein,
widerlegt werden.

Einige Experimente führten zu einer Präzisierung und Differenzierung der ZAJONC'schen Theorie. So vermuteten COTTRELL et al. (1968), dass die Anwesenheit allein nicht für den Effekt der sozialen Erleichterung ausreicht. Sie liessen ihre Versuchspersonen den Pseudo-Wiedererkennungstest einmal vor zwei interessierten Studenten und dann vor zwei Konfederaten durchführen, deren Augen verbunden waren, um sich auf einen angeblich folgenden Wahrnehmungsversuch vorzubereiten. Nur in der Beobachtungsbedingung trat die Erleichterung dominanter Reaktionen auf. Auch HENCHY & GLASS (1968) fanden, wie wichtig es für den Effekt der sozialen Erleichterung ist, dass die Versuchspersonen sich von den Beobachtern in irgend einer Form beurteilt fühlten.

GANZER (1968) berücksichtigte den Einfluss von Ängstlichkeit, also einer Persönlichkeitsdisposition, auf die soziale Erleichterung bei einer Lernaufgabe und stellte fest, dass ängstlichere Versuchspersonen vor Beobachtern weniger lernten als die weniger ängstlichen. Damit scheint eine Kumulation der Erregungsanlässe stattgefunden zu haben, aus der die geringere Lernleistung resultierte. Da sich Personen mit geringen Angstwerten mit und ohne Beobachter an den ersten Versuchstagen nicht unterschieden, dürfte sich eine allgemeine Tendenz zur raschen Aktivierung, wie sie in der Ängstlichkeit zum Ausdruck kommt, modifizierend auf den sozialen Einfluss auswirken. Dieser vielversprechende Ansatz einer mehrdimensionalen Betrachtung der sozialen Erleichterung zeigt, wie wichtig auch für diese Theorie der Einbezug von Moderatorvariablen sein wird.

BOND (1982) verbindet Aussagen der Impression-Management-Theorie (SCHLENKER, 1980) mit dem Verhalten vor Beobachtern: ein Individuum wird solche Aufgaben vor Zeugen gut bearbeiten können, mit denen es seine Kompetenz bestätigen kann; dagegen werden seine Leistungen beeinträchtigt sein, sobald es merkt, wie es vor Zeugen einen schlechten Eindruck erweckt.

1980 bekräftigte ZAJONC nach einer Diskussion weiterer Experimente mit Tieren und Menschen die Überlegenheit seiner Theorie. Allerdings räumt er mögliche zusätzliche Wirkungen von Bewertungen oder auch von Stress ein.

Mit der sozialen Erleichterung ist ein tatsächlicher Gruppeneffekt beschrieben, der hypothetisch von physiologischen Zuständen (ZAJONC, 1968a) oder von erlernten Verhaltensmustern (COTTRELL, 1972) hergeleitet wird. Die Gegenwart von Individuen als Beobachter oder als parallelarbeitende Kollegen dürfte unter zahlreichen noch nicht näher bekannten Bedingungen das Aktivationsniveau erhöhen und zur Abgabe dominanter Reaktionen führen. Bisher hat man sich noch nicht mit der Auswirkung der sozialen Erleichterung in interagierenden Gruppen beschäftigt, obwohl kein Grund vorliegt, warum der allgemeine motivationale Effekt nicht auch dort auftreten sollte. Obwohl es schwierig sein dürfte, diesen Effekt von den allgemeinen Bedingungen für den Leistungsvorteil von Gruppen gegenüber Individuen, wie sie BARNLUND (1959) beschreibt (s.S. 221), zu trennen, könnte ein Teil der Gruppenüberlegenheit durch den Prozess der sozialen Erleichterung verursacht sein.

3.5.2.3. Das Anspruchsniveau der Gruppenmitglieder

Das Anspruchsniveau stellt einen weiteren Motivfaktor der Gruppenleistung dar. Ursprünglich wurde es von dem LEWIN-Schüler HOPPE (1931) in Individualversuchen erforscht. Als "Schwierigkeitsgrad eines Zieles, wonach eine Person strebt" (LEWIN, 1963, 123) und als Masstab zur Beurteilung einer Handlung als Erfolg oder Misserfolg bestimmt es die Zielsetzung von Gruppen mit. Diese Fragestellung wurde hauptsächlich von ZANDER (1968, 1971) und seinen Schülern untersucht.

Zunächst zeigte sich eine Gleichartigkeit in der kollektiven und in der individuellen Zielsetzung. Hatten schon HOPPE (1931) und später z.B. DIGGORY (1966) herausgefunden, dass

Einzelpersonen nach Erfolgen ihr Anspruchsniveau erhöhen, nach Misserfolgen aber senken oder auf derselben Höhe lassen, so wurden diese Reaktionen auch in der Kleingruppe bestätigt. ZANDER & MEADOW (1963) liessen z.B. Dreier- und Fünfergruppen von Oberschülern eine gemeinsame Geschicklichkeitsaufgabe ausführen. Nach der ersten Aufgabenserie gaben die Teilnehmer ihre eigene Schätzung der künftigen Gruppenleistung und nach einer kurzen Gruppendiskussion eine gemeinsame Schätzung bekannt. Dabei traten keine Unterschiede in den individuellen oder kollektiven Anspruchsniveaus, in der Richtung und im Umfang der Anspruchsniveauänderung auf. Nach Erfolgserlebnissen kam es zu Erhöhungen, nach Misserfolgen mehrheitlich zu Senkungen der Anspruchsniveaus.

Da auf ein höheres Anspruchsniveau in der Regel ein Leistungsanstieg der Gruppe folgt (ZANDER & NEWCOMB, 1967), da andererseits ein stark überhöhtes oder untersetztes Anspruchsniveau auf die Leistung nicht einwirkt (STEDRY & KAY, 1964), wäre es besonders wichtig, den Einfluss des kollektiven Anspruchsniveaus auf die Individualleistung kennenzulernen, wenn sich das individuelle Anspruchsniveau vom kollektiven deutlich unterscheidet.

3.5.2.4. Die Risikobereitschaft der Gruppe
Wie schon die Gruppenziele die Leistung in der Gruppe nur indirekt beeinflussen, so ist auch die Entscheidung der Gruppe in einer risikoreichen Situation erst sekundär für die Leistung bedeutsam. Diese Fragestellung ist jedoch seit der von MARQUIS und WALLACH betreuten Diplomarbeit von STONER (1961) zu einem so rasch wachsenden Forschungsgebiet geworden, dass seine bisher vorliegenden Ergebnisse in diesem Zusammenhang dargestellt werden sollen. Übersichtsreferate finden sich bei DION, BARON & MILLER, 1970, PRUITT, 1971, CARTWRIGHT, 1971, CLARK, 1971, VINOKUR, 1971, SIX, 1981, WITTE, 1979, LAMM & MYERS, 1978.

<u>Die</u> <u>Standardversuchsanordnung</u> <u>beim</u> <u>"Risky-shift"</u>-Phänomen
Selten ist ein ganzer Forschungszweig so eng mit einer einzi-
gen Arbeitsmethode verknüpft wie in diesem Fall. Erst in den
letzten Jahren wendet man neue Paradigma an, um die von
CARTWRIGHT (1971) angezweifelte Generalisationsmöglichkeit
der Befunde zu erkunden (s. auch S. 236 ff.). Da neuere Arbeiten vermuten lassen, dass einige Ergebnisse methodenbedingte
Pseudogruppeneffekte darstellen, wollen wir uns der Versuchsanordnung näher zuwenden. Dabei stützen wir uns auf den
Artikel von WALLACH & KOGAN (1965).

Die Mitglieder von gleichgeschlechtlichen Fünfpersonengruppen
erhalten in der ersten Versuchsphase einen Fragebogen mit 12
Situationen vorgelegt, in denen eine Person sich zwischen
einer attraktiven, aber risikoreichen, und einer weniger
attraktiven, aber sicheren Wahl entscheiden muss. Die Versuchsperson wird gefragt, bei welcher Eintretenswahrschein-
lichkeit sie der betroffenen Person zu der attraktiven Alternative raten würde.

Zur Illustration sei der Fall 1 wiedergegeben:

> "Mr. A, an electrical engineer, who is married and has
> one child, has been working for a large electronics
> corporation since graduating from college five years ago.
> He is assured of a lifetime job with a modest, though
> adequate, salary, and liberal pension benefits upon reti-
> rement. On the other hand, it is very unlikely that his
> salary will increase much before he retires. While atten-
> ding a convention, Mr. A is offered a job with a small,
> newly founded company which has a highly uncertain futu-
> re. The new job would pay more to start and would offer
> the possibility of a share in the ownership if the compa-
> ny survived the competition of the larger firms.
>
> Imagine that you are advising Mr. A. Listed below are
> several probabilities or odds of the new company's pro-
> ving financially sound.
>
> <u>Please</u> <u>check</u> <u>the</u> <u>lowest</u> <u>probability</u> <u>that</u> <u>you</u> <u>would</u> <u>consi-</u>
> <u>der acceptable to make it worthwhile for Mr. A to take</u>
> <u>the new job.</u>

- The chances are 1 in 10 that the company will prove
  financially sound.
- The chances are 3 in 10 that the company will prove
  financially sound.

(...)
- The chances are 9 in 10 that the company will prove
  financially sound.
- Place a check here if you think Mr. A should not take the
  new job no matter what the probabilities."

(Die Situationen sind z.B. bei PRUITT, 1971, oder bei KOGAN &
WALLACH, 1964, ungekürzt abgedruckt.)

Nach der individuellen Beantwortung überreicht der Versuchsleiter jedem Probanden ein neues Exemplar desselben Fragebo-
gens und bittet die Gruppe, jeden Fall zu diskutieren und zu
einer einstimmigen Entscheidung zu gelangen. In der folgenden
dritten Phase gehen die Versuchspersonen den Fragebogen ein
drittes Mal, nun aber wieder individuell, durch und markieren
ihre persönliche Entscheidung, die mit dem Gruppenvotum übereinstimmen kann oder nicht.

Als "Entscheidungswert" jeder Versuchsperson dienen die auf-
summierten 12 Wahrscheinlichkeiten. Abbildung 30 gibt die
mittleren Differenzen zwischen den drei Versuchsphasen für
Männer und Frauen wieder. Die daraus ersichtliche grössere
Risikobereitschaft der Gruppe, die auch von den Individuen in
der anschliessenden Einzelbefragung beibehalten wird, ist das
verblüffende und ziemlich unerwartete Ergebnis dieser Forschungsrichtung. Zahlreiche Experimente in Nordamerika, Europa, Israel und Neuseeland (s. PRUITT, 1971, 340) sicherten
die breite Gültigkeit des Resultates: mit dem Choice-Dilemma-
Fragebogen in der Dreiphasen-Versuchsanordnung erfolgt eine
Verschiebung der Gruppenentscheidung gegenüber der Indivi-
dualentscheidung in Richtung auf eine grössere Risikobereitschaft.

Seit dem ersten Nachweis des "Risky-shift"-Phänomens durch
STONER (1961) wurden eine Fülle theoretischer Vorstellungen
entwickelt, die nicht nur Einzelaspekte der Verschiebung
einem Verständnis näherbrachten, sondern durch bienenfleis-
siges Experimentieren auch Einschränkungen und Erweiterungen
der Erscheinung und einen breiteren Gültigkeitsbereich nach-
wiesen. So kam es, dass heute in der Regel von einem allgemeinen "Choice-shift" oder "Extremity-shift" und nicht nur

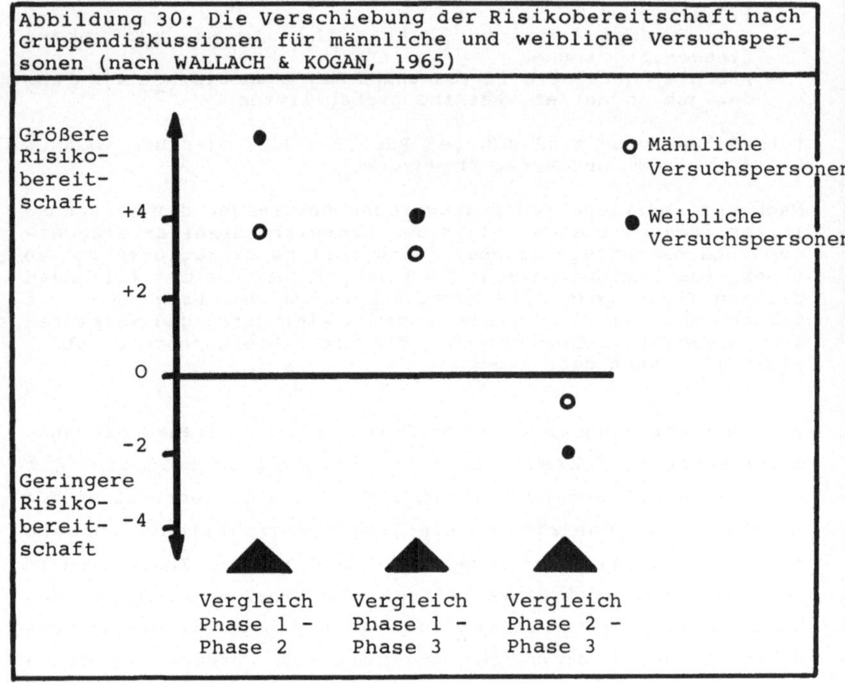

von einem "Risky-shift" gesprochen wird.

Theoretische Entwicklungen

Verteilung der Verantwortung. WALLACH, KOGAN & BEM (1964) entwickelten zur Erklärung der Risky-shift-Befunde eine Hypothese, nach der die Mitglieder einer Gruppe durch die einstimmige Gruppenentscheidung das Gefühl persönlicher Verantwortlichkeit für einen Fehlschlag auf die Partner in der Gruppe aufteilen und deshalb ein höheres Risiko akzeptieren. Tatsächlich waren die Versuchspersonen risikofreudiger, die als Gruppe eine alle Partner bindende Entscheidung abgeben sollten, während Probanden, die nach einer Gruppendiskussion mit einstimmigem Ergebnis ihre eigene Meinung äussern konnten, einen geringeren Anstieg ihrer Risikobereitschaft erkennen liessen.

Später mussten WALLACH & KOGAN (1965) feststellen, dass die gesteigerte Risikobereitschaft nicht von der Übereinstimmung der Gruppenmitglieder nach der Diskussion abhängt, sondern anscheinend nur von einer Diskussion, in der sich emotional gefärbte interpersonale Verbindungen entwickeln. Diese "affektiven Bande" (affective bonds) lassen das Individuum für eine falsche Entscheidung weniger verantwortlich erscheinen.

1967 fanden KOGAN & WALLACH zwar eine signifikante Erhöhung der Risikobereitschaft, wenn Probanden eine Diskussion zu den zwölf Aufgaben abhörten. Da diese Erhöhung jedoch signifikant unter einem Risikoschub bei Versuchspersonen lag, die tatsächlich diskutierten, konzedierten sie, die mit der Diskussion erhaltene Information sei wohl eine Bedingung für die Verschiebung; mit der tatsächlichen Diskussion sei aber ein weiterer Einfluss verbunden, der mit der Hypothese der Verteilung der Verantwortung erklärt werden könnte. Auch LAMM (1967) hatte signifikante Verschiebungen nach Beobachtungen einer Diskussionsgruppe durch einen Einweg-Spiegel und ebenso nach dem Abhören einer solchen Diskussion vom Tonband registriert. Die Hypothese von der Verteilung der Verantwortung oder die abgeschwächte Hypothese der affektiven Bande kann daher nicht mehr als notwendige Bedingung für die Verschiebung der Risikofreudigkeit nach Gruppendiskussionen angesehen werden.

Vertrautwerden mit dem Material. BATESON (1966) vermutete, in einer Gruppendiskussion mache sich die Versuchsperson nur mit dem Material vertraut. Die grössere Vertrautheit wiederum veringere die Unsicherheit und vermindere den Widerstand gegen Risiko. Wenn diese Interpretation zutrifft, müssten auch andere Formen des Vertrautwerdens mit dem Material zu einer erhöhten Risikobereitschaft führen. Tatsächlich erhielt er eine Verschiebung der Risikoempfehlungen bei Versuchspersonen, die allein schriftlich zu den Wahl-Dilemma-Situationen Stellung genommen hatten. Ähnliche Befunde liegen von FLANDERS & THISTLETHWAITE (1967) vor.

Diese Erklärung wird im Zusammenhang mit dem Befund von ZAJONC (1968b) interessant, nach dem neutrales Kennenlernen von Reizen verschiedenster Art, wie sinnlosen Silben, chine-

sischen Schriftzeichen oder Fotos von Studenten, zu einer
günstigeren Beurteilung dieser Reize führt. Die Wahl-Dilemma-
Situationen könnten somit nach der individuellen oder kollektiven Beschäftigung positiver erlebt und damit weniger ris-
kant eingeschätzt werden.

Trotz dieser unterstützenden Anfangsbefunde und trotz der
späteren Zusatzüberlegungen wurden die zunächst von BATESON
veröffentlichten Effekte in zahlreichen Replikationen nicht
mehr ermittelt (z.B. TEGER et al., 1970). GASKELL, THOMAS &
FARR (1973) erhielten nach der Phase des Vertrautwerdens
sogar Verschiebungen der Risikobereitschaft in die konserva-
tive Richtung, sogenannte "cautious shifts". Dieser Befund
stützt ein Ergebnis von STOKES (1971), der nach einer Phase
des Vertrautwerdens mit Aufgaben, die normalerweise zu einer
grösseren Risikobereitschaft führen, tendentiell höhere Vorsicht erhielt und mit Aufgaben, die normalerweise eine Verschiebung zur Vorsicht zur Folge haben, eine grössere Risikobereitschaft registrierte. Damit ist dieser Erklärungsansatz
noch zu wenig bestätigt, als dass man ihn heute schon akzeptieren könnte; gelegentlich wird er sogar schon als geschei-
tert bezeichnet (SAUER, 1974).

<u>Risikobereite Gruppenmitglieder beeinflussen ihre Partner.</u>
MARQUIS (1962) und COLLINS & GUETZKOW (1964) vermuten, nicht
die Gruppe, sondern die informellen Gruppenführer bewirken
den risky shift. So bestimmte MARQUIS (1962) Personen, die
nach dem Vortest dem Gruppenmittelwert am nächsten kamen, zum
Leiter der anschliessenden Gruppendiskussion und beauftragte
sie, eine persönliche Entscheidung zu treffen und später die
eigene Entscheidung gegenüber anderen Gruppenführern zu verteidigen. Da diese Gruppenführer und ihre Gruppen eine höhere
Risikobereitschaft nach den Gruppendiskussionen zeigten,
führt MARQUIS diese Änderung auf den Einfluss des Führers und
nicht auf die Gruppe zurück. Die Änderung der Haltung nach
der Gruppendiskussion bleibt jedoch immer noch unklar, weil
die designierten Führer zuerst nur die mittlere Gruppenmeinung vertraten. Auch VIDMAR (1970) benutzt gerade die Tatsache, dass Gruppen, die er nach ihrer individuell erhobenen
Risikobereitschaft homogenisiert hatte, doch einen risky
shift zeigen, als Argument gegen die Führerthese.

Nachbefragungen, welches Gruppenmitglied den grössten Einfluss auf die Gruppenentscheidung ausübte, verweisen in der Regel auf Personen, deren Anfangsmeinung in der Nähe der späteren Gruppenmeinung gelegen hatte, unbhängig davon, ob es zu einem risky shift (z.B. WALLACH, KOGAN & BEM, 1962) oder zu einem cautious shift (z.B. RABOW et al., 1966) gekommen war. DION et al. (1970), CLARK (1971), PRUITT (1971) und KELLEY & THIBAUT (1969) bemerken jedoch, dass hiermit nur eine indirekte Bestätigung erreicht ist, welche die Alternativerklärung nicht ausschliesst, die Gruppenmitglieder schreiben erst im Nachhinein solchen Partnern den grössten Einfluss zu, deren Position sich die endgültige Gruppenmeinung genähert hatte. Die Aussagen der Gruppenmitglieder würden so eher eine Folge und nicht eine Ursache der Veränderung der Risikobereitschaft andeuten. Damit kann auch diese Hypothese noch nicht als bestätigt oder als verworfen gelten.

<u>Der kulturelle Wert als bestimmender Faktor</u>. BROWN (1965) berichtet, an der School of Industrial Management am Massachusetts Institute of Technology, an der STONER (1961) seine Experimente durchgeführt hatte, habe man die Ergebnisse spontan mit der positiven Bewertung risikofreudiger Entscheidungen unter Managern erklärt. BROWN erweiterte diese Argumentation: wenn Risikofreudigkeit ein Ideal ist, erfährt man erst in der Diskussion, ob man mit der eigenen Entscheidung schon die Norm getroffen hatte. Wer unter der Norm liegt, wird seine Antwort bei der zweiten Befragung zumindest an den Gruppenstandard anpassen. Damit aber verschiebt sich der Gruppenmittelwert in Richtung auf eine höhere Risikobereitschaft.

In einem abweichenden Bewertungssystem ist nach dieser Theorie auch eine Veränderung in konservativer Richtung möglich, so dass die schon mehrfach aufgefundenen cautious shifts verständlich werden. In allgemeiner Form sagen die Wert-Theorien voraus: "... groups shift in a direction toward which the individual members are already attracted" (PRUITT, 1971, 345).

Nach PRUITT (1971) lassen sich verschiedene Varianten der Wert-Theorie unterscheiden. Nach der Wert-Theorie des sozialen Vergleichs dienen die Aussagen der Partner während der Gruppendiskussion als Vergleichspunkte, nach denen man die eigene Entscheidung ausrichtet. Dabei bemüht man sich, den thematisierten Wert zumindest ebenso gut zu realisieren wie die Gruppe oder ihn noch radikaler zu vertreten. Für diese Interpretation sprechen z.B. die Ergebnisse von LEVINGER & SCHNEIDER (1969), nach denen man vor der Diskussion glaubt, die Partner seien bei vielen Aufgaben weniger risikofreudig als man selbst. LEVINGER & SCHNEIDER haben die allgemeine Theorie des sozialen Vergleichs allerdings spezifiziert. Sie rechnen mit einer Verschiebung, wenn das Ideal einer Person über dem angenommenen Gruppenstandard liegt. Sobald das Individuum in der Gruppendiskussion erfährt, dass sich die Gruppenposition näher am eigenen Ideal befindet, verschiebt es seine Entscheidung weiter in Richtung auf dieses Ideal.

PRUITT (1971) entwickelte seine "release theory", indem er von dem Konflikt des Individuums zwischen dem hochbewerteten risikofreudigen Verhalten und dem ebenfalls hoch bewerteten rationalen, dem Mittelmass entsprechenden, vorsichtigeren Verhalten ausging. Zeigt sich in der Gruppendiskussion ein risikofreudigerer Partner, so entlässt dieses Modell unser Individuum aus dem belastenden Zustand; nun kann es dem Partnerverhalten folgen. Damit treibt es seinen eigenen und den Gruppenwert in die Höhe. Eine entsprechende Interpretation lässt sich auch auf den cautious shift anwenden. PRUITT erinnert zur Verdeutlichung des belastenden Zustandes an die Versuchsperson im Konformitätsexperiment, die sich einer homogen anders urteilenden Gruppe gegenüber sieht; sobald ein Partner wahrnehmungsgerechte Urteile abgibt, schliesst sie sich dem Verhalten dieses Modells an.

Bedingt durch die allgemeine Formulierung dieser Theorie lassen sich viele bestätigende Experimente anführen (s. PRUITT, 1971, SAUER, 1974). Ein Nachteil der zunächst sehr überzeugenden These ist jedoch, dass die Zwischenvariable "Konflikt zwischen zwei nicht zu vereinbarenden Verhaltenstendenzen" kaum nachgewiesen, sondern nur erschlossen werden kann.

BURNSTEIN, VINOKUR & PICHEVIN (1974) erinnern an die von DEUTSCH & GERARD (1955) getroffene Unterscheidung zwischen normativem und informativem Einfluss der Gruppe und rechnen die Wert-Theorie des sozialen Vergleichs zum normativen Gruppeneinfluss. Sie stellen dem eine Theorie der überzeugenden Argumente gegenüber, die der informativen Gruppenwirkung entspricht (s. auch BURNSTEIN & VINOKUR, 1973, 1977, VINOKUR

& BURNSTEIN, 1974). Sie bauen auf Überlegungen von BROWN (1965) u.a. auf. Dieser Theorie entspricht die im Grunde naive Annahme, die Änderung des Wahlverhaltens sei auf die in der Diskussion geäusserten Argumente zurückzuführen. Während unter Versuchsbedingungen, die keine Argumente zulassen, sondern nur den Standort der Gruppenmitglieder offenlegen, geringe oder keine Veränderungen auftreten (z.B. WALLACH & KOGAN, 1965, TEGER & PRUITT, 1967, BURNSTEIN & VINOKUR, 1973), erfolgen doch Veränderungen, wenn Argumente ausgetauscht werden, ohne dass die Positionen der Gruppenmitglieder offengelegt werden. In ihrer eigenen Arbeit demonstrieren sie, dass Versuchspersonen vorgelegte Wahlen anderer Personen weniger nach der allgemeinen Bewertung der Handlungsweise als danach beurteilen, wie gut sie begründet sind.

Dieser Versuch einer Theorie kann wiederum einen Teil der Befunde erklären. Die Tatsache, dass die Verschiebung der Entscheidungen in fast allen Untersuchungen für einzelne Aufgaben mit grosser Konsistenz in die entsprechende Richtung erfolgte, wird damit jedoch nicht befriedigend verständlich, denn es ist nicht anzunehmen, dass in fast allen Arbeiten mit sehr überzeugenden Argumenten nur für die eine Richtung der Entscheidungsverschiebung diskutiert wurde.

<u>Commitment-Theorie</u>. MOSCOVICI & ZAVALLONI (1969) sehen die Funktion der Gruppendiskussion im Risky-shift-Paradigma in der aktiven Beteiligung jedes Individuums an der Fragestellung. Das gesamte Gebiet wird besser und zum Teil neu strukturiert, so dass eine Veränderung der ehemals eingenommenen Haltung möglich wird. Die Autoren führen neben den Untersuchungen, die eine grössere Verschiebung nach einer Gruppendiskussion als nach Abhören von Tonbanddiskussionen oder reinem Informationsaustausch fanden, einen eigenen Befund an: wenn eine Meinung über eine Fragestellung gefordert war (sie erwarteten bei Meinungen eine stärkere innere Beteiligung), trat eine grössere Verschiebung auf als wenn die Personen ein rationales Urteil abzugeben hatten.

Auch diese theoretische Position kann sich auf einige empirische Befunde stützen. Schwierig ist jedoch die Operationalisierung des commitment, denn in gewisser Weise kann auch die erste individuell erfolgende Beantwortung unter grosser Anteilnahme erfolgt sein.

Hier soll die Aufzählung von Theorieversuchen zur Erklärung der Verschiebung von Einstellungen nach Gruppendiskussionen abgebrochen werden, obwohl die in der Literatur vorliegenden Vorschläge noch nicht erschöpft sind. Anstelle eines harten Urteils über empirische Verwerfung oder Bestätigung von Hypothesen (z.B. bei SAUER, 1974) dürfte es sinnvoller sein, eine partielle Gültigkeit der meisten Theorien anzunehmen. Viele dieser Theorien sind so formuliert, dass eine eindeutige Ablehnung nicht möglich ist oder dass sie empirisch kaum von einer Variante abgehoben werden könnten. Deshalb werden künftig eine Vielzahl von Annahmen weitgehend gleichberechtigt nebeneinander das Phänomen erklären, dass eine Gruppendiskussion zur Veränderung der vorher abgegebenen Urteile aller Gruppenmitglieder führen kann.

Die Frage der Verallgemeinerung des Risky-shift-Phänomens
In der Gruppe kommt es nicht nur zu einer Verschiebung von einer konservativen zu einer risikofreudigeren Haltung, sondern bei entsprechendem Aufgabenmaterial auch zu grösserer Vorsicht. Schon im Wahl-Dilemma-Fragebogen von KOGAN & WALLACH (1965), der in den meisten Experimenten benutzt wurde, führten zwei Items (Nr. 5 und 12) nach der Gruppendiskussion - wenn auch nicht signifikant - zu vorsichtigeren Entscheidungen. In neueren Arbeiten werden daher meistens Aufgaben, die zu mehr Risikobereitschaft führen, gemischt mit Vorsichtsaufgaben dargeboten und getrennt ausgewertet. Die ursprüngliche Meinung einer allgemein grösseren Risikofreudigkeit in der Gruppe musste somit revidiert werden: je nach dem Material urteilt eine Gruppe risikofreudiger oder vorsichtiger als Einzelpersonen.

Aber auch die Dimension Risikobereitschaft - Vorsicht wurde überschritten. Zahlreiche Arbeiten konnten nachweisen, dass eine extreme Haltung in der Gruppe bei den verschiedensten Themen vertreten wird: mehr Altruismus (SCHROEDER, 1973), Grosszügigkeit (BARON, ROPER & BARON, 1974), ethisches Verhalten (RETTIG, 1966), klinische Behandlungsstrategien realer Arbeitsteams (SIEGEL & ZAJONC, 1967), Einstellungen über zivilen Ungehorsam (CVETKOVICH & BAUMGARDNER, 1973), über de Gaulle und die Amerikaner (MOSCOVICI & ZAVALLONI, 1969) u.a. Es ist daher heute üblich, das gesamte Forschungsgebiet mit den allgemeineren Begriffen "Choice-" oder "Extremity shift" zu bezeichnen.

Vor der direkten Übertragung der Ergebnisse auf natürliche Entscheidungsgruppen, wie z.B. Geschäftsleitungen oder Regierungskabinette, muss jedoch heute noch gewarnt werden, obwohl z.B. MYERS (1982) eine Vielzahl von Shift-Phänomenen in natürlichen Gruppen anführt. CARTWRIGHT (1971) sammelte einige Schwächen der Risky-shift-Forschung und weist auf den vorläufigen Charakter der bisherigen Erkenntnisse hin.

So wird der Verschiebungseffekt mit dem Wahl-Dilemma-Fragebogen zwar regelmässig repliziert; andere Arten der Messung von Risikoverhalten, wie Wettverhalten, Investitionsbereitschaft bei unterschiedlicher Sicherheit der Gewinnerwartung oder Spielen am Gewinnautomaten führen jedoch zu weniger konsistenten Ergebnissen. Es ist daher nicht voll auszuschliessen, dass die spezifische Methode einen Effekt aufbläht, der bei anderer Messung der Risikobereitschaft nur mit Mühe nachzuweisen ist. Zudem haben Sonderauszählungen gezeigt, dass nur 35 bis 39% der Entscheidungen des Aufgabenpaketes grössere Verschiebungen in Richtung auf eine höhere Risikobereitschaft beinhalten. CARTWRIGHT (1971, 365) folgert daraus:

> "Thus it appears that most group decisions are not riskier than individual ones ... The most frequent outcome may actually be no shift at all."

In zwei Arbeiten (GASKELL, THOMAS & FARR, 1973 und MC CAULEY, TEGER & KOGAN, 1971) wird der Einfluss der individuellen Vorerhebung auf die künftigen Antworten in der Standardversuchsanordnung untersucht. Es findet sich kein Unterschied in der Risikobereitschaft zwischen Gruppen ohne Pretest, die individuell oder nach einer Gruppendiskussion ihre Entscheidungen fällen. Zur Ausschaltung dieses möglichen Artefaktes werden Replikationen der meisten Longitudinalstudien mit Querschnittdesigns nötig sein.

CARTWRIGHT weist auf mögliche Uterschiede zwischen den fast ausschliesslich verwendeten ad-hoc-Laborgruppen und natürlichen Gruppen hin, die nur vereinzelt kontrolliert wurden: es

besteht eine Struktur von Macht und affektiven Beziehungen;
in der Gruppengeschichte sind Erfolge und Misserfolge vergan-
gener Entscheidungen gespeichert; die Entscheidungskonsequen-
zen wirken auf die Entscheidungsträger zurück. Ohne gültige
Theorien des Risikoverhaltens, die sich nicht nur auf die
Wahl-Dilemma-Aufgaben, sondern auf eine allgemeinere Form von
Risikobereitschaft beziehen, wird eine Übertragung der Labor-
befunde auf natürliche Gruppen nicht möglich sein.

Der heutige Stand der Forschung bietet somit einige Ansätze
zur Erklärung der Verschiebung von Einstellungen nach Gruppendiskussionen gegenüber den vorher geäusserten individuellen Meinungen an. Die Tragfähigkeit der Ansätze zum Verständnis des ursprünglichen Paradigmas und der immer häufiger
vorgenommenen Verallgemeinerungen wird sich in künftigen
Studien erst erweisen müssen. Im Zusammenhang mit unserem
Kapitel lassen die referierten Arbeiten vermuten, dass die
Gruppenleistung sich von Individualleistungen aufgrund der
hypothetischen Gruppenprozesse bei solchen Aufgaben unterscheiden wird, bei denen verschiedene Bearbeitungsalternati-
ven mit unterschiedlicher Erfolgswahrscheinlichkeit offenstehen, aus denen der individuelle oder kollektive Entscheidungsträger ohne grössere Einschränkungen eine Lösung auswäh-
len kann.

3.5.2.5. Negative Gruppenwirkungen

Das Groupthink-Phänomen. Gelegentlich beobachtet man, wie
sehr qualifizierte Persönlichkeiten in einer Gruppe Entscheidungen fällen, deren Fragwürdigkeit jedem Aussenstehenden
offensichtlich ist. Die Tatsache, dass die Akteure ein Problem nicht als Individuen, sondern als Mitglieder einer Gruppe
lösen, hat die Qualität der gefundenen Lösung beeinträchtigt.

JANIS (1972, 1982) illustrierte dieses Phänomen nicht nur
anhand mehrerer Schwachstellen der US-amerikanischen Politik
von Pearl Harbor bis Watergate, sondern er versuchte auch, die
Ursachen und Verlaufsformen abzuklären. Die Gefahr der kollektiven Dummheit ist vor allem gegeben, wenn (1) eine starke

Gruppenkohärenz herrscht, (2) die Gruppe den Kontakt zur Umwelt einschränkt, indem Aussenstehende nichts von den Überlegungen der Gruppe erfahren, (3) der Gruppenführer sich stark für seinen eigenen Lösungsansatz einsetzt, (4) eine bewusste Technik der Bewertung der eigenen Vorschläge fehlt und (5) eine starke Belastungssituation mit geringen Hoffnungen vorliegt, eine bessere Lösung der Probleme zu finden.

Aus seinen zeitgeschichtlichen Fallstudien leitet er acht Symptome des Groupthink-Syndroms ab:

1. (Fast) alle Gruppenmitglieder unterliegen einer Illusion der Unverwundbarkeit. Dadurch wird Optimismus und Risikobereitschaft gefördert.

2. Man versucht gemeinsam, Warnungen von aussen oder Gegenargumente zu wiederlegen, damit die eigene Orientierung nicht in Frage gestellt werden muss.

3. Jeder ist so sehr von der moralischen Unanfechtbarkeit der Gruppe überzeugt, dass keine ethischen Bedenken aufkommen können.

4. Gegenüber dem "Feind" werden negative Stereotype formuliert.

5. Auf deviante Gruppenmitglieder wird Druck ausgeübt, sich der Gruppenmeinung anzuschliessen.

6. Jedes Gruppenmitglied neigt zur Selbstzensur. Auf diese Weise werden Zweifel frühzeitig unschädlich gemacht.

7. Die Gruppe unterliegt der Illusion, dass alle Mitglieder ausnahmslos das Vorgehen billigen.

8. Einzelne Gruppenmitglieder wachen darüber, dass keine die Eintracht gefährdenden Informationen wirksam werden können.

Aus diesen Beobachtungen leitet JANIS (1972, 209 ff.) neun Empfehlungen ab, wie Groupthink verhindert werden könnte. Beispielsweise sollte jeder Gruppenführer das Äussern von Gegenmeinungen und Kritik ermutigen, die Gruppe sollte sich in unabhängig arbeitende Untergruppen aufteilen, deren Resultate mit dem Ziel verglichen werden, die beste Lösung zu finden, die Ansichten gruppenexterner Personen werden bewusst gesucht und ein Gruppenmitglied nimmt die Rolle des advocatus diaboli an.

Obwohl erst wenige Studien vorliegen, die einige Annahmen von JANIS experimentell überprüfen, wird das Konzept schon konkret angewandt, um z.B. Leistungseinbussen autonomer Arbeitsgruppen, die auf Groupthink-Prozesse zurückzuführen sind, zu reduzieren (MANZ & SIMS, 1982). Die geringe empirische Bearbeitung des Ansatzes sollte jedoch allen Anwendern bewusst sein.

3.6. <u>Die Regelung konfligierender Interessen in der Gruppe</u>

Die Mitglieder einer Gruppe verfolgen ein gemeinsames Ziel. Das schliesst jedoch nicht aus, dass sie sich in untergeordneten Motiven unterscheiden oder sogar, dass sie Wünsche vertreten, die sich gegenseitig ausschliessen. Immer dann, wenn sich die materiellen oder psychischen Erträge der einzelnen Mitglieder aus der Gruppenbeziehung nicht voll miteinander vereinbaren lassen und interdependent sind, muss eine Lösung in irgend einer Form gefunden werden.

Es kann sich z.B. in der Familie um die Frage handeln, zu welcher Zeit die Kinder zu Bett gehen: die Kinder möchten aus verschiedenen Gründen lange aufbleiben, während die Eltern einen langen Abend ohne Kinder wünschen. Oder der Ehemann möchte abends im Fernsehen eine Sportsendung geniessen, während seine Frau den Spielfilm des anderen Programms vorzieht. THIBAUT & KELLEY (1959, 41) haben die Verhaltensrepertoires beider Seiten einer Dyade mit den jeweils möglichen Auszahlungen in Matrizenform dargestellt und damit die Sprache der Spieltheorie gewählt. Spätestens seitdem werden die interdependenten Interaktionen von Partnern in Anlehnung an spieltheoretische Vorstellungen empirisch untersucht. In diesem

Kapitel sollen einige Fragestellungen und Ergebnisse dieser immens produktiven Forschungsrichtung diskutiert werden.

3.6.1. Grundbegriffe der Spieltheorie

Als Ausgangspunkt der Spieltheorie gilt V. NEUMANN & MORGEN-STERN's umfangreiches Werk "Theory of games and economic behavior" (deutsch: 1961). Besser als Einführungen oder zur Vermittlung von Übersichtskenntnissen geeignet sind die Arbeiten von JUNNE (1972), SHUBIK (1965), RAPAPORT (1960) und LUCE & RAIFFA (1957).

> "Spieltheorie ist eine Methode zur Untersuchung von Entscheidungen in Konfliktsituationen. Sie behandelt menschliche Entscheidungsprozesse, in denen die einzelne Entscheidungseinheit keine vollkommene Kontrolle über andere Entscheidungseinheiten ihrer Umwelt ausübt. ... Das Wesentliche eines "Spieles" in diesem Zusammenhang ist das Auftreten von Entscheidungssubjekten mit verschiedenen Zielsetzungen, deren Schicksale miteinander verwoben sind".

So definiert SHUBIK (1965, 18) die Spieltheorie. Sie ist eine Disziplin, die mit Hilfe der Mathematik das Verhalten einer begrenzten Zahl von Partnern, die gegenseitig voneinander abhängig sind, aufgrund bekannter Verhaltensparameter vorauszusagen sucht. Das gelingt nicht ohne eine radikale Vereinfachung natürlicher Situationen. Für die Kleingruppenforschung ist sie interessant, weil sie anstelle komplexer sozialer Verhältnisse oft mit Zweiergruppen arbeitet und damit die Interaktionen in der Dyade oder in Kleingruppen mit zwei Parteien aufzuklären bemüht ist. Wir werden verschiedene spieltheoretisch bearbeitete Entscheidungssituationen kennenlernen, um den Ort der Spielexperimente im Gesamtrahmen zu bestimmen.

Die einfachste Art von Entscheidungen sind Entscheidungen unter Gewissheit. Alle Einflussgrössen und deren Wechselwirkungen sind bekannt, so dass durch Optimierungsrechnung die bestmögliche Lösung gefunden werden kann. So lässt sich z.B. genau angeben, von welchen Entfernungen an die Benutzung eines Linienflugzeuges der Bahnfahrt überlegen ist, sofern Zeit, Fahrt- und Nebenkosten berücksichtigt werden. Bei Entscheidungen unter Risiko führen die zur Wahl stehenden Verhaltensalternativen zu verschiedenen Ergebnissen, deren Eintretenswahrscheinlichkeiten bekannt sind. So kann man ein Los kaufen oder nicht. Wenn man kauft, hat man eine angebbare Gewinn- oder Verlustchance. Entscheidungen unter Ungewissheit unterscheiden sich von den Entscheidungen unter Risiko dadurch, dass die Wahrscheinlichkeiten, mit denen die Ereignisse auftreten, unbekannt sind.

Die Entscheidungen unter Ungewissheit können wieder unterteilt werden in Spiele gegen die Natur und Spiele gegen andere Personen. In Spielen gegen die Natur hat der Gegenspieler kein erkennbares Interesse an den einzelnen Verhaltensmöglichkeiten des Spielers. Beispielsweise kann man eine Skiausrüstung im November zum üblichen Preis kaufen und sie den ganzen Winter benützen oder man kann sie erst im Ausverkauf zu einem besonders günstigen Preis erwerben und dabei hoffen, dass der Winter erst spät einsetzt und die Wintersportverhältnisse bis ins Frühjahr hinein gut sind. Dieser Winterverlauf ist keinem spezifischen Interesse zuzuschreiben. Die für die Kleingruppenforschung bedeutsamen Spiele sind die Spiele unter Ungewissheit gegen eine andere Person, in denen der Partner an den Entscheidungen des Spielers Anteil nimmt und seine Entscheidung darauf abstimmt. Die Ungewissheit der Situation ist dabei begründet in der Unkenntnis, wie der Partner auf die einzelnen Wahlmöglichkeiten des Spielers reagieren würde.

Die Spiele gegen andere Personen lassen sich wiederum einteilen in Nullsummenspiele und Nichtnullsummenspiele. Bei Nullsummenspielen entspricht der Gewinn des einen Spielers dem Verlust des Partners. Hier sind die optimalen Lösungen mathematisch bestimmbar. Nichtnullsummenspiele dagegen begünstigen nicht immer eine eindeutige Wettbewerbshaltung, weil sich die Erträge der einen Seite und die Kosten der anderen Seite nicht entsprechen. Daher kann nicht nur ein einziges rationales Motiv der Gewinnmaximierung für den Spielverlauf wichtig sein, sondern es spielen eine grössere Zahl anderer Motivationen mit herein. Das am häufigsten verwendete "mixed-motive game" ist das Gefangenendilemma.

Im Gefangenendilemma (s. LUCE & RAIFFA, 1957) ist die volle Verwirklichung von Zielen der einen Seite nur möglich, wenn Gruppenziele oder die Wünsche des Partners nicht beachtet werden. Die Aufgabe leitet sich her aus einer Geschichte von zwei Verhafteten, die zwar ein Verbrechen begangen hatten, aber wegen fehlender Beweise nicht verurteilt werden können. Der Untersuchungsrichter befragt jeden Verhafteten einzeln und stellt zur Wahl: wenn er gesteht, wird er freigelassen, der Mittäter aber zu 10 Jahren Haft verurteilt. Gestehen beide, so erhalten sie wegen ihrer Reue nur eine fünfjährige Gefängnisstrafe; leugnen beide, so werden sie wegen Land-

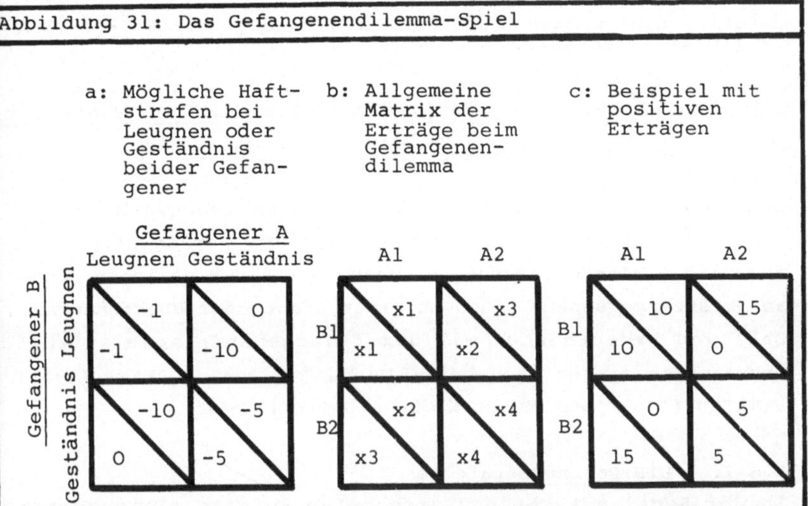

streicherei zu einem Jahr Gefängnis verurteilt. Diese Möglichkeiten sind in Abb. 31a dargestellt.

Allgemein gilt für die Verteilung der Erträge in der Matrix (s. Abb. 31b):

$$x_3 > x_1 > x_4 > x_2 \quad \text{und}$$
$$2x_1 > (x_2 + x_3) > 2x_4$$

Bei dieser Verteilung der Erträge bedeutet die für einen Spieler günstigste Lösung (er gesteht und der Partner leugnet) für den Partner die härteste Strafe. Streben beide die günstigste Lösung an, müssen sie mit einer erheblichen Strafe rechnen. Wollen beide nur mit einem blauen Auge davon kommen, wird, wenn der Partner sich doch anders entscheidet, gegen den leugnenden Täter die Maximalstrafe verhängt.

In der Regel wird die kooperative Wahl (A1 oder B1) der kompetitiven Wahl (A2 oder B2) gegenübergestellt. Es ist jedoch nicht möglich, die jeweils wirksame Motivation zu bestimmen. Ein hoher Eigengewinn, ein mittelhoher Gewinn beider Partner, die Maximierung der Gewinndifferenz, Vermeidung von Verlusten, eine Bestrafung oder eine Täuschung des Partners sind nur einige der möglichen Überlegungen der Spieler. Damit aber ist der Wert dieses Spieles - gerade wegen seiner Multivalenz, die häufig als Vorteil herausgestellt wird - wieder eingeschränkt.

Neben dem Gefangenendilemma werden andere Spiele nur selten

benutzt. Einige sind z.B. bei OSKAMP (1971) und bei KRIVOHLA-
VY (1974) aufgeführt.

3.6.2. Bedingungen kooperativer oder kompetitiver Wahlen im Gefangenendilemma-Versuch

Das Interesse an der Frage, wie kooperatives Verhalten im
Rahmen von Auseinandersetzungen gefördert werden kann, aber
auch die einfache Versuchsanordnung mit einem geringen Bedarf
an Versuchspersonen, haben zu einer nicht mehr überschaubaren
Zahl von Experimenten mit dem Gefangenendilemma geführt.
Übersichten finden sich bei KRIVOHLAVY (1974), OSKAMP (1971),
VINACKE (1969) und MC CLINTOCK & GALLO (1965).

3.6.2.1. Die Partnerstrategie

In der Regel entscheiden sich beide Spieler gleichzeitig,
welche der vorgegebenen Verhaltensalternativen sie wählen.
Sie sind dabei also zum Zeitpunkt der Entscheidung nicht von
der Wahl des Partners unterrichtet. In der aktionssequentiel-
len Variation des Spieles fällt der Partner seine Entscheidung, nachdem die Versuchsperson ihre Wahl getroffen hat,
während in der Reaktionssequenz die Versuchsperson auf die
vorausgehende Wahl des Partners reagieren kann. Da sich die
Ergebnisse einer reaktionssequentiellen Anordnung bei der
Betrachtung mehrerer aufeinanderfolgender Wahlen nicht von
den Befunden in Versuchen mit gleichzeitiger Wahl oder mit
Aktionssequenz unterscheiden (SCHNEIDER, 1973), scheint der
Spielablauf von geringer Bedeutung zu sein. Dagegen ist das
Verhalten des Partners ein wichtiger Faktor für die Kooperationsbereitschaft des Spielers. So führt eine ausschliesslich
oder auch nur partiell kooperative Strategie der einen Seite
zu mehr Kooperation als eine ausschliesslich kompetitive
Strategie (z.B. WILSON, 1969, SOLOMON, 1960, SCHNEIDER,
1973). Ein ebenso hohes oder höheres Kooperationsverhalten
wird durch Spiegelung ("Tit-for-tat-strategy" oder "mat-
ching") des Versuchspersonenverhaltens bewirkt (z.B. WILSON,

1971, GRUDER & DUSLAK, 1973, SCHNEIDER, 1973). Freies Spiel zweier Versuchspersonen, bei dem kein Partnerverhalten programmiert wird, ähnelt sehr den Ergebnissen, die bei kompetitiven Strategien der Partner auftreten (z.B. PILISUK & SKOLNICK, 1968, SCHNEIDER, 1973).

Aber auch der Verlauf der Partnerstrategie innerhalb einer längeren Spielfolge wirkt sich auf das Verhalten des Mitspielers aus. So steigt die Kooperationsbereitschaft an, wenn der Partner zunächst kompetitiv spielt und dann zu einer kooperativen Strategie übergeht (BIXENSTEIN & WILSON, 1963, SWINGLE, 1968).

Zur Erklärung dieser Zusammenhänge liegen zwei Ansätze vor: eine lerntheoretische Interpretation, die Belohnungen und Bestrafungen beachtet und eine phänomenologische Betrachtungsweise, die das Entstehen von Vertrauen oder Misstrauen verfolgt.

Dass kooperative Wahlen bei spiegelndem Partnerverhalten gelernt werden, ist einsichtig: eine kooperative Wahl wird durch den Ertrag der darauffolgenden kooperativen Wahl des Partners belohnt und verstärkt, während eine kompetitive Wahl durch einen geringen Ertrag aufgrund der folgenden kompetitiven Entscheidung des Partners bestraft wird. Bei längeren Spielfolgen lässt sich so eine Konditionierung des Spielers auf Kooperation erwarten. Dass eine kooperative Partnerstrategie auch zu Kooperation führt, ist nicht durch Verstärkungswirkung zu erklären, weil hier die grössten Erfolge durch eine kompetitive Orientierung und damit durch die Ausbeutung des Partners eintreten. In diesem Fall müssten Hilfsannahmen herangezogen werden, indem man auf eine andere Art des Lernens, auf das Lernen am Modell oder auf die Gültigkeit normativer Erwartungen, die eine schamlose Ausbeutung verhindern, hinweist.

Die Schwäche rein lerntheoretischer Modelle zeigt sich auch bei verschiedenen Versuchen der Überprüfung (s. KRIVOHLAVY; 1974, 378ff.) Noch am besten kann ein Lernmodell das Verhalten vorhersagen, das Lohn und Strafe und eine Reihe von Zusatzeinflüssen, wie die Wahrscheinlichkeit kooperativer Wahlen in den vorangegangenen Spielläufen oder die Lernfähigkeit der Versuchsperson, berücksichtigt (APFELBAUM, 1966).

Dass auch kognitive Komponenten auf die Entscheidung in mixed-motive games einwirken, wird von verschiedenen Autoren betont, die Vertrauen oder die Erwartung, dass der Partner in der nächsten Runde kooperativ spielt, in den Mittelpunkt ihrer Überlegungen rücken. DEUTSCH (1958) stellte fest, dass das Vertrauen (gemessen an der Zahl kooperativer Entscheidungen) durch Kommunikation über die eigenen Erwartungen an den Partner, über die eigenen Absichten, über die Vergeltungsmassnahmen bei erwartungswidrigem Verhalten und über die Bereitschaft zur weiteren Zusammenarbeit gefördert wird. EVANS (1964) fand ebenfalls, wie die Mitteilung der eigenen Strategie, möglichst mit der Verpflichtung der Selbstbestrafung bei abweichendem Vorgehen, die Vertrauenswürdigkeit der Partner begünstigt. PILISUK & SKOLNICK (1968) ermittelten ausserdem, wie der demonstrative Verzicht auf Machtmittel zu einer Vermehrung des Vertrauens und der Kooperation führt.

Mit dieser Interpretation einer Erwartungshaltung gegenüber der künftigen Strategie des Partners, die durch direkte Kommunikation rasch aufgebaut werden, die sich aber auch aus der allmählichen Erfahrung bilden kann, wird die Kooperationsbereitschaft in Abhängigkeit von kooperativen Partnern verständlich.

3.6.2.2. Persönlichkeitszüge

Es überrascht nicht, wenn Versuchspersonen mit bestimmten Persönlichkeitseigenschaften spezifische Strategien vorziehen. Aus den vielen Arbeiten seien nur zwei Zusammenhänge wiedergegeben.

Eine hohe Tendenz zur Kompetition dürfte mit einer autoritären Einstellung verknüpft sein, wie DEUTSCH (1960) nachwies.
TERHUNE (1968) stellte bei Personen mit einem hohen Bedürfnis
nach Macht mehr kompetitive Wahlen fest. Auch die Offenheit
gegenüber internationalen Fragen, die negativ mit der autoritären Haltung zusammenhängt, ist mit höherer Kooperationsbereitschaft verknüpft (LUTZKER, 1960, MC CLINTOCK et al.,
1963). Wenn andererseits eine Reihe von Studien keinen Zusammenhang zwischen der F-Skala und dem Verhalten im Spiel
finden (s. KRIVOHLAVY, 1974, 497), so können die negativen
Ergebnisse auf die situationsbedingte Verwirklichung einer
abweichenden Spielmotivation oder auf die Abwesenheit tatsächlicher Zusammenhänge hinweisen.

Vor allem die zweite Möglichkeit erscheint plausibel, weil
sich das Verhalten im Gefangenendilemma oft als labil erweist. Beispielsweise gibt es zahlreiche Untersuchungen, die
einen Geschlechtseinfluss in der Form finden, dass männliche
Versuchspersonen kooperativer sind. Fast ebenso zahlreich
sind jedoch Arbeiten, in denen Frauen mehr kooperative Wahlen
treffen und in denen keine Unterschiede auftreten. Erklä-
rungsversuche für die stärker kompetitive Haltung der Frauen
weisen auf die unterschiedliche Erfassung der Situation hin.
Nach VINACKE (1969) passen sich Frauen stärker an die Ver-
suchsleiter-Instruktion an. Da das Spiel auf den ersten Blick
durch Wettbewerb ausgezeichnet zu sein scheint, verzichten
sie auf Kooperation. Ihre starke Wettbewerbsorientierung im
Gefangenendilemma wäre danach Ausdruck einer besonders ausge-
prägten Kooperationsneigung in der übergeordneten sozialen
Beziehung zum Versuchsleiter. Andere Erklärungen erinnern an
die geringere Risikobereitschaft der Frauen, die zur risiko-
losen kompetitiven Wahl führen könnte, sie setzen voraus,
dass Männer eher langfristig denken und deshalb kooperative
Entscheidungen vorziehen, dass Frauen weniger Machtmittel
einsetzen wollen usw. Diese ad-hoc-Interpretationen besagen
jedoch noch wenig. Erst wenn die in den Erklärungen angespro-

chenen Variablen experimentell manipuliert worden sind, können sie als Ursachen eines geschlechtsspezifischen Spielver-
haltens betrachtet werden.

3.6.2.3. Situationale Einflüsse

Das Verhältnis der Gruppenmitglieder zueinander. In der Regel
spielen die Versuchspersonen in mixed-motive games gegen
einen unbekannten Partner, der ihnen sichtbar gegenübersitzt
oder der angeblich in einem anderen Raum arbeitet, in Wirklichkeit aber simuliert wird. Damit sind die Voraussetzungen
gegeben, dem Partner alle Eigenschaften und Verhaltenstendenzen zuzuschreiben, welche die experimentelle Manipulation
wichtiger Variablen fordert.

Es ist zu vermuten, dass man eine Konfliktlage mit Bekannten
anders löst als mit Fremden. Nach den Ergebnissen von OSKAMP
& PERLMAN (1966) dürfte es sich dabei allerdings um recht
komplexe Zusammenhänge handeln. Unter Kunststudenten an einer
kleinen Universität kam es nämlich umso mehr zu kooperativen
Wahlen, je enger die Partner befreundet waren. Unter Ökono-
mie- und Politologiestudenten einer grossen Universität war
die Kooperationsbereitschaft dagegen unter den besten Freunden geringer als unter den restlichen Gruppen. SWINGLE &
GILLIS (1968) konfrontierten ihre Versuchspersonen angeblich
mit einem Partner von dem sie am Tag vorher angegeben hatten,
ihn sehr zu schätzen bzw. ihn abzulehnen und fanden koopera-
tivere Wahlen bei den Freundschaftsgruppen. Die uneinheitli-
chen Ergebnisse machen weitere Untersuchungen notwendig, ehe
die plausible Beziehung zwischen Freundschaft und Kooperation
bestätigt ist.

Die Instruktion. RADLOW (1965) erklärte einer Versuchspersonengruppe die Gefangenendilemmaaufgaben knapp und einer zweiten Gruppe ausführlicher. Im zweiten Fall spielten die Partner kooperativer. Anscheinend genügt eine kurze Anweisung
nicht zum vollen Verständnis aller Möglichkeiten des Spieles.

Diese Vermutung wird von EVANS & CRUMBAUGH (1966) gestützt,
die durch eine übersichtlichere Darstellung der Matrix, also
durch eine leichtere Verständlichkeit der Aufgabe, mehr kooperative Wahlen erreichten.

Selbstverständlich wirken sich bestimmte Instruktionsrichtun-
gen, z.B. mit besonderer Betonung des Spielcharakters oder
mit der Aufforderung, mehr als der Partner zu gewinnen, auf
das Verhalten der Spieler aus: diese Versuchspersonen sind
weniger kooperativ (Beispiele bei KRIVOHLAVY, 1974, 262ff.).

<u>Die</u> <u>Machtverteilung</u>. Das Gefangenendilemma ist ein symmetri-
sches Spiel. Jeder Partner hat dieselben Gewinn- und Verlust-
chancen. Verschiedentlich wurden asymmetrische Matrizen verwendet, um das Verhalten des überlegenen oder unterlegenen
Spielers kennenzulernen. SOLOMON (1960) variierte Erträge und
Kosten in vier verschiedenen Matrizen, so dass ein Partner
dem anderen gleichgestellt oder mit wachsender Eindeutigkeit
überlegen war. Die Versuchspersonen spielten umso kompetitiver, je grösser die Machtüberlegenheit ihres Partners war.
GAHAGAN & TEDESCHI (1969) verglichen das Verhalten der Spieler in überlegenen und unterlegenen Machtpositionen und fanden, wie die unterlegenen Partner kooperativ wählten, die
überlegenen aber ihre Macht in kompetitiver Weise ausnutzten.
Vergleiche von asymmetrischen Machtverteilungen mit symmetri-
schen Gefangenendilemma-Situationen (z.B. SCHELLENBERG, 1964)
deckten auf, dass bei Machtungleichheiten mehr kompetitive
Entscheidungen getroffen werden.

Machtungleichheit scheint also zu einer stärker egozentri-
schen Haltung zu führen; die Verschiedenheit der Matrizenwer-
te bewirkt eine Betonung der Eigenarten, während gleiche
Ressourcenverteilungen die Berücksichtigung gemeinsamer Interessen begünstigen. Die positiven Beziehungen bei gleicher
Machtverteilung und die negativen Aktionen bei Ungleichheiten
entsprechen voll den Vorstellungen der Balancetheorie.

Die Aufzählung situativer Einflüsse auf das Verhalten in mixed-motive games könnte fortgesetzt werden (s. GALLO & MC CLINTOCK, 1965, KRIVOHLAVY, 1974). VINACKE (1969) nimmt die leichte Beeinflussbarkeit der Spieler aufgrund der situativen Bedingungen zum Anlass, das Verhalten zweier Parteien mit widerstreitenden Interessen nicht durch die vereinfachende Rationalitätsannahme der Spieltheorie zu erklären, die Gewinnmaximierung und Verlustminimierung als Hauptziele der Person ansieht, sondern eine komplexe Feldtheorie zu fordern. Alle Kräfte des psychologischen Feldes, seien sie persönlichkeitsbedingt,wie ein bestimmtes Motivsystem oder ein erlerntes Verhaltensmuster, oder umgebungsspezifisch, wie die Matrixausstattung oder die Versuchspersonenbeziehungen, wirken zusammen, um eine bestimmte Wahl zu begründen. Eine detaillierte Ausarbeitung einer so komplexen Feldtheorie steht heute noch aus.

3.6.3. Die Wirkung von Drohungen

Ausser der Frage, wovon es abhängt, ob man bei Interessengegensätzen nur an den eigenen Gewinn denkt, oder ob man bestrebt ist, die Erträge für beide Partner annehmbar zu gestalten, hat man sich bemüht, mit Hilfe experimenteller Spiele abzuklären, unter welchen Bedingungen und mit welchen Wirkungen man Auseinandersetzungen durch Drohungen zu beeinflussen sucht. Das starke Interesse an der Bedeutung von Drohungen für die Regelung von Konflikten war nicht zuletzt durch die Hoffnung bestimmt, Aufschlüsse darüber zu erhalten, wie internationale Interessengegensätze ohne Realisierung von Drohungen zu lösen sind. Übersichten über die Forschung finden sich bei KRIVOHLAVY, 1974, DEUTSCH & KRAUSS, 1962, KELLEY, 1965 und TEDESCHI (1970).

3.6.3.1. Arbeiten mit der Versuchsanordnung von DEUTSCH & KRAUSS

DEUTSCH & KRAUSS (1960, 1962) entwickelten eine Versuchsanordnung, die seitdem als ein Standardverfahren benutzt wird, die andererseits aber auch auf begründete Kritik gestossen ist.

Zwei Versuchspersonen werden gebeten, sich in die Lage je eines Lastwagenfahrers zu versetzen, der von einem Startpunkt A bzw. B zu einem Ziel A' bzw. B' fahren soll (Abb. 32). Es steht ein kurzer Weg zur Verfügung, der jedoch streckenweise nur einspurig befahren werden kann und daher eine Verständigung unter den beiden Fahrern voraussetzt, und ein Umweg. Für jede Fahrt kann ein Fahrer 70 Cents erhalten, abzüglich der bei Standardtempo benötigten Zeit. Die Benutzung der Ausweichroute wird einen Verlust von 10 Cents erbringen.

In einer von drei Versuchsbedingungen kann jeder Fahrer an der Ausfahrt der einspurigen Strecke den Weg mit einer Barriere sperren, so dass der andere Spieler warten, verhandeln oder umkehren muss. In den Varianten steht nur einem Fahrer die Barriere zur Verfügung bzw. es wird als Kontrollbedingung ohne Barriere gespielt. Die Barrieren betrachten DEUTSCH & KRAUSS als Drohpotential. Sie dürfen nur benutzt werden, wenn der Fahrer selbst auch die kürzere Strecke benutzt.

In der Instruktion wurde darauf hingewiesen, es sei Ziel, so viel Geld wie möglich zu verdienen und sich nicht von den Gewinnen oder Verlusten des Partners beeindrucken zu lassen.

Nach 20 Spielläufen zeigten beide Spieler in der Kontrollbedingung ohne Barrieren einen mittleren Gewinn von 203 Cents, bei der unilateralen "Droh"-Bedingung einen Verlust von 406 Cents und bei der bilateralen "Droh"-Bedingung einen Verlust von 875 Cents. Unter der Möglichkeit, dem Gegenspieler zu drohen, gelangen also beide Versuchspersonen zu schlechteren Resultaten als ohne Drohmittel. Die Autoren weisen in diesem Zusammenhang auf die Gefährdung des Selbstbewusstseins hin, die eintritt, wenn eine Person durch Druck zu einem Verhalten gezwungen wird. Diese Drohung provoziert Gegendrohung. BREHM (1966) hat diese Tendenzen in seiner Theorie der psychologischen Reaktanz in anderem Zusammenhang beschrieben. Dagegen fällt es leicht, ohne Druck, also aus freiem Ermessen, den Partnerwünschen nachzugeben.

Diese Befunde erregten ein weites Aufsehen, weil sie Gefahren

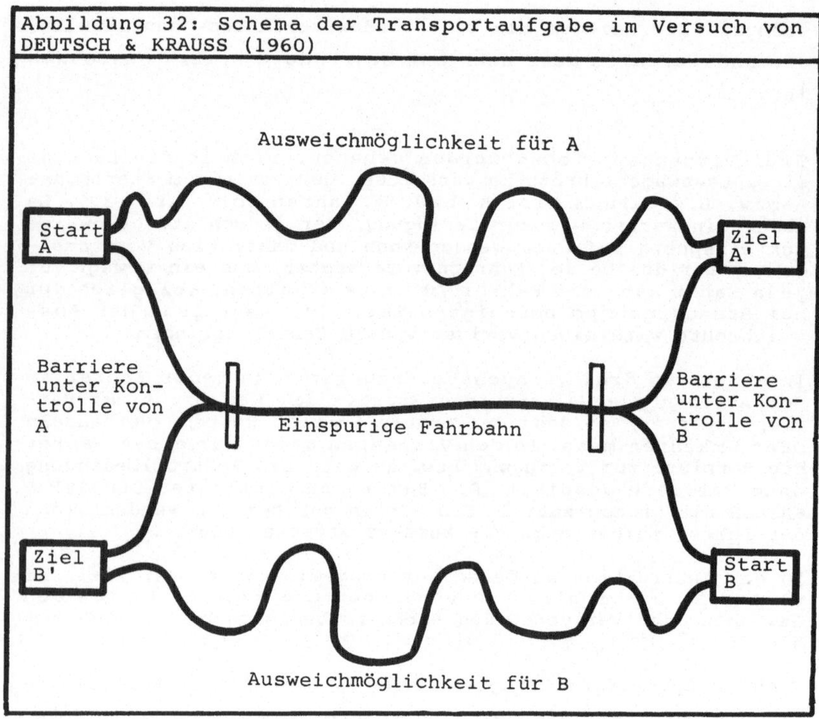

aufzuzeigen schienen, die in binnengesellschaftlichen und internationalen Auseinanderstzungen mit einem hohen beidseitigen Drohpotential verbunden sind. Sie wurden mehrmals repliziert und in ihrer Methodologie kritisch analysiert.

KELLEY (1965) machte darauf aufmerksam, dass durch die Barrieren viele Motive berührt sein können. Eine frühzeitige Benutzung kann als Drohsignal dienen, die Barriere geschlossen zu halten, falls der Partner seinerseits die Durchfahrt nicht gestattet. Genauso kann sie aber Hinweis sein, wer die Einspurstrecke zunächst benutzen kann. Lässt eine Versuchsperson die Barriere etwas später im Spielablauf nieder, so

kann sie damit strafen, sich rächen oder auch nur den Gegenspieler ärgern wollen. Zudem können die Paare ohne Barriere
sich gegenseitig mit ihren Lastwagen ebenfalls den Weg ver-
sperren und damit den Spielgewinn für den Partner genauso
reduzieren wie unter der Barrierenbedingung. Damit sind die
auch in verschiedenen Nachuntersuchungen gewonnenen konsi-
stent negativen Wirkungen der zwei- und einseitigen Drohmög-
lichkeit nicht eindeutig auf die Drohung zurückzuführen.
BORAH (1963) kritisierte, die schlechten Ergebnisse unter den
Barrierebedingungen bei DEUTSCH & KRAUSS seien einerseits
verursacht durch die Rückfahrt zum Ausgangspunkt und die
Benutzung des Umweges, andererseits aber auch durch Verhandlungszeiten, in denen die Versuchspersonen den Partner zur
Öffnung der Schranke bewegen wollen. Da sich seine Experimentalgruppen mit und ohne Barrieren in den Verhandlungszeiten
nicht unterschieden, scheinen die Drohmöglichkeiten durch
Barrieren keinen Einfluss auf das Konfliktlöseverhalten zu
haben. Die hohen Verluste unter der Barrierenbedingung sind
vielmehr Ausdruck der Tendenzen, der Auseinandersetzung zu
entgehen und frühzeitig den Umweg zu wählen oder vor den
geschlossenen Schranken zu warten.

Ein weiteres Argument, das sich aus den Arbeiten von ORNE
(1969, s. auch S. 133) herleitet, gilt auch für die meisten
Arbeiten mit geänderter Methodologie: wenn eine Versuchsperson die Erwartungen des Versuchsleiters erfüllen will, wird
sie aus der Versuchsanordnung seine Hypothesen erschliessen
wollen. Bietet die Versuchsanordnung Barrieren, so wird die
"gute Versuchsperson" sie auch benutzen, weil sie glaubt,
damit dem Versuchsleiter einen Gefallen zu erweisen.

Wie sehr die ersten Befunde von DEUTSCH & KRAUSS von weiteren
Einflüssen abhängen, zeigen Arbeiten, die bei hoher Motivation der Spieler (hohe Dollarbeträge - KELLEY, 1965, GALLO,
1966), bei Wegfall der Umweglösung (SHOMER, DAVIS & KELLEY,
1966) und bei hoher Kooperation der einen Seite (KRAUSS,

1966) eine seltenere Benutzung der Barrieren fanden.

BORAH (1963) ersetzte die Drohung mit Hilfe von Barrieren durch eine Drohung mit Hilfe von Elektroschocks, die ein Spieler seinem Opponenten zukommen lassen konnte. Damit war die Kontamination von Drohung und Gewinnausfall durch den erhöhten Zeitaufwand für die Rückkehr zum Start und Benutzung des Umweges ausgeschaltet. Was als Drohung bezeichnet wurde, konnte aber immer noch als Strafe oder Racheakt erlebt werden. Trotzdem zeigten sich höhere Gewinne als unter der Barrierenbedingung.

Mit der ursprünglichen Anordnung von DEUTSCH & KRAUSS wurde mehrfach die Reduktion des individuellen und des gemeinsamen Gewinns bei Vorgabe von Drohmitteln aufgefunden. Die kritischen Anmerkungen und die ersten empirischen Gegenbefunde bei abweichenden Versuchsmethoden lassen jedoch eine breitere Verallgemeinerung der zunächst auch interdisziplinär stark beachteten Ergebnisse nicht zu.

3.6.3.2. Drohung als Vorankündigung möglicher Strafen
Sobald man wie KELLEY (1965) unter einer Drohung ein Einflussmittel versteht, das explizit oder implizit die Vorstellung enthält, die bedrohte Person erleide Schaden, falls sie ihr Verhalten nicht in einer bestimmten Richtung ändert, sollte man der Versuchsperson die Zusammenhänge zwischen dem unerwünschten Verhalten und dem möglichen Schaden eindeutiger klarmachen als es im Paradigma von DEUTSCH & KRAUSS geschieht.

Solche Versuche liegen vor. HORAI & TEDESCHI (1969) veränderten das ursprüngliche Gefangenendilemmaspiel, indem ein Partner drohen konnte: "Wenn Sie nicht beim nächsten Spiel die Wahl 1 treffen, werde ich Ihnen n Punkte abziehen." Der Mitspieler konnte zustimmend, ablehnend oder ausweichend antworten; bei der nächsten Wahl aber zeigte sich, ob er den

Wunsch erfüllte. Die Versuchspersonen kamen der Drohung umso
eher nach, je grösser der angedrohte Schaden war und je
häufiger die Drohung realisiert wurde. SCHLENKER et al.
(1970) benutzten dieselbe Versuchsanordnung. Während bei
HORAI & TEDESCHI (1969) der drohende Partner immer die kompetitive Wahl traf, liessen SCHLENKER et al. den drohenden
Spieler entweder kompetitiv oder kooperativ spielen. Bei
kooperativer Haltung erfüllte der Gegenspieler eher den
Wunsch, während er bei totaler Ausbeutung der Drohung seltener nachkam. Nicht die Drohung allein kann somit als entscheidende Variable betrachtet werden, sondern die Drohung im
Kontext der gesamten Beziehung zwischen den Partnern. Bei
grundsätzlicher Kooperationsbereitschaft des drohenden Partners erhält die Drohung einen Signalwert. Der Gegenspieler
erfährt dadurch, mit welchen Folgen er zu rechnen hat.

CHENEY, HARFORD & SOLOMON (1972) stellten ihren Versuchspersonen beim Lastwagenspiel frei, ob sie dem Partner drohende
oder versprechende Mitteilungen zusenden wollten. Dabei zogen
die Versuchspersonen Versprechen gegenüber Drohungen eindeutig vor (84% gegen 16%). Die häufige Verwendung von Drohungen
bei DEUTSCH & KRAUSS (1960) stellt somit ein methodenbeding-
tes Artefakt dar: die üblichen Versuchspersonen benutzen,
wenn sie Gelegenheit dazu erhalten, überwiegend positive
Versprechen, um den eigenen und den Partnergewinn zu sichern.
Wenn allerdings die drohenden Mitteilungen benutzt wurden,
sank das Ergebnis auf das Niveau der Kontrollgruppe ab, die
keine Kommunikationschancen hatte.

Eine besondere Art der Drohung stellt die <u>Abschreckung</u> dar.
Der Spieler sucht sich vor Angriffen des Opponenten zu schüt-
zen, indem er im potentiellen Angreifer eine Furcht vor
Vergeltungs - schlägen weckt. MICHENER & COHEN (1973) über-
prüften in einem makabren Experiment die Hypothese, dass die
Grösse möglicher Vergeltungsschläge (Zerstörung von n % der
Bevölkerung!) die Verhandlungsposition einer Partei unter-

stützt. Der Verhandlungspartner mit dem höheren Vergeltungs-
potential erzielte voraussagegemäss die besseren Verhand-
lungsergebnisse. Andererseits bestätigten sich die dysfunk-
tionalen Wirkungen von Drohungen und Vergeltungsschlägen,
indem sie negative Zusammenhänge zu der Höhe der Verhand-
lungsergebnisse zeigten. Auch die gegenseitige Anheizung
durch Drohung wiederholte sich hier: die Korrelation zwischen
dem Drohverhalten des überlegenen und des unterlegenen Partners betrug .74. Andere Versuche (z.B. HORNSTEIN, 1965) wek-
ken jedoch Zweifel an der generellen Gültigkeit der Abschrek-
kungsthese. Da die Versuchspersonen unterscheiden, zwischen
dem, was sie tun und verantworten können, und dem, was den
höchsten Gewinn einbringt (s. KAPLOWITZ, 1973), sollte in
jedem dieser Experimente abgeklärt sein, ob die reale oder
die gewinnmaximierende, aber für das wirkliche Verhalten
nicht entscheidende, Motivation bestimmend ist.

Auch die zur Abschreckung konträren Haltungen Pazifizmus oder
Konzessionsbereitschaft wurden in experimentellen Spielen
untersucht (s. OFSHE, 1971). SHURE, MEEKER & HANSFORD (1965)
entwickelten eine Aufgabe, bei der jede Seite Information
durch ein Medium geringer Kapazität schicken musste, um fi-
nanziellen Gewinn zu erzielen. Die Daten konnten pro Spiel-
phase nur in eine Richtung fliessen, so dass ein Spieler dem
anderen den Vortritt lassen musste. Gleichzeitig erwarb der
dominierende Spieler dadurch das Recht, den Partner unter
Verabreichung schmerzhafter Elektroschocks aus dem Medium zu
verdrängen. Im Experiment spielten die Versuchspersonen gegen
simulierte Pazifisten. Die überraschend grosse Bereitschaft
selbst der zuvor kooperativ eingestellten Versuchspersonen,
den Pazifisten unter körperlicher Schädigung durch Elektro-
schock auszunützen (s. Tab. 13), führte die Autoren zu der
Schlussfolgerung, dass "... the overall effectiveness of the
pacifist's strategies cannot be considered impressive" (112).

Ähnliche Befunde berichten z.B. EVANS (1964) aus einer Gefan-

	Geplantes Verhalten	Verhalten gegenüber Pazifisten	
		nach den ersten vier Spielrunden	bei Spielende
Domination	75	71 } 54	125 → 85
Kooperation	68 / 143	4 } 14	18 / 143 → 40

Tabelle 13: Verhalten von Versuchspersonen gegenüber einem Pazifisten (nach Angaben in SHURE, MEEKER & HANSFORD, 1965)

genendilemma-Anordnung und KOMORITA & BRENNER (1968) aus
Verhandlungen zur Festsetzung des Verkaufspreises zwischen
einem Verkäufer und seinem Kunden.

Ein anderer Vorschlag einer erfolgreichen und gewaltlosen
Verhandlung mit mächtigen Partnern stammt von OSGOOD (1962).
In einer Monographie, die sich deutlich als Ratgeber für
Spitzenpolitiker sieht und die romanhaft ausgestaltete Vision
einer möglichen Deeskalation der Ost-Westspannungen enthält,
empfiehlt er in ein negatives Wettrüsten einzusteigen. Nach
seiner GRIT-Methode ("Graduated Reciprocation In Tension-
reduction") müsse eine Seite ernste Initiativen planen, bestehende Spannungen zu vermindern. Diese Initiativen müssen
öffentlich angekündigt werden und als Teil einer langfristigen Politik erscheinen. Sie sollen jedoch die Machtüberlegenheit nicht infragestellen. Angekündigte Initiativprogramme
müssen auch dann realisiert werden, wenn der Partner der
Einladung zu ähnlichen Schritten nicht folgt.

Während OSGOOD auf die empirische Überprüfung dieser komplexen Methode verzichtet, versuchten PILISUK & SKOLNICK (1968),
ein multi-motive game zu entwickeln, mit dem sie glauben, den
Vorschlag testen zu können. Die Ergebnisse sprechen teilweise
für OSGOOD's Methode: Spielern, die ihren begrenzten Span-

nungsabbau vorher ankündigten, wurde am meisten Vertrauen
entgegengebracht. Ihre Partner unterschieden sich in der
Kooperationsbereitschaft jedoch nicht von den Partnern der
Spieler mit einer reinen Strategie der Vergeltung ("mat-
ching"). Nur Paare ohne feste Strategie spielten weniger
kooperativ.

Drohmöglichkeiten, Bestrafungen, Abschreckung, Pazifismus
oder angekündigter Spannungsabbau sind also nicht allein die
entscheidenden Variablen bei der Regelung widerstreitender
Interessen. Ebenso bedeutungsvoll sind die Zusatzbedingungen,
unter denen die Partner spielen, die Kommunikationsmittel,
die zurückliegenden Erfahrungen, die Höhe des möglichen Gewinns, die zugrundeliegende Motivation, die Anwesenheit von
Zuschauern und die Art und Weise, wie der Erfolg einer Partie
beurteilt wird. Damit gelingt es gerade der unter den stark
vereinfachten Bedingungen der experimentellen Spiele operie-
rende Arbeitsrichtung, auf die Multivalenz jeder natürlichen
Situation aufmerkam zu machen.

3.6.4. Verhandlungen in natürlicheren Situationen

NEMETH (1972) spricht sich energisch gegen eine weitere
Verwendung des Gefangenendilemmas zur Untersuchung von
Verhandlungen mit dem Ziel des Interessenausgleichs aus, weil
zu viele Motive die Spieler bei ihren Wahlen beeinflussen
können und weil es sich zu sehr von natürlichen Verhandlungs-
situationen unterscheidet, in denen einander mittelfristig
bekannte Personen mit einer breiten Skala von Kommunikationsmöglichkeiten gegenübersitzen. Es ist daher verständlich,
wenn schon frühzeitig natürlichere Experimente, die eher
einer Verhandlung mit dem Ziel des Interessenausgleichs entsprechen, entwickelt wurden.

Eine von SIEGEL & FOURAKER (1960) konzipierte Verhandlungssi-
tuation diente zahlreichen Arbeiten als Prototyp eines experimentellen Spieles mit Interessenausgleich bei uneinge-
schränkter Kommunikation (s. KELLEY & SCHENITZKI, 1972). Die
Versuchspersonen verhandeln als Käufer oder Verkäufer miteinander darüber, wieviel Waren sie zu welchem Preis kaufen bzw.

verkaufen, wobei jede Seite durch divergierende Gewinntabellen zu voneinander abweichenden Zielen geführt wird. Z.B. versucht der Verkäufer eine grosse Menge abzusetzen, weil er dadurch seinen Gewinn überproportional steigern kann, während der Käufer geringe Mengen kaufen will, weil seine Erträge nur bei knappem Angebot im Weiterverkauf hochgehalten werden können.

Durch Variation der Informiertheit über die Gewinntabelle der Gegenseite, des Eingangsangebotes, der Grösse der schrittweisen Konzessionen, des anfänglichen Anspruchsniveaus der beiden Seiten und weiterer Variablen lässt sich ihr Einfluss auf die Verhandlung ermitteln.

So konnte YUKL (1974) eine Reihe früherer Arbeiten bestätigen, wenn er bei den Preisverhandlungen um einen fiktiven Gebrauchtwagen feststellte, ein knappes Anfangsangebot ebenso wie kleine Konzessionen während der Verhandlung führen zu einem niedrigeren von beiden Seiten akzeptierten Preis; dagegen wirken die Konzessionen selbt nicht auf Konzessionsbereitschaft des Partners ein. Der aus der Verhandlung erwartete Gewinn, das Anspruchsniveau, bildet sich damit erst aufgrund der Vorstellung, die man in der Anfangsphase von seinem Partner entwickelt.

Tritt als zusätzliche Variable der Zeitdruck hinzu, so scheint ein hohes Anfangsangebot oder eine grössere Konzessionsbereitschaft mit hohem Endgewinn zusammenzuhängen (HINTON, HAMNER & POHLEN, 1974). Diese Autoren empfehlen vor allem auch dann ein weiches Verhandeln, wenn dieselben Partner häufiger miteinander zu tun haben. Dieser an Dauergruppen erinnernde Aspekt wird auch von YUKL (1974) betont, denn dort wurde der konzessionsbereite Partner zwar als schwächer, aber auch als flexibler, vernünftiger und kooperativer beurteilt.

Das Abweichen von der eigenen Haltung wird durch einen Ver-

mittler beträchtlich erleichtert (PRUITT & JOHNSON, 1970). Im
Gegensatz zu Zugeständnissen ohne Vermittler war das Selbst-
gefühl nach den Konzessionen nach dem Eingreifen eines Vermittlers nicht beeinträchtigt. Die Hoffnung, damit eine Methode zu besitzen, mit der uneinigen Partnern ohne Gesichts-
verlust eine beträchtliche Annäherung der Standpunkte abge-
trotzt werden könnte, ist aber noch verfrüht, weil sich der
Erfolg des Vermittlers unter abweichender Versuchsanordnung
weniger eindeutig einstellte (JOHNSON & TULLAR, 1972).

Andere Versuche, die Ergebnisse experimenteller Spiele auf
konkrete Auseinandersetzungen anzuwenden, werden für reale
politische Tagesfragen gewagt. Wie kann die arabisch-israeli-
sche Konfrontation abgebaut werden (BEN-DAK, 1972)? Wie ist
der Zypernkonflikt zu lösen (LUMSDEN, 1973)? Wie sollten sich
BRANDT oder STOPH in Erfurt 1970 verhalten (JUNNE, 1972,
61ff.)? Wie diese Beispiele andeuten, können auf so konkretem
Niveau die Antworten nicht von experimentellen Spielen erwartet werden, weil der volle Aktionsbereich aller Beteiligten
in den Spielregeln nicht fixiert werden kann. Für konkrete
Fälle dürfte es daher eine grössere Hilfe darstellen, wenn
auf die allgemeinen Erkenntnisse der Versuche an Kleingruppen
hingewiesen und dabei die unzureichend geklärte Frage einer
Übertragung auf internationale Konflikte betont wird. Erst
wenn das Verhalten in der Kleingruppe und in der grossen
Politik auf identische theoretische Prozesse reduziert sein
wird, lassen sich Schlüsse von dem einen auf das andere
Niveau ziehen. Heute aber sind wir von einer vollen theoretischen Durchdringung der Vorgänge selbst in den einfachen
Spielen noch weit entfernt.

3.7. Die planmässige Veränderung von Gruppennormen und -struk-
turen

3.7.1. Was ist Gruppendynamik?

Wenn wir uns in diesem Kapitel einigen Forschungsergebnissen
zuwenden wollen, wie Veränderungen in Kleingruppen inszeniert
werden können, und wenn wir im weiteren Sinne therapeutische
Methoden, die sich der Kleingruppe als Instrument bedienen,
betrachten, sollten wir den in diesem Zusammenhang oft benutzten Begriff "Gruppendynamik" klären. Ursprünglich stammt

der Begriff von LEWIN, der ihn schon in den dreissiger Jahren zur Bezeichnung des wissenschaftlichen Studiums kleiner Gruppen verwendet (s. LÜCK, 1972).

Diese Bedeutung des Begriffes ist bis heute erhalten geblieben. So schreiben MC DAVID & HARARY (1968, 235):

> "The branch of social psychology that deals with the structure and function of organized social systems is known as group dynamics ..."

In dem mit Group dynamics überschriebenen Kapitel ihres Lehrbuches behandeln sie die Probleme: Gruppenleistung, Gruppenstruktur, Gruppennormen, Führung und Massenpsychologie. Auch SHAW (1981) gibt ihrem Lehrbuch über Kleingruppenforschung den Titel "Group Dynamics: the Psychology of Small Group Behavior". In dieser Weise will auch HOFSTÄTTER (1957a) seinen Buchtitel "Gruppendynamik" verstanden wissen, denn er informiert dort über wichtige Befunde der Kleingruppenforschung. Andererseits ist die Tendenz ausgeprägt, die Begriffe Kleingruppenforschung oder Gruppenpsychologie für die Erforschung der Kleingruppe zu verwenden und sich damit von der zweiten Bedeutung des Begriffes Gruppendynamik abzusetzen.

In dem zweiten Sinne bezeichnet Gruppendynamik

> "... a set of techniques, such as role playing, buzz-sessions, observations and feedback of group processes, and group decision, which have been employed widely during the past decade or two in training programs designed to improve skill in human relations and in the management of conferences and committees" (CARTWRIGHT & ZANDER, 1968, 4).

Es ist also eine Vielfalt von Methoden, die in den letzten dreissig Jahren entwickelt wurden, um Menschen zu befähigen, Gruppenprozesse zu verstehen, den eigenen Beitrag in diesen Vorgängen zu erkennen und Einsicht in die eigene Abhängigkeit von den Gruppenphänomenen zu gewinnen. Während ursprünglich in der Person von LEWIN und einiger seiner Schüler (s.S.266ff.) eine sehr enge Verbindung zwischen der Kleingruppenforschung und der Gruppendynamik im zweiten Sinn bestand, werden heute die geringen Beziehungen beklagt:

> "Der Zusammenhang der gruppendynamischen Methoden mit dem gegenwärtigen Stand der Kleingruppenforschung ist schwach. Nach Herleitung und Darstellung dieser Methoden handelt es sich eher um Ad-hoc-Erfindungen von gruppendynamischen Praktikern als um Übertragung gesicherter Erkenntnisse aus der Kleingruppenforschung" (SADER, 1972, 114).

Die relative Ferne der Gruppendynamik von der Kleingruppenforschung ist zumindest teilweise in der Vorbildung der Gruppendynamiker begründet. Wer sich von den neuen Möglichkeiten der Erwachsenenbildung und von dem Praxisbezug der damit verbundenen Arbeit angesprochen fühlte, begann gruppendynamisch zu arbeiten, ohne den oft sehr beschränkten Wissens- und Theoriestand der wissenschaftlichen Gruppenpsychologie zu kennen: Ärzte und Lehrer sind ebenso oft vertreten wie Psychologen oder Soziologen. Zudem überdeckt die naive Freude über Aha-Erlebnisse in der Gruppe die Bereitschaft zur kontrollierten Erforschung der in der therapeutischen Gruppe ablaufenden Ereignisse, wie auch den Zwang zur Weiterbildung hinsichtlich neuer gruppenpsychologischer Daten. Wenn man allerdings, wie FRITZ (1974), die Messung der Verläufe in gruppendynamischen Sitzungen mit dem Argument ablehnt, durch die Zielsetzung der Erfolgskontrollen müssten die technischen Fragen vor der Vernunft rangieren, weicht man auf Polemik aus. Gruppendynamische Methoden müssen ihre Nützlichkeit ebenso empirisch erweisen, wie andere unabhängige Variablen eines Experimentes. Gerade durch die Messung der Wirkungen von "vernünftigen" Einflüssen, die vielleicht auch ein neues messmethodologisches Repertoire erfordern, sind neuartige Fragestellungen und fruchtbares Forschen möglich.

Wie die später erfolgende Übersicht über gruppendynamische Methoden verdeutlicht, könnte eine erneute enge Verbindung zwischen Gruppendynamik und Gruppenpsychologie zu einer gegenseitigen Befruchtung beider Interessenrichtungen führen.

CARTWRIGHT & ZANDER (1968) führen als dritte Bedeutung der Gruppendynamik die politisch-gesellschaftliche Ideologie an, die unter diesem Namen eigentlich nur in den USA bekannt wurde und eine demokratisch-partizipative Führung in den Vordergrund stellt.

3.7.2. Zur Veränderung von Verhaltensmustern unter Gruppeneinfluss

LEWIN (1958, 1963) geht unter dem Einfluss seiner Feldtheorie von dem bestehenden sozialen Kraftfeld aus, das durch Zusatzkräfte in ein neues quasi-stationäres Gleichgewicht übergeführt werden muss, wenn die intendierte Verhaltensänderung erfolgreich abgeschlossen sein soll. Um den Änderungsprozess zu erleichtern, schlägt er ein dreiphasiges Vorgehen vor: zuerst ist das Ausgangskraftfeld aufzulockern ("unfreezing"), indem die den neuen Zustand unterstützenden Kräfte gestärkt und die behindernden Kräfte geschwächt werden. Es folgt die Veränderung der Kräftekonstellation in den gewünschten Zustand ("change"), in dem sie nun wieder zu befestigen ist ("freezing"), damit kein Rückfall in die Ausgangslage erfolgt.

Wie diese Dreiphasen-Abfolge unter Gruppeneinfluss verlaufen kann, demonstrierte LEWIN zusammen mit seinen Schülern in Hausfrauen- und Mütternexperimenten, die zum Kochen ehemals verabscheuter Innereien, zur Verwendung von Frischmilch oder Trockenmilch, zur Beigabe von Apfelsinensaft und Lebertran in die Säuglingsnahrung geführt werden sollten, und in Internaten, in denen die Schüler statt Weissbrot Vollweizenbrot konsumieren sollten. Die Versuche verliefen in der Regel so, dass Hausfrauen zunächst über die Hindernisse bei der Verar-

beitung der Innereien diskutierten (Auflockerung). Nachdem so
das Interesse geweckt war, erteilte eine Ernährungsspeziali-
stin Ratschläge, wie die vorgebrachten Hindernisse gegen die
Fleischsorten überwunden werden könnten (Veränderung). Am
Ende gaben die Teilnehmerinnen durch Handaufheben bekannt, ob
sie innerhalb der kommenden Woche mindestens ein Rezept ausprobieren wollten (Festigung). Kontrollgruppen hörten nur
instruktiven Vorträgen über volkswirtschaftliche und medizinische Gründe für den Verbrauch von Innereien zu und lernten
abschliessend die Rezepte kennen. Während bei der Folgebefra-
gung 32% der Versuchsgruppe angaben, zumindest eine der früher abgelehnten Fleischarten gekocht zu haben, waren es aus
der Kontrollgruppe nur 3%.

LEWIN führte den Erfolg der Versuchsmanipulation auf die
Gruppendiskussion selbst zurück. Z.B. von JONES & GERARD
(1967, 334f.) und von SHAW (1981, 43) werden jedoch Alternativinterpretationen angeboten. So könnten das Wissen der
Versuchsgruppe um die Nachbefragung, die unterschiedlichen
Führerpersonen bei Gruppendiskussion oder Vortrag oder eine
geringere Bereitschaft nach dem Vortrag, die neuen Rezepte
erproben zu wollen, für das unterschiedliche Verhalten verantwortlich gewesen sein. BENNET (1955) bemühte sich, einige
dieser Einflüsse zu isolieren, indem er Psychologiestudenten
nach einer Gruppendiskussion oder nach einem Vortrag über die
freiwillige Versuchspersonentätigkeit an Universitäten keine
Entscheidung abforderte, indem er sie anonym entscheiden
liess, oder indem er ihre Bereitschaft durch Handaufheben
ohne oder mit Namensnennung erfragte. Nach einigen Tagen
wurden alle Teilnehmer gebeten, sich als Versuchspersonen
registrieren zu lassen. Weder die Gruppendiskussion noch die
Art der Selbstverpflichtung in Form von anonymer oder öffent-
licher Entscheidung hatte einen Einfluss auf die Handlungsbe-
reitschaft. Einzig unter den Versuchspersonen, die sich nach
dem Vortrag bzw. nach der Gruppendiskussion in irgend einer
Form entscheiden sollten, fanden sich tendentiell mehr koope-

rationsbereite Personen als unter den Partnern, die sich nicht zu entscheiden brauchten (22% gegenüber 15%; p=.07). BENNETT ist zuzustimmen, wenn er nach seinen Befunden vor einer vorschnellen Verallgemeinerung der LEWIN-Ergebnisse warnt. Genau so fatal wäre es, nur aufgrund der neuen Arbeit die gleichlautenden Ergebnisse aus den methodisch anfechtbaren Pilotstudien der LEWIN-Schüler zu verwerfen.

Weitere Arbeiten aus dem Bereich der Industrie (z.B. COCH & FRENCH, 1948, FRENCH, ISRAEL & AS, 1960, LEVINE & BUTLER, 1952) und aus der Vorurteilsforschung (z.B. MITNICK & MC GINNIES, 1958, DIETRICH, 1967) bestätigten den stabilisierenden Effekt von Gruppendiskussionen für das neue Verhalten. Obwohl die zugrundeliegenden Prozesse theoretisch noch nicht überzeugend dargestellt sind, ist das Interesse an der Problematik zurückgegangen.

Bis heute liefert LEWIN's Drei-Phasen-Modell - z.T. erweitert auf mehrere Phasen (s. HUSE, 1975) - die theoretische Grundlage für die Änderung von individuellen oder kollektiven Normen. Daneben werden Klassifikationen von Änderungstechniken vorgelegt, die konventionelle und theoretisch abgesicherte Methoden enthalten. So unterscheiden CHIN & BENNE (1969) empirisch-rationale, normativ-reedukative und auf Macht und Zwang ausgerichtete Änderungstechniken. Zu den empirisch-rationalen Methoden rechnen sie u.a. die Vermittlung von Wissen durch Erziehungsmassnahmen, die Auswahl oder Umbesetzung von Gruppenmitgliedern, die Mitwirkung von Beratern oder "change agents" oder die Verbindung der Forschung mit der Wissensvermittlung. Zu den normativ-erzieherischen Techniken gehören die Versuche, das Problemlöseverhalten zu schulen oder die Persönlichkeit der Beteiligten zu entwickeln, während die Macht-Techniken unter dem Schutz der politischen Einrichtung oder durch Manipulation der Machtinhaber in der Gruppe arbeiten. Dieses Beispiel (s. auch weitere Beiträge in BENNIS, BENNE & CHIN, 1969, HORNSTEIN et al., 1971) machen

deutlich, dass sich das Interesse der auf Änderung ausgerich-
teten Autoren weniger auf die Kleingruppe als auf grössere
betriebliche Organisationen oder auf den kulturellen Wandel
im Rahmen internationaler Kooperation richtet. Die Kleingruppe steht im Mittelpunkt einiger der zahlreichen therapeutischen Ansätze, die versuchen, bei der Hilfe für gestörte
Menschen von der Dyadenbeziehung "Therapeut-Klient" loszukom-
men und im Rahmen von überschaubaren Gruppen Hilfe anzubie-
ten.

3.7.3. Gruppendynamische Methoden

Die gruppendynamischen Methoden leiten sich aus zwei verschiedenen Ursprüngen ab. Der eine Zweig kommt von der Psychotherapie her. Die Kleingruppe als therapeutische Einheit
bietet neben dem ökonomischen Vorteil, mehrere Personen
gleichzeitig zu behandeln, die Chance, in einem geschützten
sozialen Raum angepasste Verhaltensmuster zu erlernen. Der
andere Zweig geht auf das Bemühen zurück, die Erkenntnisse
der Gruppenpsychologie aktiv am Beispiel von Trainingsgruppen
zu erfahren und bei der Fortentwicklung der Persönlichkeit
einzusetzen. Heute sind Komponenten beider Ursprünge in die
meisten gruppendynamischen Methoden eingegangen, so dass wir
bei unserem Überblick nicht mehr scharf trennen werden zwischen der therapeutischen Zielsetzung im engeren Sinne und
der allgemeinen Persönlichkeitsentwickklung der freieren
Methoden.

3.7.3.1. Sensitivity Training

Die T(raining)-Gruppenmethode oder, wie sie im deutschen
Sprachraum häufiger genannt wird, das Sensitivity Training,
geht in seinen Anfängen noch auf LEWIN zurück (s. BACK, 1972,
BENNE, 1964), denn die ersten Sitzungen, die 1946 von den
Trainern BENNE, BRADFORD und LIPPITT in relativ konventionel-
ler Form durchgeführt wurden, wurden von dem Research Center
for Group Dynamics, dem LEWIN damals vorstand, beobachtend

begleitet. In den Forschungsvorhaben ging es um die Wirksamkeit verschiedener Lehrmethoden. An den Abenden sassen der Forschungs- und der Ausbildungsstab zusammen, um über die Ergebnisse des abgelaufenen Tages zu diskutieren. Als einige Mitglieder der Arbeitsgruppen Interesse an den Aussprachen bekundeten und mit dem Leitungsteam die Erfahrungen des Tages besprachen, stellte sich die Fruchtbarkeit der oft unterschiedlichen Interpretationen für das Verständnis des eigenen Verhaltens heraus. In diesem abendlichen Rückblick über den abgelaufenen Tag lag die Geburtsstunde des Sensitivitätstrainings.

Nach dem Tod LEWIN's 1947 wurde die Arbeit in Bethel/Maine durch den Einsatz von "Basic Skill Training"-Gruppen fortgesetzt, in denen ein Beobachter seine Wahrnehmungen und Interpretationen zum Gruppenverhalten mitteilte, in denen aber auch Übungen und Rollenspiele zum besseren Verständnis der Arbeit im Plenum stattfanden. Schon 1949 wurden die BST-Gruppen umbenannt in T-Gruppen. Innerhalb des National Training Laboratory in Bethel, das seit 1948 das Sensitivity Training weiterentwickelt und koordiniert, richtet sich die Aufmerksamkeit der Ausbilder auf die individuellen Erlebnisformen und auf die sozialen Prozesse in der T-Gruppe.
Als Ziele des Sensitivitätstrainings stellen SCHEIN & BENNIS (1965, 4) heraus:

> "laboratory training is an educational strategy which is based primarily on the experiences generated in various social encounters by the learners themselves, and which aims to influence attitudes and to develop competencies toward learning about human interactions."

BENNE, BRADFORD & LIPPITT (1964a, 15f.) beschreiben die Zielsetzung ausführlicher:

> "The training laboratory offers opportunities to improve the quality of membership in various associations and of participation in diverse human affairs. The achievement

of this general goal requires that learners understand
their internal needs, values, perceptions, and resources.
They must also become aware of the opportunities and
expectations of the social (and material) environments in
which they function... Improving the quality of participation requires also the creative integration of "inner"
needs and "outer" demands. An individual must grow in
his ability to diagnose disintegrities in his inner life,
in the environments that condition his actions, and in
the patterning of behavior by which he seeks to join his
two worlds".

Sie stellen dann fünf Ziele heraus:

1. Erhöhtes Bewusstsein von und Sensibilität gegenüber emotionalen Reaktionen, die in der eigenen Person und in
   anderen Menschen ablaufen.

2. Erhöhte Fähigkeit, Konsequenzen der eigenen Handlungen
   durch Beachtung der eigenen und der fremden Gefühle zu
   erkennen.

3. Entwicklung persönlicher Wertvorstellungen, die ein demo-
   kratisches und wissenschaftliches Problem-Löseverhalten
   bejahen.

4. Entwicklung von Begriffen und Einsichten, die es erlauben, persönliche Wertvorstellungen und Intentionen in den
   Anforderungen der Situation zu verwirklichen.

5. Erfolgreiche Auseinandersetzung mit der Umwelt.

SEASHORE (1972) wiederum sieht drei Lernziele: eine Vorstellung von der Wirkung der eigenen Person auf Fremde, Erfahrungen über Gruppenphänomene wie Macht, Normen, Gruppenstruktur,
Reife und Erfahrungen mit Organisationsproblemen in Kleingruppen wie Arbeitsteilung Konfliktregelung, Untergruppenbildung.

Trotz des gemeinsamen Zentrums in Bethel schwanken die Definitionen der Ziele des Sensitivitätstrainings zwischen stärker individuellen oder stärker gruppenzentrierten Schwerpunk-
ten. Wie in jedem Fall die Gruppe als Instrument für die
Erfahrungsbildung genutzt wird und wie Befunde der Kleingruppenforschung in den Lernprozess eingebaut werden, soll die
Skizze einer T-Gruppenveranstaltung zeigen (s. z.B. SCHEIN &

BENNIS, 1965, PAGES, 1974).

Meist beginnt die ein- bis zweiwöchige Veranstaltung mit
einer Eröffnungssitzung, in welcher der Trainer auf die Aufgaben der Gruppe hinweist, dass die aktuelle Situation für
das Lernen genutzt werden sollte, dass ein formeller Führer
und feste Verhaltensrichtlinien fehlen und dass die Gruppe
für den Ablauf der Sitzung selbst verantwortlich ist. Dieser
wenig strukturierten Situation versuchen die Teilnehmer in
der kritischen Anfangssitzung Konturen zu verleihen durch die
Aktivierung des Trainers oder durch die Entwicklung eines
Normen- und Rollensystems. Einzelne sparsame Stellungnahmen
des Trainers führen jedoch schon zu einer gesteigerten Wahrnehmung des eigenen und fremden Verhaltens.

Der künftige Wechsel von T-Gruppen mit Theorievermittlung,
Übungen, die oft der experimentellen Kleingruppenforschung
entnommen sind, Diskussionen über Anwendungen und freier Zeit
soll möglichst fruchtbare Voraussetzungen für das freie Erleben des eigenen Verhaltens und des Partnerverhaltens und für
die Übertragung der Erfahrungen auf die Situation zuhause
schaffen.

Der Siegeszug des NTL-Trainings in den USA unter Psychologen,
Theologen, Pädagogen, Wirtschaftlern usw. war imponierend.
Auf einem Höhepunkt des Interesses am Sensitivity Training in
den siebziger Jahren folgte eine Stabilisierung auf niedrige-
rem Niveau.

In England hatte BION (1961) vom Tavistock-Institut die
Grundlagen der T-Methode übernommen, sie aber entsprechend
seiner klinischen Interessen modifiziert. Basis der Tavi-
stock-Technik ist wieder die Kleingruppe, die ebenso wie beim
NTL-Sensitivitätstraining zu Intragruppenübungen und Plenums-
sitzung mit anderen Kleingruppen zusammenkommen kann. Stärker
als in Bethel-Seminaren werden tiefenpsychologische Aspekte
diskutiert. Zentrale Themen sind die Abhängigkeit der Gruppe
von einem Führer, die Tendenz, in reine Aktivität auszuweichen, wenn Probleme anstehen, und die Erhaltung der Gruppe
durch Beiträge für einzelne Mitglieder. Wenn man diese von
BION (1961) und später von RICE (1965) gelieferten Zielsetzungen mit dem breiten Feld empirischer Forschung vergleicht,

wird nur ein schmaler Ausschnitt möglicher Themen berücksichtigt.

3.7.3.2. Begegnungsgruppen

ROGERS (1970) schreibt sich die Autorenschaft für eine Grup-
penmethode zu, die nicht die kognitive, sondern die mehr
gefühlsmässige Erfassung der eigenen Person und der Umwelt
mit dem Ziel des Wachstums der Persönlichkeit in den Mittelpunkt stellt. Die "Encounter"-Gruppen werden nicht straff von
einer Zentrale aus gesteuert, so dass zahlreiche Variationen
nebeneinander geübt werden.

Als Ziele der Begegnungsgruppen nennt ROGERS (1970): Entwicklung eines psychologischen Klimas, in dem ein ungehinderter
Ausdruck der Gefühle möglich ist; gegenseitiges Vertrauen, in
dem jeder Teilnehmer sich mit seinen Gefühlen, Fähigkeiten
und seinem Körper akzeptiert fühlt; Änderung der Einstellungen und des Verhaltens; Bereitschaft, auf die Partner zu
hören und von ihnen zu lernen; Erleichterung von Innovationen
und neuer Haltungen; Ausstrahlung der Erfahrungen auf die
sozialen Beziehungen des Alltags. Nicht mehr der einzelne in
seinen Funktionen als Gruppenmitglied steht im Zentrum des
Interesses, sondern der einzelne als Persönlichkeit, deren
Selbstverständnis und deren Handlungsfähigkeit in seiner
Umwelt es zu ändern gilt.

Die Gruppe dient nur als Instrument, mit dem eine alltagsfer-
ne Atmosphäre geschaffen werden kann, in der das Wagnis einer
Änderung erleichtert ist. Obwohl damit so wichtige Konzepte
wie Gruppenziel, Konformität, Rollendifferenzierung, Motivie-
rung in der Gruppe angesprochen sind, werden sie nur selten
in die Überlegungen einbezogen. In der ersten Phase der
Begegnungsgruppe, dem "milling around", erläutert der Leiter
die ungewöhnlichen Freiheiten der Gruppe, in denen er auch
keine Anleitungen über die Gestaltung liefern wird. Die Gruppenmitglieder suchen die Zeit irgendwie zu füllen, aber der

Leiter hält sich im Hintergrund und wartet bis die Gruppe allmählich Gefühle ausdrückt, bis die Mitglieder sich gegenseitig zu verstehen beginnen und Hilfestellungen leisten, bis Fassaden zerstört werden und eine Weiterentwicklung der Einzelpersönlichkeiten erfolgt.

Die starke Zurückhaltung des Leiters während der mehrere Tage dauernden Sitzungen wurde von anderen Autoren nicht durchgehalten. Sie bemühten sich, durch Gruppenaufgaben die Erlebnisse vorzubereiten, die im Laufe eines Trainings erhofft werden. Eine Sammlung üblicher Aufgaben findet sich z.B. bei ANTONS (1973) und bei SVENSSON (1972). SCHUTZ (1971) arbeitete im Esalen-Zentrum oft mit körpernahen Übungen wie dem Durchbruch durch eine aus Partnern gebildeten Kette, der Begegnung zweier Menschen unter Ausschaltung rationaler Hemmnisse, dem Getragenwerden und Schaukeln auf den Händen der Grúppenmitglieder usw. STOLLER & BACH (s. SVENSSON, 1972) dehnen das Gruppenerlebnis von einer 90-minütigen Sitzung auf 10- bis 24-stündige Marathon-Sitzungen aus, in denen durch die körperliche Ermüdung und die massive Reizeinwirkung während des pausenlosen Gruppenerlebens die Aufnahmebereitschaft für die neuartigen Stimuli erhöht ist.

Die Begegnungsgruppe hat weniger die Rückmeldefunktion wie die T-Gruppe, sondern eher die Aufgabe, Resonanzboden zu sein, damit der einzelne seine Empfindungen besser wahrnimmt. Sie schafft die Atmosphäre, in der sich die Emotionalität der Teilnehmer voll entfalten kann. Genau so wenig Bedeutung kommt der Kleingruppenforschung bei der Gestalttherapie zu.

Diese Form der Gruppenarbeit wurde von PERLS (1969) entwikkelt. Wenn PERLS mit dem Namen "Gestalttherapie" eine enge Beziehung zu der historischen Gestaltpsychologie von WERTHEIMER, KÖHLER und KOFFKA anklingen lassen will, so verbirgt er damit gleichzeitig die Einflüsse der Psychoanalyse und der meisten anderen gruppendynamischen Verfahren auf seine Methode.

PERLS beschäftigte sich überwiegend mit einem Individuum, das auf dem "heissen Stuhl" sitzt und unter Anwesenheit der Gruppe die Fragen des Leiters beantwortet. Durch das schonungslose Verhör, verbunden mit einigen Gruppenübungen, wird die eine Person zu einer intensiven Beschäftigung mit sich selbst gezwungen. Die Person erlebt sich als Ganzheit und sie erlebt ihre Grenzen zur Umwelt hin durch ihre Sinne und durch Abwehrmechanismen wie Introjektion, Projektion, Retroflektion. Ziel ist die Integration aller Persönlichkeitskomponenten, das Bewusstsein über alle Empfindungen, die sich unter je wechselnden Bedingungen als Figuren vom Grund der Reizvielfalt abheben. Dabei legt PERLS das grösste Gewicht auf das Jetzt und Hier, so dass Vergangenheit oder Zukunft aus dem Erleben verdrängt werden. Die Übungen betreffen oft intensive Wahrnehmungsleistungen: wie man sich bei völliger Leere empfindet, was die Augen, die Nase, die Hand in einer angetroffenen Situation erleben oder welche Wünsche gerade aufkeimen.

Die ursprünglichen gestalttherapeutischen Ansätze wurden inzwischen erheblich erweitert.

3.7.3.3. Psychodrama
MORENO (1954, 1973) hatte das Rollenspiel und das Psychodrama schon sehr früh entwickelt. Beide Methoden gehören zu dem Standardinstrumentarium der Gruppendynamik im Bestreben, ein möglichst vielfältiges Erlebnisfeld zu bieten (s. PETZOLD, 1972, LEUTZ, 1974, YABLONSKY, 1976, ENGELKE, 1981).

Im Psychodrama gibt es den Direktor, der die Spieler motivieren und anwärmen soll und der damit identisch ist mit dem Trainer in anderen Methoden, den oder die Protagonisten, die ihre Situation aus der Vergangenheit darstellen, Hilfsiche, die Partner aus der Situation der Protagonisten verkörpern,

und die _Zuschauer_. Protagonist und Hilfsiche spielen ein
traumatisches Erlebnis oder eine belastende zukünftige Situation auf der "Bühne" vor den Zuschauern vor. Da MORENO auf
die Spontaneität der Einfälle besonderen Wert legt, kann es
während des Spieles zur kathartischen Entladung innerer Spannungen und zu produktiven Lösungen von Konflikten kommen. Der
Direktor greift immer dann durch Zusatzfragen, Widerspruch
oder auch durch Anweisungen, von einem bestimmten Augenblick
an die Rolle des Kontrahenten zu spielen, in die Szene ein,
wenn ein kritisches Erlebnis dargestellt wurde, und leitet
die sich anschliessende Diskussion. Diese Diskussion soll
nicht nur dem Protagonisten, sondern allen Gruppenmitgliedern
bei der Bewältigung gestörter Beziehungen helfen.

Diese Methode mit der entscheidenden Rolle des anregenden,
eingreifenden und weiterhelfenden Direktors ist auf MORENO
selbst zugeschnitten. Aber auch die einzelnen Spieler müssen
in der Lage sein, nach einer Anwärmphase so in dem Spiel
aufzugehen, dass die üblichen Hemmnisse von Laienschauspie-
lern überwunden sind. Diese hohen Anforderungen lassen das
Psychodrama nur in Ausnahmefällen als therapeutische Methode
Verwendung finden. Geringere Voraussetzungen bietet ein einfaches _Rollenspiel_, in dem eine kurze soziale Beziehung von
einigen Personen durchgespielt wird, um die gefühlsmässige
Ladung zu erleben, um sich auf schwierige soziale Situationen
vorzubereiten oder um unübliche Lösungsmöglichkeiten von
Konflikten zu erproben. An das Rollenspiel schliesst sich die
Feedback-Phase an, in der Trainer und Gruppenmitglieder eine
Bewertung des Verhaltens liefern, in denen aber auch die
durch das Spiel angeregten Gefühle verbalisiert werden können.

Während MORENO das Psychodrama als eine eigenständige therapeutische Methode betrachtet, dient es in der verkürzten Form
des Rollenspiels, das ausser von MORENO z.B. auch von CORSI-
NI, SHAW & BLAKE (1961) und CORSINI (1966) weiterentwickelt

wurde, als ein Bestandteil anderer Methoden.

3.7.3.4. Tiefenpsychologisch orientierte Gruppentechniken

Dem grossen Einfluss der Psychoanalyse auf die Persönlichkeitspsychologie und auf die Psychotherapie steht nur eine geringe Bedeutung in der empirisch orientierten Kleingruppenforschung gegenüber. Allenfalls ein oppositionelles Verhalten der Gruppe gegenüber ihrem Leiter wird mit der mythischen Vorstellung FREUD's (1921) von der Urhorde, die ihren Vater aus sexuellem Verlangen nach den von ihm beherrschten Frauen tötete, in Verbindung gebracht (z.B. SLATER, 1970). Dagegen gibt es zahlreiche Versuche, Elemente der psychoanalytischen therapeutischen Situation, die von FREUD immer als eine Beziehung zwischen dem Analytiker und einem einzigen Patienten verstanden worden war, für gruppendynamische und gruppentherapeutische Methoden nutzbar zu machen (s. z.B. HEIGL-EVERS, 1972, SHAFFER & GALINSKY, 1974).

Anstelle einer allgemein anerkannten oder orthodoxen psychoanalytischen Gruppentherapie wurden von zahlreichen Autoren eigene Methoden entwickelt, in denen einzelne Aspekte der Psychoanalyse in die Gruppensituation integriert sind. Beispielsweise legt SLAVSON (1956) Wert auf den Übertragungsmechanismus, bei dem Gruppenmitglieder ehemalige Gefühlsbeziehungen gegenüber Vater, Mutter oder anderen bedeutsamen Personen der Lebensgeschichte im Hinblick auf den Therapeuten oder auf einzelne Partner reaktivieren. Mit der Bewusstmachung dieses Vorganges ist nach psychoanalytischer Auffassung die Chance zur Bewältigung unverarbeiteter traumatischer Erlebnisse gegeben. Die grossen Freiheiten in der verbotsfreien Atmosphäre der Gruppe und die bedingungslose Liebe und Anerkennung durch den Therapeuten, die jedes Mitglied erfährt, erlauben auch tabuierte Gedanken und Gefühle durch Worte oder Handlungen auszudrücken und innerhalb eines karthartischen Erlebnisses zu verarbeiten.

WOLF & SCHWARTZ (1962) stellen die Technik der Traumdeutung und der freien Assoziation in den Mittelpunkt. Besonders Träume, in denen andere Gruppenmitglieder auftreten, finden die Aufmerksamkeit der gesamten Gruppe. Die freie Assoziation zu Inhalten der eigenen Träume, aber auch zu Träumen der Partner, wird als Weg zu weniger bewussten oder unbewussten Schichten angesehen. Dabei aktivieren die Erlebnisse gleicher oder ähnlicher Inhalte bei den anderen Gruppenmitgliedern eine wachsende Aufgeschlossenheit gegenüber dem therapeutischen Prozess. Widerstände gegen unbewusste Regungen sollen durch freie Assoziationen über die Person des Sitznachbarn erkannt und aufgelöst werden. Dabei kommt es auch zur Wahrnehmung von Übertragungen ehemaliger Familienbeziehungen auf die Gruppe.

FOULKES & ANTHONY (1965) betrachten eine "frei schwebende Diskussion" in der Gruppe als die der freien Assoziation in der Einzeltherapie entsprechende Form zur Aufdeckung unbewusster Inhalte. Die Analyse des Materials nimmt der Therapeut nicht allein vor, sondern die Gruppe beteiligt sich daran. Gemeinsam versuchen sie die Bedeutung von Trauminhalten und die Wirkungsweise realisierter Verteidigungsmechanismen aufzuklären. Schliesslich findet, wie das auch von anderen Autoren betont wird, die Übertragung gefühlsmässiger Beziehungen auf alle Mitglieder der Gruppe statt, so dass diesem Vorgang, der in der Individualpsychoanalyse zwischen Patient und Therapeut beschränkt ist, in der Gruppe mehr Ausdrucksmöglichkeiten offenstehen.

Während diese kurz skizzierten Beispiele psychoanalytisch orientierter Gruppentherapie zumindest einige zentrale Konzepte der orthodoxen Psychoanalyse auf die Gruppensituation anwenden, liegen auch zahlreiche Vorschläge anderer Techniken vor, die zwar noch mit einzelnen psychoanalytischen Begriffen arbeiten, sich aber sonst weitgehend von der starren Systematik FREUD'scher Lehre gelöst haben. Als Beispiel sei an

BATTEGAY (1973) erinnert, der noch den Übertragungsmechanismus und einzelne Formen der Abwehr, wie die Regression, von
FREUD übernimmt, dann aber neben der Wirksamkeit von Archety-
pen, die aus der JUNG'schen Lehre entnommen sind, Kleingrup-
penphänomene in das Zentrum rückt. So verweist er z.B. auf
die Konformitätstendenz in der Gruppe ("normativer Effekt",
27), auf den Leistungsvorteil durch einen erweiterten Infor-
mationsbereich, auf das Wirgefühl, auf die soziale Strukturierung, Vorgänge, die bei der Interpretation des Verlaufs
therapeutischer Gruppengespräche zweckmässig sind.

Auch RATTNER (1972) übernimmt wichtige psychoanalytische
Begriffe, wie die Persönlichkeitsgliederung in Es, Ich und
Überich oder die Existenz von Abwehrmechanismen. In seiner
durch viele Mitschriften dokumentierten "Gruppentherapie"
vermitteln er als Therapeut oder die Gruppenmitglieder jedoch
eine eigene Theorie der Persönlichkeit und ihrer Dynamik, die
zu einer Deutung der Situation ausreichen mag, aber jeder
kontrollierten Überprüfung ermangelt.

Mit seiner "transaktionalen Analyse" hat BERNE (1966) eine
gruppentherapeutische Methode geschaffen, die sich an die
psychoanalytische Persönlichkeitstheorie eng anlehnt, wenn
sie auch eine eigene Terminologie benutzt. So spricht er von
"parent, adult, child" und bezeichnet damit Instanzen, die
dem Überich, Ich und Es ähneln; er beschreibt eine grosse
Anzahl von "Spielen", die als Neukonzeption der Abwehrmechanismen verstanden werden können. In der Gruppentherapie nimmt
der Therapeut eine stärker lenkende Haltung ein, um den
Patienten die hinter den vordergründigen Aktionen liegenden
Motive, so wie sie die eigene Persönlichkeitstheorie deutet,
bewusst zu machen.

Hier soll mit dieser exemplarischen Aufzählung gruppendynamischer Methoden abgebrochen werden, weil eine angenähert vollständige Dokumentation den vorliegenden Rahmen sprengen wür-

de.

3.7.3.5. Zur Bewertung der gruppendynamischen Methoden

Die geringe Beziehung einzelner gruppendynamischer Methoden zu der neueren Kleingruppenforschung hatte SADER (1972) schon angeprangert. Nun werden die gruppenpsychologischen Befunde von den einzelnen Techniken allerdings unterschiedlich genutzt. Während beim Sensitivitätstraining in den Theoriestunden Informationen angeboten werden, die zur kognitiven Strukturierung der Erfahrungen in der Gruppe dienen und eine Generalisation auf analoge Situationen in anderen sozialen Einheiten ermöglichen sollten, benutzen andere Methoden, wie die Encountergruppen und die meisten Gruppentherapien die Gruppe nur als Stimulanz für eine höhere innere Beteiligung der Personen und zur Entlasung des Therapeuten. Theoretische oder empirische Einsichten in die Kleingruppenatmosphäre werden von den Methoden an diesem Pol des Kontinuums überhaupt nicht angestrebt. Nur die auf das Individuum ausgerichtete Persönlichkeitstheorie oder sogar nur das Ziel, eine maximale Erlebnisbereitschaft zu fördern, bestimmen das Trainerverhalten.

Damit ist gleichzeitig offensichtlich, dass eine Änderung der Verhaltenstendenzen in der Gruppe oder eine Modifikation der sozialen Strukturen meist nur über die direkte individuenbezogene Veränderung erreicht werden. Wenn die Erlebnisfähigkeit einer Person oder die Wahrnehmung ihrer eigenen oder fremder Gefühle gefördert oder ihre neurotischen Tendenzen abgebaut werden, lässt sich in einem zweiten Schritt eine Änderung des sozialen Verhaltens mit nachfolgendem Einfluss auf die Stellung in der Gruppenhierarchie erwarten. Dieser Wandel ist jedoch nie empirisch untersucht worden.

Aber auch, ob die primär angestrebten Veränderungen durch bestimmte gruppendynamische Techniken realisiert werden oder nicht, wurde bisher nur selten überprüft. In der Regel gehen die Begründer einer Methode von dem Augenschein der dankbaren

Bezeugungen der Teilnehmer aus (z.B. RATTNER, 1972, 72f.).
Ein Beweis für die Wirksamkeit einer Methode sind diese
Äusserungen jedoch nicht, denn es wird z.B. nicht mitgeteilt,
wieviele Teilnehmer unzufrieden sind, ob sich die verbale
Aussage auch im Verhalten äussert, ob eine Änderung auch nach
dem Verlassen der Gruppe andauert usf.

Deshalb sind einige Arbeiten umso wertvoller, welche die
Wirkung des Sensitivitätstrainings überprüfen. Übersichten
finden sich bei STOCK, 1964, CAMPBELL & DUNNETTE, 1968,
COOPER & MANGHAM, 1971, CAMPBELL, 1972, FENGLER, 1975,
SMITH, 1975 und SEIFERT, 1975.

Die Studien zur Erfolgskontrolle befriedigen vom methodologi-
schen Standpunkt aus nur selten. So verwenden etwa 30% der
104 von GAZDA & LARSEN (1968) beurteilten Arbeiten keine
Kontrollgruppen; sie verzichten damit auf die Manipulation
der unabhängigen Variable "Teilnahme an der gruppendynamischen Veranstaltung" und auf die Aufdeckung eines Kausalzu-
sammenhanges. Selbst wenn Kontrollgruppen benutzt werden, ist
eine zufallsmässige Aufteilung in die Trainingsgruppe, die ja
fast immer eine freiwillige Teilnahme voraussetzt, und die
Kontrollgruppe nicht möglich. Auch wenn die Kontrollgruppen
nur zurückgestellte Trainingsgruppen sind, wird eine ein-
oder mehrmalige Befragung vor dem Training in den Kontrollgruppen anders erlebt als wenn die Fragen während oder nach
dem Training gestellt werden.

Ausserdem ist die Operationalisierung des Lernerfolgs durch
Eigenurteil, Trainerurteil oder Urteil bestimmter Personen
aus der häuslichen Umgebung fragwürdig, weil die Beurteiler
fast immer darüber informiert sind, ob das Urteilsobjekt an
gruppendynamischen Seminaren teilgenommen hat oder nicht.
Zudem ist damit zu rechnen, dass überwiegend Arbeiten mit
positiven Ergebnissen publiziert werden. Die Selektion der
frei zugänglichen Untersuchungsberichte auf dieser Stufe
lässt eine Überrepräsentation bestätigender Arbeiten erwarten. Im Bewusstsein solcher methodischer Schwächen wollen wir
einige Ergebnisse betrachten.

Bei der Befragung von Vorgesetzten oder Kollegen von T-
Gruppen-Teilnehmern und Kontrollpersonen wird in mehreren
Untersuchungen bei den Teilnehmern eine Änderung im Umgang
mit anderen Menschen festgestellt. So berichtet BUNKER

(1965), dass die Gruppenmitglieder nach den Aussagen ihrer Arbeitskollegen nach dem Training aufmerksamer zuhören, kooperativer sind, die Handlungen ihrer Partner sorgfältiger analysieren, mehr auf die Gefühle der Partner achten und toleranter, geduldiger und aufgeschlossener gegenüber abweichenden Meinungen sind als vorher. Damit liegen Hinweise auf die Möglichkeit vor, durch Gruppentraining die Wahrnehmung von Partnern und das Kommunikationsverhalten zu modifizieren.

Die Frage, ob homogene oder heterogene T-Gruppen mehr Veränderungen bewirken, würde nach den theoretischen Überlegungen (s. S. 214 ff.) zugunsten der heterogenen Gruppen beantwortet werden. HARRISON & LUBIN (1965) bestätigen diese Hypothese. Sie vergleichen die Urteile der Gruppenmitglieder über das Ausmass, zu dem die Partner sich selbst und andere in der Gruppe verstehen in drei Gruppenarten. Die ersten Gruppen bestehen aus leistungs-, die zweiten aus personenorientierten Mitgliedern, während die dritten aus Teilnehmern beider Eigenschaften zusammengestellt waren. Die gemischten Gruppen zeigten eine stärkere Zunahme im Eigen- und Fremdverständnis. Dieser Befund wird durch weitere Arbeiten unterstützt (s. COOPER & MANGHAM, 1971). Wie sehr solche Ergebnisse jedoch von der Wahl der abhängigen Variablen beeinflusst werden, lässt sich an einer Detailauswertung desselben Materials durch STOCK (1964) erkennen, nach der die Urteile der Trainer über die gemischte Gruppe am meisten Kritik enthalten.

So wie diese Thematik noch nicht abschliessend beantwortet ist, finden sich auch widersprüchliche Ergebnisse bei der Untersuchung von Einstellungs- und Persönlichkeitsänderungen als Folge von T-Gruppenübungen.

Insgesamt darf aber angenommen werden, dass durch gruppendynamische Methoden Änderungen in gewünschter Richtung erzielt werden können (Tab. 14). Andererseits dürfen Erlebnisberichte von Teilnehmern nicht übersehen werden, nach denen das Sensi-

Tabelle 14: Anteil von signifikanten Veränderungen durch gruppendynamische Veranstaltungen im Vergleich zu Kontrollstudien nach dem Sammelreferat von SMITH (1975)		
	Messzeitpunkt	
	Sofort nach Abschluss	mindestens ein Monat nach Abschluss
Zahl der Studien	100	31
Prozentanteil mit signifikanten Veränderungen	78	68

tivitätstraining so belastend war, dass emotionale Verunsicherungen, Angstzustände und sogar Selbstmordabsichten eintraten. In solchen Fällen hatte die Offenheit der Teilnehmer bei der Beurteilung ihrer Partner zu Erlebnissen geführt, die im Laufe des Trainings nicht verarbeitet werden konnten (s. z.B. SEIFERT, 1975).

3.8. Beziehungen zwischen Gruppen

Innerhalb der Kleingruppenforschung wurde die Analyse der Beziehungen zwischen den Gruppen weitgehend vernachlässigt. Zum Teil können wir uns auf Untersuchungen stützen, die Beziehungen zwischen grösseren sozialen Einheiten wie Nationen oder Rassen erforschten. Zum Teil liegen auch einzelne Experimente vor. Die erhaltenen Ergebnisse wurden jedoch nur selten unter Variation der äusseren Bedingungen d.h. mit anderen Versuchsleitern, anderen Versuchspersonen, anderen Aufgabenstellungen usw. wiederholt. Eine Übersicht legten AUSTIN & WORCHEL (1979) vor. Die folgende Darstellung wird mehr eine Sammlung von Fragestellungen sein, deren Gültigkeit für kleine Gruppen erst noch zu bestätigen ist, als ein Bericht über fest etablierte Befunde oder Theorien.

3.8.1. <u>Urteile</u> <u>über</u> <u>Eigen-</u> <u>und</u> <u>Fremdgruppen</u>

Sobald ein Individuum einer anderen Gruppe bzw. einem deutlich gekennzeichneten Mitglied einer anderen Gruppe gegen-
übertritt, aktualisiert sich die Differenzierung zwischen
Eigen- und Fremdgruppen. Da wir alle gleichzeitig sehr vielen
sozialen Formationen angehören, hängt es von der jeweiligen
Thematisierung ab, ob eine Person der eigenen oder einer
fremden Gruppe zugerechnet wird. Gemeinsamkeiten wie Beson-
derheiten der Kleidung, Sprache, Verhaltensmuster, Einstellungen, körperliche Eigenheiten usw. werden Anhaltspunkte
für die Entscheidung, ob die anderen Personen der eigenen
Gruppe oder fremden Einheiten zugeordnet werden.

Es zeigt sich, dass die Urteile über die eigenen Gruppenange-
hörigen positiver sind als die Urteile über fremde Gruppen,
wobei der Unterschied umso grösser ist, je entfernter die
fremden Gruppen erlebt werden. Dieser Zusammenhang wurde bei
der Erforschung nationaler Stereotype immer wieder repliziert
(z.B. BUCHANAN & CANTRIL, 1953, KATZ & BRALY, 1958, SIMPSON &
YINGER, 1965, ASHMORE, 1970).

SIMPSON & YINGER (1965) stellten aus der klassischen Arbeit
von BOGARDUS die Rangordnung der sozialen Distanzen von 13
Nationalitäten nach dem Urteil von Weissen, Negern und Juden
in den USA zusammen (s. Tabelle 15). Danach plaziert jede
Rasse bzw. Nationalität ihre Angehörigen an die erste Stelle,
obwohl sie von anderen Volks-teilen in viel grösserer Entfernung eingeordnet wird. Wenn dieses eindeutig klare Ergebnis
auch z.T. auf die Skala sozialer Distanz, wie sie von BOGAR-
DUS (1925) verwendet wurde, zurückzuführen ist, deren gering-
ste Distanz durch Einheirat in die Familie charakterisiert
wird, finden sich die gute Beurteilung der Eigengruppe und
die weniger gute Beurteilung der Fremdgruppe auch in anderen
Arbeiten, die andersartige Urteilsskalen benutzen.

Weiße	Neger	Juden
Tabelle 15: Rangordnung von 13 Nationalitäten nach dem Urteil von Weissen, Negern und Juden in den USA (nach SIMPSON & YINGER, 1965, 114)		
1. Engländer	1. Neger	1. Juden
2. Franzosen	2. Franzosen	2. Engländer
3. Deutsche	3. Spanier	3. Franzosen
4. Spanier	4. Engländer	4. Deutsche
5. Italiener	5. Mexikaner	5. Spanier
6. Juden	6. Inder	6. Italiener
7. Griechen	7. Japaner	7. Mexikaner
8. Mexikaner	8. Deutsche	8. Japaner
9. Chinesen	9. Italiener	9. Türken
10. Japaner	10. Chinesen	10. Griechen
11. Neger	11. Juden	11. Chinesen
12. Inder	12. Griechen	12. Inder
13. Türken	13. Türken	13. Neger

Verschiedentlich konnte gezeigt werden, dass HEIDER's (1958) Balancetheorie den Grad der Ablehnung von Fremdgruppen vorhersagen kann (z.B. ROKEACH, 1960, STEIN, HARDYCK & SMITH, 1965). Je ähnlicher eine Fremdgruppe nach Aussehen, Einstellungen und Gewohnheiten der eigenen Gruppe ist, desto mehr wird sie geschätzt. CAMPBELL & LE VINE (1968) demonstrierten diese Abhängigkeit an 12 ostafrikanischen Stämmen: ähnliche Stämme wurden im Mittel positiv beurteilt, während unähnliche Stämme im Mittel negativ eingeschätzt wurden.

Arbeiten, die nicht wie die bisher angeführten Untersuchungen die Beziehungen zwischen grösseren Organisationen, sondern zwischen Kleingruppen erforschten, sind bei DOISE (1971) und INSKO & SCHOPLER (1972) zusammengestellt. DOISE (1971) klassifiziert die Beurteilung von Fremdgruppen in die beiden

Prozesse der Extremisierung und der Kontrastierung. Die Extremisierung haben wir schon im Zusammenhang mit dem Risky-shift-Phänomen kennengelernt. Nicht nur die Beurteilung von Situationen oder von Einzelpersonen, sondern auch die Einschätzung von Fremd- oder Eigengruppen werden extremer, sobald nicht Individuen, sondern Kleingruppen nach einer Diskussion ihr Urteil fällen (z.B. MOSCOVICI & ZAVALLONI, 1969, DOISE, 1969). Beurteilen dagegen Einzelpersonen einmal Individuen und dann dieselben Individuen als Gruppen, so ist ebenfalls mit einer Extremisierung der Aussagen zu rechnen. Diese Folgerung lässt sich aus einem Laborversuch von WILLIS (1960) ziehen, der Fotos einzeln nach ihrer Attraktivität einschätzen und später zwei oder drei Fotos gemeinsam beurteilen liess. Die gruppierten Urteile waren stärker positiv oder stärker negativ als die Einzelurteile derselben Fotos.

SHERIF & HOVLAND (1961) entwickelten eine Theorie der Assimilations- oder Kontrasteffekte, die bei der Wahrnehmung von Kommunikationen auftreten. Danach werden Reize von einer bestimmten Distanzzur eigenen Position oder zu den eigenen Attributen auf einer Ähnlichkeitsskala an in einer grösseren Entfernung gesehen (Kontrastierung); innerhalb eines Assimilationsbereichs auf derselben Skala werden die Unterschiede reduziert.

Wenn wir diese Befunde auf die Wahrnehmung von Fremdgruppen anwenden, können wir bei Kollektivurteilen negativere und positivere Bewertungen gegenüber Individualurteilen und bei genügend grosser Verschiedenheit zwischen der eigenen und der fremden Gruppe zusätzlich eine stärkere Abwertung oder Aufwertung erwarten. Die negativeren Urteile sind im Rahmen der erwähnten Stereotypenforschung untersucht worden; der positiven Bewertung wurde - ausser anekdotischen Hinweisen bei HOFSTÄTTER (1966, 396) - nur wenig Beachtung geschenkt.

Aber die Fremdgruppe wird nicht nur in der Regel negativer

bewertet, auch ihre Leistung unterliegt einer Abwertung. Das konnten z.B. BLAKE & MOUTON (1961, 1962) im Rahmen eines Fortbildungsprogrammes für 25- bis 55-jährige Manager und im Rahmen eines Experimentes mit Psychologiestudenten demonstrieren. Mehrpersonengruppen bearbeiteten im Wettbewerb 10 bis 12 Stunden lang ein Führungsproblem. Die einzelnen Lösungen wurden ausgetauscht und von jeder Gruppe bewertet. Dabei schätzten die Versuchspersonen die Lösungen ihrer eigenen Gruppe besser ein als die Vorschläge der Fremdgruppen. FERGUSON & KELLEY (1964) baten ihre Versuchspersonen-Gruppen in Anwesenheit einer gleichzeitig dieselbe Aufgabe bearbeitenden Gruppe, eine originelle Komposition aus Würfeln zu bauen, eine Wohnsiedlung für 100 pensionierte Ehepaare zu entwerfen und eine Kurzgeschichte zu schreiben. 55% der Versuchspersonen zogen die Produkte der eigenen Gruppe vor und nur 22% die Leistungen der Fremdgruppe. Die Autoren erklären dieses Ergebnis mit der Balancetheorie, nach der die positiven Gefühle gegenüber der Eigengruppe und die Tatsache, dass diese Gruppe etwas hergestellt hat, nur ausgeglichen sind, wenn dieses Produkt vom Gruppenmitglied geschätzt wird. Auch SHERIF (1966) berichtet bei seinem berühmten Experiment mit Jugendgruppen (s. S. 285), wie jede Gruppe ihre Leistungen bei einem Spiel, bei dem es galt, möglichst viele Bohnen einzusammeln, überschätzte.

Die Abwertung der Fremdgruppen ist oft mit der Bedrohung der eigenen Sicherheit verbunden. ASHMORE (1970, 257ff.) bringt eine Fülle von Beispielen, wie Vorurteile eines Bevölkerungsteils gegenüber einer anderen Volksgruppe oder einer Rasse erst einsetzten, als diese Volksgruppe zu einer Bedrohung der wirtschaftlichen oder politischen Sicherheit herangewachsen war. Sobald die beiden Volksteile Ziele entwickelt hatten, die sich gegenseitig ausschlossen und damit in Konkurrenz zueinander traten, verstärkte sich eine bestehende Tendenz zur Abwertung oder sie setzte zum ersten Mal ein. Deshalb entwickelte CAMPBELL (1965) eine <u>Theorie</u> <u>des</u> <u>realistischen</u> <u>Gruppen-</u>

konflikts, nach der zwischen Gruppen, die im Wettbewerb um
seltene Ressourcen stehen, Gruppenkonflikte ausbrechen. Die
Bedrohung durch eine Fremdgruppe führt zu einer feindseligen
Haltung gegenüber dieser Gruppe und gleichzeitig zu einer
erhöhten Solidarität in der Eigengruppe.

Die anschaulichste Bestätigung dieser These liefern die drei
Ferienlagerexperimente SHERIF's (1966, SHERIF & SHERIF, 1953,
SHERIF et al., 1961), die er in Connecticut, New York und
Oklahoma durchführte.

Die 11- bis 12-jährigen Jungen wurden entgegen ihren soziometrischen Wahlen in zwei Gruppen aufgeteilt. Kontrollgruppen
fehlten. Jede Gruppe wohnte in getrennten Häusern und führte
in einer etwa einwöchigen Phase der Gruppenentwicklung attraktive Aktivitäten aus. In dieser Zeit wuchs eine Struktur
und eine eigene Gruppenkultur, die sich auf Spitznamen,
Sprachverhalten, Vorlieben und Geheimnisse erstreckte. In der
folgenden Phase organisierte SHERIF verschiedene Sportwettbe-
werbe, die dadurch ausgezeichnet waren, dass jeweils nur eine
der beiden Gruppen gewinnen konnte (z.B. Seilziehen, Mann-
schafts-Ballspiele, Schatzsuche) Es wuchs eine Feindseligkeit
gegenüber der Fremdgruppe heran, die sich in Schimpfnamen, in
Streit, Kämpfen und in der Tendenz zur Absonderung manife-
stierte. Gleichzeitig stieg die Binnensolidarität an.

Was bei SHERIF viertägige Wettbewerbsspiele erbrachten, erreichten RABBIE & HORWITZ (1969) durch einen Münzwurf, der
rein zufallsmässig einer der beiden Gruppen erhöhte Gewinn-
chancen zuteilte. Zwei Vierergruppen von Schülern waren
gleichzeitig anwesend, um einige Tests zu bearbeiten. Zur
Belohnung konnten die Versuchsleiter angeblich einen Radio
verschenken. Sie taten das mit der üblichen Zufallszuteilung
durch Münzwurf. Damit wurde die Gegengruppe zu einem Konkur-
renten um den einzigen Preis; sie wurde negativer beurteilt
als die Eigengruppe.

Die Sündenbocktheorie geht von einer durch Frustrationen
ausgelösten Aggressionstendenz aus (DOLLARD et al., 1939),
die sich gegen Ersatzziele richtet, falls die Frustrationsur-

sache zu mächtig ist. Diese Ersatzziele sind meistens unge-
fährliche Gruppen oder einzelne Mitglieder daraus. Damit
erklärt diese Theorie nicht die allgemeine Abwertung von
Fremdgruppen, sondern nur die Abwertung von wenig einflussreichen Gruppen. Sie wurde deshalb hauptsächlich herangezogen, um die negativen Urteile gegenüber Minoritäten zu verstehen. Als Stütze der Theorie dient ein Experiment von
MILLER & BUGELSKI (1948). Versuchspersonen beurteilten Mexi-
kaner und Japaner anhand einer Adjektivliste vor und nach
einem stark frustrierenden Erlebnis. Nach der Frustration
wählten die Versuchspersonen weniger positive Eigenschaften
aus als vorher. Allerdings hatten COWEN, LANDES & SCHAET
(1969) nur eine partiell erhöhte Abwertung gefunden: nur
Neger, aber keine anderen Minoritäten wurden ungünstiger
eingeschätzt. Es ist daher wahrscheinlich, dass die Sündenbocktheorie, die auch von korrelativen Studien gestützt wird
(z.B. ASHMORE, 1970), einzelne negative Urteile über Aussen-
gruppen beschreiben kann. Für die Mehrzahl der Ablehnungen
von Fremdgruppen liefert sie keine angemessenen Erklärungen.

Nach ROKEACH, SMITH & EVANS (1960) werden Fremdgruppen wegen
ihrer _andersartigen_ _Überzeugungen_ abgelehnt. Damit wird aufgegriffen, was bei der Erforschung der interpersonellen Attraktivität gefunden worden war: Ähnlichkeit ist ein Faktor
der Attraktivität, Verschiedenheit dagegen bedingt Ablehnung
(s. S. 58 ff.). Da Fremdgruppen eigene Gemeinsamkeiten entwikkelt haben, die nach aussen sichtbar sind, wie eine gemeinsame Sprachform, eine gemeinsame Vergangenheit, eine besondere
Art der Kleidung usw., schliesst man, ihre Überzeugungen
seien auch anders. Damit aber bedroht die Fremdgruppe oder
ein einzelner Angehöriger das eigene Überzeugungssystem und
wird deshalb abgelehnt.

Eine Vielzahl von Untersuchungen bestätigt diese Hypothese
(s. ASHMORE, 1970, 291ff.), vor allem auch hinsichtlich der
differenzierenden Aussage, dass die Rasse für die negative

Bewertung einer Fremdgruppe weniger wichtig ist als die Überzeugungen, die eine Person vertritt. Beide Faktoren wurden z.B. von ROKEACH, SMITH & EVANS (1960) manipuliert, indem ein Negerjunge oder ein weisser Junge, der an Gott glaubt, und ein Negerjunge oder ein weisser Junge, der nicht an Gott glaubt, zu beurteilen waren. Dabei hatte der Glaube an Gott je nach der überzeugung des Beurteilers einen stärkeren Einfluss auf das Urteil als die Rassenzugehörigkeit.

3.8.2. Interaktionen zwischen Gruppen

3.8.2.1. Die Qualität der Interaktion

Wir sahen, dass Gruppen von sich in der Regel eine bessere Meinung haben als von Fremdgruppen. Wenn diese Gruppen miteinander Kontakt aufnehmen, ist daher eine tendentiell feindselige Haltung zu erwarten. MANHEIM (1960) prüfte in einem Versuch die Hypothese, dass mit wachsenden Unterschieden zwischen Kleingruppen die Wahrscheinlichkeit von Intergruppenkonflikten zunimmt. Als unterscheidende Variablen wählte er die angeblichen Intelligenzquotienten, indem er vorgab, Gruppen mit hoher und mit niedriger Intelligenz zusammengestellt zu haben, und die Art der Führung, indem er aus den drei Mitgliedern jeder Gruppe einen Führer bestimmte oder die Benennung eines Führers unterliess. Die Dreiergruppen lösten einen Problemfall aus dem Gebiet der Menschenführung und hatten die Aufgabe, ihre Lösung mit einer anderen Gruppe schriftlich abzustimmen. Dieses schriftliche Material wurde ausgewertet. Es zeigte sich, dass der Koeffizient für eine feindselige Haltung von 22,1 bei keinen Unterschieden in den manipulierten Variablen über 38,6 bei einem Unterschied zu 63,5 bei zwei Unterschieden anstieg. Damit war die Hypothese bestätigt: je unähnlicher zwei Gruppen sind, desto feindseliger ihre Interaktionen.

3.8.2.2. Versuche zur Verbesserung der Intergruppenbeziehungen

Aus dem Befund des MANHEIM'schen Experimentes lässt sich eine Möglichkeit ableiten, wie negative Beziehungen zwischen Kleingruppen zu verbessern sind. Die Unterschiede zwischen feindseligen Gruppen müssten vermindert werden, indem sie faktisch abgebaut oder psychologisch reduziert werden. Im zweiten Fall käme es darauf an, die Gemeinsamkeiten besonders zu betonen oder die Bedeutung der Differenzen abzuschwächen. Die Wirksamkeit dieser Technik wurde experimentell noch nicht geprüft, obwohl sie bei der Verminderung von Animositäten oft eine Rolle spielt ("Ob schwarz oder weiss, wir sind doch alle Menschen"; "ob katholisch oder evangelisch, wir glauben alle an denselben Gott"; "ob Arbeitnehmer oder Arbeitgeber, wir haben doch alle das Ziel der Erhaltung einer guten Konjunktur"). In der Kleingruppenforschung wurden andere Methoden überprüft, denen wir uns jetzt zuwenden wollen.

Häufig wird vorgeschlagen, den Kontakt zwischen den Gruppen zu verbessern. Als Folge der gesteigerten Kontakthäufigkeit soll die feindselige Haltung abnehmen. Dabei dürfte an die HOMAN'sche Regel, dass die Sympathie der Kontakthäufigkeit proportional ist (s. S. 82ff.), gedacht worden sein. Zahlreiche internationale Austauschprogramme wurden auf diese Hypothese aufgebaut. Aber auch die Gedanken, dass Kontakt zwischen Gruppen zur Entwicklung einer Gesamtgruppe mit gemeinsamen Normen und einem Wir-Gefühl führt, das abwertende Stellungnahmen schliesslich eliminiert, und dass Kontakt zu Erlebnissen führen kann, welche die Gültigkeit bestehender Stereotype infrage stellen, dürften die Kontaktförderung unterstützt haben.

In seinem Sammelreferat betont AMIR (1969), dass nach der von ihm durchgesehenen Literatur Kontakt zwischen Mitgliedern verschiedener Gruppen Wirkungen hinsichtlich der gegenseitigen Beurteilung zeigen kann. Diese Wirkungen können positiv oder negativ sein, sie können die Richtung, Intensität oder eine andere Dimension der Einstellung betreffen, und sie können einen Teilaspekt oder den gesamten Bedeutungsbereich der Einstellung berühren. Eine Reduzierung der Spannungen zwischen Mitgliedern zweier Gruppen ist jedoch an eine Reihe günstiger Voraussetzungen gebunden.

So erleichtert gleicher oder höherer Status der Fremdgruppenmitglieder die Revision negativer Urteile. Statusniedere Partner können nämlich durch ihr gesellschaftlich tendentiell negativ bewertetes Verhalten dem ablehnenden Urteil eher entsprechen als statushöhere. Wenn der Kontakt von einer Autorität oder von der Eigengruppe legitimiert wird, ist mit einer grösseren Wirkung des Intergruppenkontaktes zu rechnen. Mit der Legitimation durch die Eigengruppe ist zweifellos auch die Konformitätsbereitschaft eines Mitgliedes angesprochen. Weiter führen intime Zusammenkünfte, die zudem noch als angenehm erlebt werden, eher zu dem beabsichtigten Effekt als kurze, oberflächliche und frustrierende Kontakte. Nicht die Kontakte an sich sind also entscheidend, sondern eine genaue Spezifikation nach der Art, Häufigkeit, Intimität und nach der Stellungnahme der eigenen Gruppe dazu. Erst wenn diese Rahmenbedingungen bekannt sind, lassen sich Prognosen über die Wirkung vermehrter Kontakte stellen.

Eine andere Empfehlung zum Spannungsabbau zwischen Gruppen lautet, die Gruppen müssten gemeinsame Ziele anstreben. Diesen Weg beschritt SHERIF (1966), als er Feindseligkeiten zwischen seinen Jugendgruppen aufheben wollte. Nachdem ein reiner Kontakt zwischen den Gruppen durch gemeinsame Kinobesuche, durch gemeinsames Essen oder durch ein gemeinsames Feiern des Nationalfeiertags erfolglos blieben, setzte er eine Reihe übergeordneter Ziele, die nur durch vereinte Anstrengungen erreicht werden konnten. So musste ein Lastwagen, der Proviant transportieren sollte, von allen Jungen angeschoben werden; die zusammengebrochene Wasserversorgung musste in mühevoller Sucharbeit beider Gruppen wieder hergestellt werden; die Leihgebühr für einen gewünschten Film musste gemeinsam aufgebracht werden. Nach diesen kollektiven Handlungen sank die negative Beurteilung der Fremdgruppe stark ab. Ähnliche Ergebnisse werden auch von anderen Autoren berichtet (s. SHERIF, 1966, 95ff.).

Die gemeinsamen Unternehmungen bieten Anlass zu vermehrtem Kontakt, zu korrigierender Informationsaufnahme und damit zur Inkonsistenz von Bewusstseinsinhalten, die erst durch die Änderung der Meinung aufgehoben werden kann.

Einen ganz anderen Weg schlugen BLAKE, MOUTON & SLOMA (1965) ein. Sie bemühten sich, die negativen Urteile über die Fremdgruppe durch aktives Eingreifen in die Handlungen der konkurrierenden Gruppen im Rahmen von <u>Fortbildungsveranstaltungen</u> zu zerstören. Anlass boten die ständigen Klagen von Gewerkschaftsseite und von Seiten der Betriebsleitung über die geringe Kooperationsbereitschaft der Partner bei Verhandlungen. Da beide Seiten, wenn auch widerstrebend, dem Besuch eines zweitägigen Seminars über Intergruppenkonflikte zustimmten, entwickelten die Autoren ein Programm zur Reduktion der negativen Perzeption der Verhandlungspartner. Zunächst trafen sich die neun Gewerkschaftsvertreter und die neun Manager getrennt mit dem Ziel, zu formulieren, wie sie sich selbst in ihrer Beziehung zur anderen Gruppe und wie sie diese andere Gruppe sehen. Bei der Gegenüberstellung und der gemeinsamen Diskussion wurden Gegensätze in den Selbst- und Fremdbildern betont und die zugrundeliegenden Gefühle und Tatsachen dargestellt. Dabei trat die Schwierigkeit auf, dass keine Seite Verständnis für die "falsche Sicht" der Fremdgruppe aufbrachte, und dass die Diskussionen oft zu Versuchen der Selbstrechtfertigung ausarteten. Die hitzigen Gespräche befestigten das alte Feind-Image. In getrennten Beratungen versuchten dann beide Gruppen herauszufinden, welche Ursachen die oppositionelle Haltung haben könnte. Nach einem Austausch der Ergebnisse stellten beide Gruppen gemeinsam die neuen Erkenntnisse zusammen und planten Schritte, die zu einer

Ausweitung des gewonnenen Verständnisses beitragen könnten.

Obwohl BLAKE, MOUTON & SLOMA keine quantitativen Angaben über Änderungen in dem Selbst- und Fremdbild vorlegen konnten, führen sie zahlreiche Zitate an, die andeuten, dass eine Neuorientierung der Beziehungen eingesetzt hat.

JOHNSON (1967) schlägt eine "Rollenumkehrung" der Gruppen vor. Danach muss jede Gruppe nicht nur ihren eigenen Standpunkt, sondern auch die Position der Fremdgruppe darstellen, wobei diese Fremdgruppe zur Korrektur der Beschreibung aufgefordert wird. Dieses Verhalten führt zu einem besseren Verständnis der Fremdgruppe und - soweit eine Kompromisslösung bei Konflikten möglich ist - zu einer grösseren Zufriedenheit mit dem erreichten Kompromiss.

3.8.2.3. Verhandlungen zwischen Gruppen

Oft werden Kontakte zwischen Gruppen nicht zwischen allen Mitgliedern, sondern nur zwischen einzelnen Vertretern organisiert. Diese Vertreter treffen sich, um anstehende Konflikte zu lösen. Einige Experimente haben die Auswirkungen der Bindung dieser Repräsentanten an die Eigengruppe auf die Verhandlungsführung untersucht. BLAKE & MOUTON (1961) liessen Vertreter von Zwei-, Drei- und Vierpersonengruppen die Qualität der von der Gruppe erarbeiteten Lösung eines Human-Relation-Problems vor dem Vertreter einer anderen Gruppe verteidigen. Obwohl neutrale Beurteiler in jedem Fall ohne Bedenken die bessere Leistung bestimmen konnten, blieben 60 von 62 Gruppenvertretern ihrer Gruppenmeinung treu. Die Loyalität gegenüber der Eigengruppe ersetzt daher nach BLAKE & MOUTON die Logik, wenn die Leistung zweier Gruppen unter Wettbewerbsbedingungen zu bewerten ist.

HORNSTEIN & JOHNSON (1966) zeigten, dass die Verhandlungsführer, die mit ihrer Rolle in der Gruppe zufrieden waren, ihre eigenen Vorschläge höher bewerten und die Vorschläge der

Fremdgruppe stärker abwerten als unzufriedene Verhandlungsführer.

Der Status der Gruppenvertreter beeinflusst die Souveränität der Verhandlungsführung. Das geht aus einem Versuch von HERMANN & KOGAN (1968) hervor. Wenn die Gruppenführer selbst mit den Vertretern anderer Gruppen verhandelten, waren sie flexibler, sie akzeptierten die Gegenposition eher und gingen höhere Risiken ein als wenn einfache Gruppenmitglieder mit Rechenschaftspflichten verhandelten. Nach DRUCKMAN (1968) schadet zudem die frühzeitige Fixierung einer Verhandlungsstrategie dem Verhandlungserfolg. Besser sei es, wenn die Gruppe und deren Vertreter sich nur mit der Problematik vertraut machen und allgemeine Ziele der Verhandlungsführung diskutieren.

3.8.3. <u>Auswirkungen</u> <u>der</u> <u>Fremdgruppe</u> <u>auf</u> <u>die</u> Kohäsion <u>der</u> Eigengruppe

SHERIF (1966) hatte in seinen Ferienlagern erfolgreich Wettbewerbe veranstaltet, um die Binnenkohäsion der neugebildeten Gruppen zu stärken. Dieser Mechanismus "Kohäsionssteigerung durch Wettbewerb mit Fremdgruppen um seltene Güter bzw. durch Bedrohung durch Fremdgruppen" ist ein in der Geschichte beliebtes Mittel, um eine Nation hinter ihre Führung zu scharen. RABBIE et al. (1974) untersuchten den Einfluss des Wettbewerbs und der Gewinnaussichten der Gruppen auf die Kohäsion. Sie stellten fest, dass wettbewerbsorientierte Gruppen nur dann ein besseres Binnenklima als kooperativ orientierte Gruppen aufweisen, wenn sie Aussichten haben, aus dem Wettbewerb siegreich hervorzugehen. Bei geringen Erfolgsaussichten aber sinkt die Kohäsion.

Auch DANN & DOISE (1974) erhielten Hinweise für eine positivere Beurteilung der Eigengruppe bei einer gleichzeitig stärker abwertenden Stellungnahme zur Fremdgruppe unter Wettbewerbserwartung. Damit bestätigten sie einen Befund von MYERS (1962), der bei Wettbewerbsgruppen von Sportschützen nach fünf Wochen eine stärkere Zunahme der positiven Bewertung der eigenen Gruppe fand als bei Gruppen ohne Wettbewerbshaltung. Die bessere Beurteilung der eigenen Gruppe trat jedoch nur auf, wenn die Gruppe Erfolg hatte. Schlechte Leistungen führten zu einer geringeren Zufriedenheit mit der Gruppe.

Diese Arbeiten sind zwar nicht uninteressant. Bevor ihre Ergebnisse aber auf andere Intergruppenbeziehungen verallgemeinert werden können, ist es nötig, die einbezogenen Variablen genau zu definieren und ihr Aufeinandereinwirken in einer mehrfach überprüften Theorie zu beschreiben. Das Forschungsgebiet der Beziehungen zwischen Kleingruppen ist, wie wir sahen, noch kaum über den Stand der anekdotischen Beschreibung interessanter Detailfragen hinausgetreten. Theorien mittlerer Reichweite sind selten. Durch eine gleichzeitige Förderung theoretischer Konzeptualisierungen und empirischer Forschungen lässt sich die Bedeutung dieses Teilgebietes für praktische Fragen steigern.

x   x   x

Wir stehen am Ende eines Überblicks über Theorien und Ergebnisse der Kleingruppenforschung. Das Resultat ist zwiespältig: einerseits liegen relativ weit entwickelte und unter verschiedenen Bedingungen überprüfte Erklärungen für das Verhalten von Menschen innerhalb kleiner Gruppierungen vor. Andererseits aber - und das gilt für die Mehrzahl der diskutierten Themen - befinden wir uns erst am Anfang einer langwierigen und komplexen Forschungsarbeit, die Antworten auf gestellte Fragen liefern könnte. Die soziale Determination des einzelnen wird eben nicht von einem einzigen Faktor bestimmt, der seinerseits unbeeinflusst von den Rahmenbedin-

gungen bleibt. Vielmehr hängt das Fühlen, Denken, Wollen und
Handeln von einer Vielzahl interagierender Faktoren ab, deren
Wirkungsgeflecht heute noch nicht überschaubar ist. Vorliegende erste Erfolge rechtfertigen es, die begonnenen Arbeiten
weiterzuführen. Wenn STEINER (1974) recht hat, dürfen wir in
den nächsten Jahren mit einer Intensivierung der Aktivitäten
auf dem Sektor der Kleingruppenforschung rechnen. Diese pro-
phezeiten verstärkten Anstrengungen werden dazu beitragen,
einzelne weisse Flecken auf der Landkarte der Kleingruppenforschung zum Verschwinden zu bringen und neue weisse Flecken
in der Form neuer ungelöster Fragen aufzuzeigen.

4. Bibliographie

ADAMS, G.R.: Physical attractiveness research. Human Development 1977/20, 217-239

ADAMS, J.S.: Inequity in social exchange. In: BERKOWITZ, L. (Ed.): Advances in Experimental Social Psychology, Vol. 2. Academic Press, New York 1965, 267-299

ALBERT, S., DABBS, J.M.: Physical distance and persuasion. Journal of Personality and Social Psychology 1970/15, 265-270

ALDERMAN, D.: Effects of anticipating future interaction on the preference for balanced states. Journal of Personality and Social Psychology 1969/11, 214-219

ALKIRE, A.A., COLLUM, M.E., KASWAN, J., LOVE, L.R.: Information exchange and accuracy of verbal communication under social power conditions. Journal of Personality and Social Psychology 1968/9, 301-308

ALLEN, V.L.: Situational factors in conformity. In: BERKOWITZ, L. (Ed.): Advances in experimental social psychology, Vol. 2. Academic Press, New York 1965, 133-175

ALLEN, V.L., LEVINE, J.M.: Consensus and conformity. Journal of Experimental Social Psychology 1969/5, 389-399

ALLEN, V.L., LEVINE, J.M.: Social pressure and personal preference. Journal of Experimental Social Psychology 1971/7, 122-124

ALLPORT, F.H.: Social psychology. Houghton Mifflin, Boston 1924

ALTMAN, J., HAYTHORN, W.W.: The ecology of isolated groups. Behavioral Science 1967/12, 169-182

ALTMAN, J., TAYLOR, D.A.: Social penetration: The development of interpersonal relationships. New York: Holt, Rinehart and Winston 1973

ALVAREZ, R.: Informal reactions to deviance in simulated work organizations: a laboratory experiment. American Sociological Review 1968/33, 895-912

AMIR, Y.: Contact hypothesis in ethnic relations. Psychological Bulletin 1969/71, 319-342

ANDERSON, H.H., BREWER, J.E.: Studies of teachers' classroom personalities I. Dominative and socially integrative behavior of kindergarten teachers. Applied Psychology Monograph No. 6. Stanford University Press, Stanford 1945

ANDERSON, H.H., BREWER, J.E.: Studies of teachers's classroom personalities II. Effects of teachers's dominative and integrative contacts on children's classroom behavior. Applied Psychology Monograph Nr. 8. Stanford University Press, Stanford 1946

ANDERSON, N.H., LINDNER, R., LOPES, L.L.: Integration theory applied to judgements of group attractiveness. Journal of Personality and Social Psychology 1973/26, 400-408

ANDERSON, R.E.: Status structures in coalition bargaining games. Sociometry 1967/30, 393-403

ANGER, H.: Kleingruppenforschung heute. In: LÜSCHEN, G. (Hrsg.): Kleingruppenforschung und Gruppe im Sport. Sonderheft 10 der Kölner Zeitschrift für Soziologie und Sozialpsychologie, Westdeutscher Verlag, Köln/Opladen 1966, 15-43

ANTONS, K.: Praxis der Gruppendynamik, Hogrefe, Göttingen 1973

APFELBAUM, E.: Renforcement social et evolution des interactions dans des jeux experimentaux. Bulletin du C.E.R.P. 1966/1, 1-16 (zit. nach KRIVOHLAVY, 1974)

ARGYLE, M.: Soziale Interaktion. Kiepenheuer & Witsch, Köln 1972 (a)
ARGYLE, M.: Non-verbal communication in human social interaction.
    In: HINDE, R.A. (Ed.): Non-verbal communication. Cambridge University
    Press, London 1972(b)
ARGYLE, M., DEAN, J.: Eye-contact, distance and affiliation. Sociometry
    1965/28, 289-304
ARGYLE, M., KENDON, A.: The experimental analysis of social performance.
    In: BERKOWITZ, L. (Ed.): Advances in experimental social psychology,
    Vol. 3, Academic Press, New York 1967, 55-98
ARONSON, E.: Some antecedents of interpersonal attraction. In: ARNOLD,
    W.J., LEVINE, D. (Eds.): Nebraska symposium on motivation. University
    Nebraska Press, Lincoln 1970, 143-173
ARONSON, E., CARLSMITH, J.M.: Effect of the severity of threat on
    the devaluation of forbidden behavior. Journal of Abnormal and Social
    Psychology 1963/66, 584-588
ARONSON, E., LINDER, D.: Gain and loss of esteem as determinants of
    interpersonal attractiveness. Journal of Experimental Social Psycholo-
    gy 1965/1, 156-171
ARONSON, E., MILLS, J.: Effect of severity of initiation on liking for a
    group. Journal of Abnormal and Social Psychology 1959/59, 177-181
ARONSON, E., WORCHEL, P.: Similarity versus liking as determinants of
    interpersonal attractiveness. Psychonomic Science 1966/5, 157-158
ASCH, S.: Social psychology. Prentice Hall, Englewood Cliffs, N.J. 1952
ASCH, S.E.: Studies of independence and conformity: a minority of one
    against a unanimous majority. Psychological Monographs 1956/70, No.
    9, 177-190
ASCHAUER, E.: Führung. Enke, Stuttgart 1970
ASHMORE, R.D.: The problem of intergroup prejudice. In: COLLINS,
    B.E.: Social psychology. Addison-Wesley, Reading, Mass. 1970, 245-339
ATKINSON, J.W. (Ed.): Motives in fantasy, action and society. Van
    Nostrand, Princeton 1958
AUSTIN, W.G., WORCHEL, S. (Eds.): The social psychology of intergroup
    relations. Belmont, Cal.: Wadsworth 1979
BACHRACH, A.J., CANDLAND, D.K., GIBSON,J.T.: Group reinforcement of indi-
    vidual response experiments in verbal behavior. In: BERG & BASS, 1961,
    258-285
BACK, K.W.: Influence through social communication. Journal of Abnormal
    and Social Psychology, 1951/46, 9-23
BACK, K.W.: Beyond words. Russel Sage Foundation, New York 1972
BALES, R.F.: Interaction process analysis: a method for the study of
    small groups. Addison-Wesley, Reading, Mass. 1950
BALES, R.F.: Task roles and social roles in problem solving groups. In:
    MACCOBY, E., NEWCOMB, T.M., HARTLEY, E.L. (Eds.): Readings in social
    psychology. Holt, Rinehart & Winston, New York, 1958[3], 437-447
BALES, R.F.: Personality and interpersonal behavior. Holt, Rinehart &
    Winston, New York 1970
BALES R.F., SLATER, P.E.: Role differentiation in small decision-making
    groups. In: PARSONS, T., BALES, R.F.: Family, socialization and inter-
    action process. The Free Press, New York, Collier-Macmillan, London
    1955, 259-306
BALES, R.F., STRODTBECK, F.L.: Phases in group problem solving. Journal
    of Abnormal and Social Psychology 1951/46, 484-496
BANDURA, A.: Social learning theory. Englewood Cliffs, N.J.: Prentice-
    Hall 1977

BARBER, T.X.: Pitfalls in human research. New York: Pergamon 1976
BARNLUND, D.C.: A comparative study of individual, majority and group judgment. Journal of Abnormal and Social Psychology 1959/58, 55-60
BARON, R.S., ROPER, G., BARON, P.H.: Group discussion and the stingy shift. Journal of Personality and Social Psychology 1974/
BASS, B.M.: Leadership, psychology and organizational behavior. Harper & Row, New York, 1960
BASS, B.M., KLUBECK, S.: Effects of seating arrangement on leaderless group discussions. Journal of Abnormal and Social Psychology 1952/47, 724-727
BATES, A.P.: Some sociometric aspects of social ranking in a small face-to-face group. Sociometry 1952/15, 330-341
BATESON, N.: Familiarization, group discussion, and risk taking. Journal of Experimental Social Psychology 1966/2, 119-129
BATTEGAY, R.: Der Mensch in der Gruppe. Band I: Sozialpsychologische und dynamische Aspekte. Huber, Bern 1968[2]
BATTEGAY, R.: Der Mensch in der Gruppe. Band II: Allgemeine und spezielle gruppenpsychotherapeutische Aspekte. Huber, Bern 1973 [4]
BAVELAS, A.: Communication patterns in task-oriented groups. Journal of the Acoustical Society of America 1950/22, 725-730 (abgedruckt in: CARTWRIGHT + ZANDER, 1968, 503-511)
BAVELAS, A., HASTORF, A.H., GROSS, A.E., KITE, R.W.: Experiments on the alteration of group structure. Journal of Experimental Social Psychology 1965/1. 55-70
BAY, R.H.: Zur Psychologie des Versuchsperson. Köln: Böhlau 1981
BAXTER, J.C.: Interpersonal spacing in natural settings. Sociometry 1970/33, 444-456
BELOFF, H.: Two forms of social conformity: acquiescence and conventionality. Journal Abnormal and Social Psychology 1958/56, 99-104
BEN-DAK, J.D.: Some directions for research toward peaceful Arab-Israeli relations: analysis of past events and gaming simulation of the future. Journal of Conflict Resolution 1972/16, 281-295
BENNE, K.D.: History of the T-group in the laboratory setting. In: BRADFORD, GIBB & BENNE 1964, 80-135
BENNE, K.D., BRADFORD, L.P., LIPPITT, R.: The laboratory method. In: BRADFORD, GIBB & BENNE, 1964, 15-44 (a)
BENNE, K.D., BRADFORD, L.P., LIPPITT, R.: Designing the laboratory. In: BRADFORD, GIBB & BENNE, 1964, 45-79 (b)
BENNETT, E.B.:Discussion, decision, commitment and consensus in "group decision". Human Relations 1955/8, 251-274
BENNIS, W.G., SHEPHARD, M.A.: A theory of group development. Human Relations 1956/9, 415-437
BENNIS, W.G. BENNE, K.D., CHIN, R. (Eds.): The planning of change. Holt, Rinehart & Winston, New York 1969[2]
BERG, I.A., BASS, B.M. (Eds.): Conformity and deviation. Harper & Row, New York 1961
BERNSDORF, W.: Gruppe. In: BERNSDORF, W. (Hrsg.): Wörterbuch der Soziologie. Enke, Stuttgart 1969[2]
BERKOWITZ, L.: Group standards, cohesiveness, and productivity. Human Relations 1954/7. 509-519
BERKOWITZ, L., DANIELS, L.R.: Responsibility and dependency. Journal of Abnormal and Social Psychology 1963/66, 429-436
BERKOWITZ, L., KLANDERMAN, S.B., HARRIS, R.: Effects of experimenter awareness and sex of subject and experimenter on reactions to dependency relationship. Sociometry 1964/27, 327-337
BERNE, E.: Principles of group treatment. Grove, New York 1966

BERRY, J.W.: Independence and conformity in subsistence-level societies. Journal of Personality and Social Psychology 1967/7, 415-418

BERSCHEID, E., WALSTER, E.: Interpersonal attraction. Addison-Wesley, Reading, Mass. 1969

BERSCHEID, E., WALSTER, E.: Physical attractiveness. In: BERKOWITZ, L. (Eds.): Advances in experimental social psychology, volume 7, New York: Academic Press 1974, 157-215

BION, W.R.: Experiences in groups. Tavistock, London 1961

BIRDWHISTELL, R.L.: Kinesics. In: SILLS, D. (Ed.): International encyclopedia of the social sciences. Band 8. The Free Press, Collier-Macmillan, New York, London 1968, 379-384

BIRDWHISTELL, R.L.: Kinesics and context. University of Pennsilvania Press, Philadelphia 1970

BIRTH, K., PRILLWITZ, G.: Führungsstile und Gruppenverhalten von Kindern. Zeitschrift für Psychologie 1959/163, 230-301

BIXENSTEIN, V.E., WILSON, K.V.: Effects of level of cooperative choice by the other player on choices in the Prisoner's Dilemma game. Journal of Abnormal and Social Psychology 1963/67, 139-147

BLAKE, R.R., MOUTON, J.S.: Loyalty of representatives to ingroup positions during intergroup competition. Sociometry 1961/24, 177-183

BLAKE, R.R., MOUTON, J.S.: Overevaluation of own group's product in intergroup competition. Journal of Abnormal and Social Psychology 1962/64, 237-238

BLAKE, R.R., MOUTON, J.S.: Verhaltenspsychologie im Betrieb. Econ, Düsseldorf 1969^2

BLAKE, R.R., MOUTON, J.S., SLOMA, R.L.: The union-management intergroup laboratory: strategy for resolving intergroup conflict. Journal of Applied Behavioral Science 1965/1, 25-57

BLAU, P.M.: Exchange and power in social life. Wiley, New York 1964

BLOOD, R.O., WOLFE, D.M.: Husbands and wives. Free Press, Glencoe, Ill. 1960

BOGARDUS, E.S.: Measuring social distance. Journal of Applied Sociology 1925/9, 299-308

BOND, J.R. VINACKE, W.E.: Coalitions in mixed-sex triads. Sociometry 1961/24, 61-75

BOND, C.F.: Soc. facil.: a self-presentational view. Journal of Personality and Social Psychology 1982/42, 1042-1050

BORAH, L.A. Jr.: The effects of threat on bargaining. Journal of Abnormal and Social Psychology 1963/66, 37-44

BORGATTA, E.F., BALES, R.F., COUCH, A.S.: Some findings relevant to the great man theory of leadership. American Sociological Review 1954/19, 755-759

BORGATTA, E.F., COTTRELL, L.S.: On the classification of groups. Sociometry 1955/18, 409-422, 665-678 (zit. n. GOLEMBIEWSKI, 1962)

BORGATTA, E.F., COTTRELL, L.S., MEYER, H.J.: On the dimensions of group behavior. Sociometry 1956/19, 223-240

BOVARD, E.W.Jr.: Social norms and the individual. Journal of Abnormal and Social Psychology 1948/43, 62-69 (zit. nach ALLEN, 1965)

BOWERS, D.G., SEASHORE, S.E.: Predicting organizational effectiveness with a four-factor theory of leadership. Administrative Science Quarterly 1966/11, 238-263

BRADFORD, L.P., GIBB, J.R., BENNE, K.D. (Eds.): T-group theory and laboratory method. Wiley, New York 1964

BRANDT, U., KÖHLER, B.: Norm und Konformität. In: GRAUMANN, F.C.: Hand-

buch der Psychologie. 7. Band: Sozialpsychologie, 2. Halbband: Forschungsberichte, Hogrefe, Göttingen 1972, 1710-1789
BRAMEL, D.: Interpersonal attraction, hostility, and perception. In: MILLS, J. (Ed.): Experimental social psychology. Collier-Macmillan, London 1969, 3-120
BRANDSTÄTTER, H., DAVIS, J.H., STOCKER-KREICHGAUER, G. (Eds.): Group decision making. London: Academic Press 1982
BREHM, J.W.: A theory of psychological reactance. Academic Press, New York 1966
BREHM, S.S., BREHM, J.W. (Eds.): Psychological reactance: a theory of freedom and control. New York: Academic Press 1981
BROWN, R.: Social psychology. The Free Press, Collier-Macmillan, New York, London 1965
BUCHANAN, W., CANTRIL, H.: How nations see each other. University of Illinois Press, Urbana, Ill. 1953
BUNGARD, W., LÜCK, H.E.: Forschungsartefakte und nicht-reaktive Messverfahren. Teubner Studienskripten, Stuttgart 1974
BUNGARD, W. (Hrsg.): Die "gute" Versuchsperson denkt nicht. München: Urban und Schwarzenberg 1980
BUNKER, D.R.: Individual applications of laboratory training. Journal of Applied Behavioral Science. 1965/1, 131-148
BURGESS, R.L.: Communication networks: an experimental reevaluation. Journal of Experimental Social Psychology 1968/4, 324-337
BURKE, P.J.: The development of task and social emotional role differentiation. Sociometry 1967/30, 379-392
BURNSTEIN, E., VINOKUR, A.: Testing two classes of theories about group induced shifts in individual choice. Journal of Experimental Social Psychology 1973/9, 123-137
BURNSTEIN, E., VINOKUR, A., PICHEVIN, M.-F.: What do differences between own, admired, and attributed choices have to do with group induced shifts in choice? Journal of Experimental Social Psychology 1974/10, 428-443
BURNSTEIN, E., VINOKUR, A.: Persuasive argumentation and social comparison as determinants of attitude polarization. Journal of Experimental Social Psychology 1977/13, 315-332
BYRNE, D.: Interpersonal attraction and attitude similarity. Journal Abnormal and Social Psychology 1961/62, 713-715
BYRNE, D.: Attitudes and attraction. In: BERKOWITZ, L. (Ed.): Advances in experimental social psychology, Vol. 4. Academic Press, New York 1969, 35-89
BYRNE, D., ERVIN, C.R., LAMBERTH, J.: Continuity between the experimental study of attraction and real-life computer dating. Journal of Personality and Social Psychology 1970/16, 157-165
BYRNE, D., GRIFFITT, W.: Interpersonal attraction. Annual Review of Psychology 1973/24, 317-336
BYRNE, D., GRIFFITT, W., STEFANIAK, D.: Attraction and similarity of personality characteristics. Journal of Personality and Social Psychology 1967/5, 82-90
BYRNE, D., LONDON, O., REEVES, K.: The effects of physical attractiveness, sex, and attitude similarity on interpersonal attraction. Journal of Personality 1968/36, 259-271
BYRNE, D., NELSON, D.: Attraction as a linear function of proportion of positive reinforcements. Journal of Personality and Social Psychology 1965/1, 659-663

BYRNE, D., NELSON, D., REEVES, K.: Effects of consensual validation and invalidation on attraction as a function of verifiability. Journal of Experimental Social Psychology 1966/2, 98-107

BYRNE, D., RHAMEY, R.: Magnitude of positive and negative reinforcements as a determinant of attraction. Journal of Personality and Social Psychology 1965/2, 884-889

CAMPBELL, D.T.: Common fate, similarity, and other indices of the status of aggregates of persons as social entities. Behavioral Science 1958/3, 14-25

CAMPBELL, D.T.: Conformity in psychology's theories of acquired behavioral dispositions. In: BERG & BASS, 1961, 101-142

CAMPBELL, D.T.: Ethnocentric and other altruistic motives. In: LEVINE, D. (Ed.): Nebraska symposium on motivation. Vol. 13. University of Nebraska Press, Lincoln, Nebraska, 1965, 283-311

CAMPBELL, D.T., LE VINE, R.A.: Ethnocentrism and intergroup relations. In: ABELSON, R.P. et al. (Eds.): Theories of cognitive consistency: a sourcebook. Rand McNally, Chicago 1968, 551-564

CAMPBELL, J.P.: Laboratory education: research results and research needs. In: DIEDRICH & DYE, 1972, 404-421

CAMPBELL, J.P., DUNNETTE, M.D.: Effectiveness of T-group experiences in managerial training and development. Psychological Bulletin 1968/70, 73-104

CAPLOW, T.: A theory of coalitions in the triad. American Journal of Sociology 1956/21, 489-493

CAPLOW, T.: Two against one. Coalitions in triads. Prentice-Hall, Englewood Cliffs, N.J. 1968

CAPLOW, T.: Elementary sociology. Prentice-Hall, Englewood Cliffs 1971

CARTER, L.F.: Leadership and small group behavior. In: SHERIF, M., WILSON, M.O. (Eds.): Group relations at the crossroads. Harper, New York 1953, 257-284

CARTER, L.F., HILL, R.J., MC LEMORE, S.D.: Social conformity and attitude change within nonlaboratory groups. Sociometry 1968, 1-13

CARTWRIGHT, D. (Ed.): Studies in social power. University of Michigan, Ann Arbor 1959 (a)

CARTWRIGHT, D.: A field-theoretical concept of power. In: CARTWRIGHT, D., 1959, 183-220 (b)

CARTWRIGHT, D., HARARY, F.: Structural balance: a generalization of Heider's theory. Psychological Review 1956/63, 277-293

CARTWRIGHT, D.: Influence, leadership and control. In: MARCH, J.G. (Ed.): Handbook of organization. Rand McNally, Chicago 1965, 1-47

CARTWRIGHT, D.: The nature of group cohesiveness. In: CARTWRIGHT & ZANDER, 1968, 91-109

CARTWRIGHT, D.: Risk taking by individual and groups: an assessment of research employing choice dilemmas. Journal of Personality and Social Psychology 1971/20, 361-378

CARTWRIGHT, D., ZANDER, A. (Eds.): Group dynamics. Research and theory. Harper & Row, New York 1968[3]

CATTELL, R.B.: Concepts and methods in the measurement of group syntality. Psychological Review 1948/55, 48-63

CATTELL, R.B.: New concepts for measuring leadership in terms of group syntality. Human Relations 1951/4, 161-184

CATTELL, R.B., WISPE, L.G.: The dimensions of syntality in small groups. Journal of Social Psychology 1948/28, 57-78

CHAIKIN, A.L., DERLEGA, V.J.: Self-disclosure. In: THIBAUT, J.W., SPENCE, J.T., CARSON, R.C. (Eds.): Contemporary topics in social psychology. Morristown, N.J.: General Learning Press 1976, 177-210
CHERLUNE, G.J. (Ed.): Self-disclosure. San Francisco: Jossey-Bass 1979
CHANEY, M.V., VINACKE, W.E.: Achievement and nurturance in triads varying in power distribution. Journal of Abnormal and Social Psychology 1960/60, 175-181
CHENEY, J., HARFORD, T., SOLOMON, L.: The effects of communicating threats and promises bargaining processes. Journal of Conflict Resolution 1972/15, 99-107
CHERTKOFF, J.M.: A revision of CAPLOW's coalition theory. Journal of Experimental Social Psychology 1967/3, 172-177
CHERTKOFF, J.M.: Coalition formation as a function of differences in resources. Journal of Conflict Resolution 1971/15, 371-383
CHERTKOFF, J.M.: A bargaining theory of coalition formation. Psychological Review 1973/80, 149-162
CHERTKOFF, J.M., BRADEN, J.L.: Effects of experience and bargaining restrictions on coalition formation. Journal of Personality and Social Psychology 1974/30, 169-177
CHIN, R., BENNE, K.D.: General strategies for effecting changes in human systems. In: BENNIS. BENNE & CHIN, 1969[2], 32-59
CLARK, H.: The crowd. Psychological Monograph 1916/21 (zit. nach HOFSTÄTTER, 1957a)
CLARK, R.D.III: Group-induced shift toward risk: a critical appraisal. Psychological Bulletin 1971/76, 251-270
CLORE, G.L., BYRNE, D.: A reinforcement-affect model of attraction. In: HUSTON, 1974, 143-170
COCH, L., FRENCH, J.R.P.: Overcoming resistance to change. Human Relations 1948/1, 512-532
COHEN, A.M.: The effects of changes in communication networks on the behaviors of problem-solving groups. Sociometry 1962/25, 177-196
COHEN, A.R.: Upward communication in experimentally created hierarchies. Human Relations 1958/11, 41-53
COHEN, B.P.: Conflict and conformity. MIT Press, Cambridge, Mass. 1963
COHEN, D., WHITMYRE, J.W., FUNK, W.H.: Effect of group cohesiveness and training upon creative thinking. Journal of Applied Psychology 1960/44, 319-322
COLE, S.G.: An examination of the power-inversion effect in three-person mixed-motive games. Journal of Personality and Social Psychology 1969/11, 50-58
COLEMAN, J.F., BLAKE, R.R., MOUTON, J.S.: Task difficulty and conformity pressures. Journal Abnormal and Social Psychology 1958/57, 120-122
COLLINS, B.E.: Social psychology. Addison-Wesley, Reading, Mass. 1970
COLLINS, B.E., GUETZKOW, H.: A social psychology of group processes for decision-making. Wiley, New York 1964
COLLINS, B.E., RAVEN, B.H.: Group structure: attraction, coalitions, communication, and power. In: LINDZEY, G., ARONSON, E.: The handbook of social psychology, Vol. 4. Addison-Wesley, Reading, Mass. 1969, 102-204
COOLEY, C.H.: Social organization. A study of the larger mind. Schocken Books, New York 1909
COOPER, C.L. MANGHAM, I.L. (Eds.): T-groups. A survey of research. Wiley, London 1971

COOPER, J.B., MC GAUGH, J.L.: Integrating principles in social psychology. Addison-Wesley, Cambridge, Mass. 1963
CORSINI, R.J.: Roleplaying in psychotherapy. Aldine, Chicago 1966
CORSINI, R.J., SHAW, M.E., BLAKE, R.R.: Role playing in business and industry. Free Press, Glencoe, I11. 1961
COTTRELL, N.B.: Social facilitation. In: MC CLINTOCK, C.G. (Ed.): Experimental social psychology. Holt, Rinehart & Winston, New York 1972, 185-236
COTTRELL, N.B., WACK, D.L., SEKERAK, G.J., RITTLE, R.H.: Social facilitation of dominant responses by the presence of an audience and the mere presence of others. Journal of Personality and Social Psychology 1968/9, 245-250
COWEN, E.L., LANDES; J., SCHAET, D.E.: The effects of mild frustration on the expression of prejudiced attitudes. Journal of Abnormal and Social Psychology 1959/58, 33-38
COZBY, P.C.: Self-disclosure: a literature review. Psychological Bulletin 1973/79, 73-91
CRONER, M.D., WILLIS, R.H.: Perceived differences in task competency and asymmetry of dyadic influence. Journal of Abnormal and Social Psychology 1961/62, 705-708
CROSBIE, P.V. (Ed.): Interaction in small groups. New York: Macmillan 1975
CROWNE, D.P., MARLOWE, D.: The approval motive. Wiley, New York 1964[2]
CRUTCHFIELD, R.S.: Conformity and character. American Psychologist 1955/10, 191-198
V. CUBE, F.: Hypothesen über die Gruppenentropie als Funktion der Wahlkriterien. In: VORWERG, M. (Hrsg.): Die Struktur des Kollektivs in sozialpsychologischer Sicht. VEB Deutscher Verlag der Wissenschaften, Berlin 1971, 46-56
V. CUBE, F., GUNZENHAUSER, R.: Über die Entropie von Gruppen. Schnelle, Quickborn 1967
CVETKOVICH, G., BAUMGARDNER, S.R.: Attitude polarization: the relative influence of discussion group structure and reference group norms. Journal of Personality and Social Psychology 1973/26, 159-165
DAHL, R.A.: The concept of power: Behavioral Science 1957/2, 201-215
DANN, H.-D., DOISE, W.: Ein neuer methodologischer Ansatz zur experimentellen Erforschung von Intergruppenbeziehungen. Zeitschrift für Sozialpsychologie 1974/5, 2-15
DARLEY, J.M., BERSCHEID, E.: Increased liking as a result of the anticipation of personal contact. Human Relations 1967/20, 29-40
DARLEY, J.M., MORIARTY, T., DARLEY, S., BERSCHEID, E.: Increased conformity to a fellow deviant as a function of prior deviation. Journal of Experimental Social Psychology 1974/10, 211-223
DAVIS, J.H., RESTLE, F.: The analysis of problems and prediction of group problem solving. Journal of Abnormal and Social Psychology 1963/66, 103-116
DAY, B.R.: A comparison of personality needs of courtship couples and same sex friendship. Sociology and Social Research 1961/45, 435-440
DE LAMATER, J., MC CLINTOCK, C.G., BECKER, G.: Conceptual orientations of contemporary small group theory. Psychological Bulletin 1965/64, 402-412
DE MONCHAUX, C., SHIMMIN, S.: Some problems of method in experimental group psychology. Human Relations 1955/8, 53-60

DEUTSCH, M.: Trust and suspicion. Journal of Conflict Resolution 1958/2, 265-279
DEUTSCH, M.: Some factors affecting membership motivation and achievement motivation in a group. Human Relations 1959/12, 81-95
DEUTSCH, M.: Trust, trustworthiness, and F-Scale. Journal of Abnormal and Social Psychology 1960/61, 138-140
DEUTSCH, M.: The effects of cooperation and competition upon group processes. In: CARTWRIGHT & ZANDER 1968, 461-482 (a)
DEUTSCH, M.: Group behavior. In: SILLS, D.L. (Ed.): International encyclopedia of the social sciences, Vol. 6. The Free Press, Macmillan, New York 1968, 265-276 (b)
DEUTSCH, M., GERARD, H.B.: A study of normative and informational social influences upon individual judgement. Journal of Abnormal and Social Psychology 1955/51, 629-636
DEUTSCH, M., KRAUSS, R.M.: The effect of threat upon interpersonal bargaining. Journal of Abnormal and Social Psychology 1960/61, 181-189
DEUTSCH, M., KRAUSS, R.M.: Studies of interpersonal bargaining. Journal of Conflict Resolution 1962/6, 52-76
DEUTSCH, M., SOLOMON, L.: Reactions to evaluations by others as influenced self-evaluations. Sociometry 1959/22, 93-112
DIEDRICH, R.C., DYE, H.A. (Eds.): Group procedures: purposes, processes, and outcomes. Houghton Mifflin, New York 1972
DIETRICH, G.: Durch welche erzieherischen Massnahmen kann die Einstellung von Volksschülern gegenüber "dem Juden" verändert werden? Zeitschrift für experimentelle und angewandte Psychologie 1967/14, 191-199
DIGGORY, J.G.: Self-evaluation. Concept and studies. Wiley, New York 1968
DION, K.L., BARON, R.S., MILLER, N.: Why do groups make riskier decisions than individuals? In: BERKOWITZ, L. (Ed.): Advances in experimental social psychology, Vol. 5. Academic Press, New York 1970, 305-377
DION, K., BERSCHEID, E., WALSTER, E.: What is beautiful is good. Journal of Personality and Social Psychology 1972/24, 285-290
DITTES, J.E.: Attractiveness of group as a function of self-esteem and acceptance by group. Journal of Abnormal and Social Psychology 1959/59, 77-82
DITTES, J.E., KELLEY, H.H.: Effects of different conditions of acceptance upon conformity to group norms. Journal of Abnormal and Social Psychology 1956/53, 100-107
DITTMANN, A.T.: Interpersonal messages of emotion. Springer, New York 1972
DOISE, W.: Intergroup relations and polarization of individual and collective judgments. Journal of Personality and Social Psychology 1969/12, 136-143
DOISE, W.: Die experimentelle Untersuchung von Beziehungen zwischen Gruppen. Zeitschrift für experimentelle und angewandte Psychologie 1971/18, 51-89
DOLLARD, J., DOOB, L.W., MILLER, N.E., MOWRER, O.H., SEARS, H.H.: Frustration and aggression. Yale University Press, New Haven 1939
DOLLASE, R.: Soziometrische Techniken. Beltz, Weinheim 1973
DOSTER, J.A., NESBITT, J.G.: Psychotherapy and self-disclosure. In: CHERLUNE, G.J. (Ed.): Self-disclosure. San Francisco: Jossey-Bass 1979, 177-224
DRUCKMAN, D.: Prenegotiation experience and dyadic conflict resolution in a bargaining situation. Journal of Experimental Social Psychology 1968/4, 367-383

DUCK, S.W. (Ed.): Theory and practice in interpersonal attraction. New York: Academic Press 1977

DUNCAN, S. Jr.: Nonverbal communication. Psychological Bulletin 1969/72, 118-137

DUNCAN, S. Jr., NIEDEREHE, G.: On signalling that it's your turn to speak. Journal of Experimental Social Psychology 1974/10, 234-247

DUNKMANN, K.: Lehrbuch der Soziologie und Sozialphilosophie. Berlin 1931 (zit. nach KRUSE, 1972)

DUNNETTE, M.C., CAMPBELL, J., JAASTAD, K.: The effect of group participation on brainstorming effectiveness for two industrial samples. Journal of Applied Psychology 1963/47, 30-37

EAGLY, A.H.: Sex differences in influencibility. Psychological Bulletin 1978/85, 86-116

EAGLY, A.H., CARLI, L.L.: Sex of researchers and sex-typed communications as determinants of sex differences in influencibility. PS. Bull. 1978

EAGLY, A.H., WOOD, W., FISHBAUGH, L.: Sex differences in conformity: surveillance by the group as a determinant of male nonconformity. Journal of Personality and Social Psychology 1981/40, 384-394

EIBL-EIBESFELD, I.: Similarities and differences between cultures in expressive movements. In: HINDE, R.A. (Ed.): Non-verbal communication. Cambridge University Press, London 1972, 297-312

EISERMANN, G.: Allgemeine Soziologie. In: EISERMANN, G. (Hrsg.): Die Lehre von der Gesellschaft. Enke, Stuttgart 1969^2, 55-146

EKMAN, P.: Differential communication of affect by head and body cues. Journal of Personality and Social Psychology 1965/2, 726-735

ELLSWORTH, P.C., CARLSMITH, J.M.: Effect of eye contact and verbal content on affective response to a dyadic interaction. Journal of Personality and Social Psychology 1968/10, 15-20

EMERSON, R.: Deviation and rejection: an experimental replication. American Sociological Review 1954/19, 688-693

ENDLER, N.S.: Conformity as a function of different reinforcement schedules. Journal of Personality and Social Psychology 1966/4, 175-180

ENDLER, N.S., HOY, E.: Conformity as related to reinforcement and social pressure. Journal of Personality and Social Psychology 1967/7, 197-202

ENGELKE, E. (Hrsg.): Psychodrama in der Praxis. München: Pfeiffer 1981

EVANS, G.: Effects of unilateral promise and value of rewards upon cooperation and trust. Journal of Abnormal and Social Psychology 1964/69, 587-590

EVANS, G.W., CRUMBAUGH, C.M.: Effects of prisoner's dilemma format on cooperative behavior. Journal of Personality and Social Psychology 1966/3, 484-488

EVANS, G.W., HOWARD, R.B.: Personal space. Psychological Bulletin 1973/80, 334-344

EXLINE, R.V., WINTERS, L.C.: Affective relations and mutual glances in dyads. In: TOMKINS, S.S., IZARD, C.E. (Eds.): Affect, cognition, and personality. Springer, New York 1965, 319-350

FAST, J.: Body language. Pan Books, London 1971

FEGER, H.: Gruppensolidarität und Konflikt. In: GRAUMANN, F.C. (Hrsg.): Handbuch der Psychologie, Band 7: Sozialpsychologie. 2. Halbband: Forschungsberichte. Hogrefe, Göttingen 1972, 1595-1653

FEGER, H., RUDINGER, G.: Interpretationen der Urteilskonvergenz. Zeitschrift für Sozialpsychologie 1972/3, 69-76

FENGLER, J.: Verhaltensänderung in Gruppenprozessen. Heidelberg: Quelle & Meyer 1975

FERGUSON, C.K., KELLEY, H.H.: Significant factors in overevaluation of own-group's product. Journal of Abnormal and Social Psychology 1964/69, 223-227

FESTINGER, L.: Informal social communication. Psychological Review 1950/57, 271-282

FESTINGER, L.: An analysis of compliant behavior. In: SHERIF, M., WILSON, M.O. (Eds.): Group relations at the crossroads. Harper, New York 1953, 232-256

FESTINGER, L.: A theory of social comparison processes. Human Relations 1954/7, 117-140

FESTINGER, L.: A theory of cognitive dissonance. Stanford University Press, Stanford, Cal. 1957

FESTINGER, L., SCHACHTER, S., BACK, K.: Social pressures in informal groups. Harper, New York 1950

FICHTER, J.H.: Grundbegriffe der Soziologie. Springer, New York, Wien 1969

FIEDLER, F.E.: A contingency model of leadership effectiveness. In: BERKOWITZ, L. (Ed.): Advances in experimental social psychology, Vol. 1. Academic Press, New York 1964, 150-191

FIEDLER, F.E.: A theory of leaderhip effectiveness. Mc Graw Hill, New York 1967 (a)

FIEDLER, F.E.: Führungsstil und Leistung koagierender Gruppen. Zeitschrift für experimentelle und angewandte Psychologie 1967/14, 200-217 (b)

FIEDLER, F.E.: Personality and situational determinants of leaderhip effectiveness. In: CARTWRIGHT & ZANDER, 1968, 362-380

FIEDLER, F.E.: Validation and extension of the contingency model of leaderhip effectiveness: a review of empirical findings. Psychological Bulletin 1971/76, 128-148

FIEDLER, F.: The contingency model and the dynamics of the leadership process. In: BERKOWITZ, L. (Ed.): Advances in experimental social psychology, Volume 11, Academic Press, New York 1978, 59-112

FISCHER, H.: Gruppenstruktur und Gruppenleistung. Huber, Bern, Stuttgart 1962

FLANDERS, J.P., THISTLETHWAITE, D.L.: Effects of familiarization and group discussion upon risk taking. Journal of Personality and Social Psychology 1967/5, 91-97

FLEISHMAN, E.A.: The description of supervisory behavior. Journal of Applied Psychology 1953/37, 1-6 (zit. nach FLEISHMAN & HARRIS, 1962)

FLEISHMAN, E.A., HARRIS, E.F.: Muster des Führungsverhaltens und die Beschwerden und Fluktuationsrate von Arbeitnehmern. In: KUNCZIK, 1972, 246-259

FOULKES, S.H., ANTHONY, E.J.: Group psychotherapy. The psychoanalytic approach. Penguin, Harmondsworth 1965[2]

FREEDMAN, J.L., STEINBRUNER, J.D.: Perceived choice and resistance to persuasion. Journal of Abnormal and Social Psychology 1964/68, 678-681

FRENCH, J.R.P., ISRAEL, J., AS, D.: An experiment of participation in a Norwegian factory: interpersonal dimension of decision making. Human Relations 1960/13, 349-

FRENCH, J.P., MORRISON, H.W., LEVINGER, G.: Coercive power and forces affecting conformity. Journal Abnormal and Social Psychology 1960/61, 93-101

FRENCH, J.P.R., RAVEN, B.: The bases of power. In: CARTWRIGHT, 1959, 150-167

FREUD, S.: Massenpsychologie und Ich-Analyse. Internationaler Psychoana-

lytischer Verlag Leipzig, Wien, Zürich 1921
FRIEDMAN, Y.: Machbare Utopien. Frankfurt: Fischer 1978
FRITZ, J.: Emanzipatorische Gruppendynamik. List, München 1974
FRY, R., SMITH, G.F.: The effects of feedback and age contact on perfor-
mance of a digit-coding task. Journal of Social Psychology 1975/96,
145-146
GAHAGAN, J.P., TEDESCHI, J.T.: Shifts of power in a mixed-motive game.
Journal of Social Psychology 1969/77, 241-252
GALLO, P.S.: Effects of increased incentive upon the use of threat in
bargaining. Journal of Personality and Social Psychology 1966/4, 14-20
GAMSON, W.A.: A theory of coalition formation. American Sociological
Review 1961/26, 373-382 (a)
GAMSON, W.A.: An experimental test of a theory of coalition formation.
American Sociological Review 1961/26, 565-573 (b)
GAMSON, W.A.: Experimental studies of coalition formation. In: BERKOWITZ,
L. (Ed.): Advances in experimental social psychology, Vol. 1. Academic
Press, New York, London 1964, 81-110
GANZER, V.J.: Effects of audience presence and test anxiety on learning
and retention in a serial learning situation. Journal of Personality
and Social Psychology 1968/8, 194-199
GASKEL, G.D., THOMAS, E.A.C., FARR, R.M.: Effects of pretesting on mea-
sures of individual risk preferences. Journal of Personality and
Social Psychology 1973/25, 192-198
GAZDA, G.M., LARSEN, M.J.: A comprehensive appraisal of group and multip-
le counseling research. Journal of Research and Development in Educa-
tion 1968/1, 57-66
GERARD, H.B.: Deviation, conformity and commitment. In: STEINER, I.D.,
FISHBEIN, M.C. (Eds.): Current studies in social psychology. Holt,
Rinehart & Winston, New York 1965, 263-277
GERARD, H.B., CONNOLLEY, E.S.: Conformity. In: MC CLINTOCK, C.G. (Ed.):
Experimental social psychology. Holt, Rinehart & Winston, New York
1972, 237-263
GERARD, H.B., MATHEWSON, G.C.: The effects of initiation on liking for a
group: a replication. Journal of Experimental Social Psychology
1966/2, 278-287
GERARD, H.B., WILHELMY, R.A., CONOLLEY, E.S.: Conformity and group size.
Journal of Personality and Social Psychology 1968/8, 79-82
GERGEN, K.J.: Socialpsychology as history.Journal of Personality and
Social Psychology 1973/26, 309-320
GIBB, C.A.: Leadership. In: LINDZEY, G. (Ed.): Handbook of social psycho-
logy. Addison-Wesley, Reading, Mass. 1954
GIBB, C.A.: Leadership. In: LINDZEY, G., ARONSON, E. (Eds.): The handbook
of social psychology, Vol. 4. Addison-Wesley, Reading, Mass. 1969[2],
205-282
GILBERT, S.J.: Empirical and theoretical extensions of self-disclosure.
In: MILLER, G.R. (Ed.): Explorations in interpersonal communication.
Beverly Hills, Cal.: Sage 1976, 197-214
GILCHRIST, J.C., SHAW, M.E., WALKER, L.C.: Some effects of unequal di-
stribution of information in a wheel group structure. Journal of
Social Psychology 1954/49, 554-556 (zit. nach SHAW, 1964)
GLANZER, M., GLASER, R.: Techniques for the study of group structure and
behavior: I. Analysis of structure. Psychological Bulletin 1959, 56,
317-332
GLANZER, M., GLASER, R.: Techniques for the study of group structure and

behavior: II. Empirical studies of the effects of structure in small groups. Psychological Bulletin 1961/58, 1-27

GNIECH, G.: Störeffekte in psychologischen Experimenten. Stuttgart: Kohlhammer 1976

GOFFMAN, E.: Verhalten in sozialen Situationen. Bertelsmann, Gütersloh 1971

GOLDBERG, S.C.: Three situational determinants of conformity to social norms. Journal of Abnormal and Social Psychology 1954/49, 325-329

GOLDHAMER, H., SHILS, E.A.: Types of power and status. American Journal of Sociology 1939/45, 171-182

GOLDMAN, M.: A comparison of individual and group performance for varying combinations of initial ability. Journal of Personality and Social Psychology 1965/1, 210-216

GOLDMAN, M., FRAAS, L.A.: Effects of leader selection on group performance. Sociometry 1965/28, 82-88

GOLEMBIEWSKI, R.T.: The small group. An analysis of research concepts and operations. University of Chicago Press, Chicago 1962

GORANSON, R.E., BERKOWITZ, L.: Reciprocity and responsibility reactions to prior help. Journal of Personality and Social Psychology 1966/3, 227-232

GORDON, K.H.: Group judgments in the field of lifted weights. Journal of Experimental Psychology 1924/3, 398-400 (zit. nach ZAJONC, 1966)

GRABITZ-GNIECH, G., GRABITZ, H.-J.: Psychologische Reaktanz: Theoretisches Konzept und experimentelle Untersuchungen. Zeitschrift für Sozialpsychologie 1973/4, 19-35

GRAEN, G., ALVARES, K., ORRIS, J.B., MARTELLA, J.A.: Contingency model of leadership effectiveness: antecedent and evidential results. Psychological Bulletin 1970/74, 285-296

GRAHAM, D.: Experimental studies of social influence in simple judgment situations. Journal of Social Psychology 1962/56, 245-269

GRAHAM, W.K.: Description of leader behavior and evaluation of leaders as a function of LPC. Personnel Psychology 1968/21, 457-464 (zit. nach NEUBERGER & ROTH, 1974)

GRAUMANN, C.F.: Interaktion und Kommunikation. In: GRAUMANN, C.F. (Hrsg.): Handbuch der Psychologie, 7. Band: Sozialpsychologie, 2. Halbband: Forschungsberichte. Hogrefe, Göttingen 1972, 1109-1262

GREENSPOON, J.: The reinforcing effect of two sounds on the frequency of two responses. American Journal of Psychology 1955/68, 409-417 (zit. nach ARGYLE, 1972a)

GRIFFITT, W.: Interpersonal attraction as a function of self-concept and personality similarity - dissimilarity. Journal of Personality and Social Psychology 1966/4, 581-584

GRUDER, C.L., DUSLAK, R.J.: Elicitation of cooperation by retaliatory and nonretaliatory strategies in a mixed motive game. Journal of Conflict Resolution 1973/17, 162-174

GRUSKY, O.: A case for the theory of familial role differentiation in small groups. Social Forces 1957/35, 209-217

GUETZKOW, H.: Differentiation of roles in task-oriented groups. In: CARTWRIGHT & ZANDER, 1968, 512-526

GUETZKOW, H., DILL, W.R.: Factors in the organizational development of task-oriented groups. Sociometry 1957/20, 175-204

GUETZKOW, H., SIMON, H.A.: The impact of certain communication nets upon organization and performance in task-oriented groups. Management Science 1955/1, 233-250 (zit. nach GLANZER & GLASER, 1961)

GUNDERSON, E.K.E., NELSON, P.D.: Criterion measures for extremely isolated groups. Personnel Psychology 1966/19, 67-81
HACKMAN, J.R.: Effects of task characteristics on group products. Journal of Experimental Social Psychology 1968/4, 162-187
HAGSTROM, W.O., SELVIN, H.C.: The dimensions of cohesiveness in small groups. Sociometry 1965/28, 30-43
HALL, E.J., WILLIAMS, M.S.: A comparison of decision-making performance in established and ad hoc groups. Journal of Personality and Social Psychology 1966/3, 214-222
HALPIN, A.W., WINER, J.B.: A factorial study of the leader behavior descriptions. In: STOGDILL, R.M., COONS, A.E. (Eds.): Leader behavior: its description and measurement. Research Monograph No. 88, Bureau of Business Research, The Ohio State University, Columbus, Ohio 1957 (zit. n. KUNCZIK, 1972)
HARE, A.P.: Handbook of small group research. The Free Press, Glencoe, Ill, 1962
HARE, A.P.: Interpersonal relations in the small group. In: FARIS, R.E.L. (Ed.): Handbook of modern sociology. Rand McNally, Chicago, 1966^2, 217-271
HARRISON, R.P.: Nonverbal communication. In: POOL, I.S. et al. (Eds.): Handbook of communication. Rand McNally Chicago 1973, 93-115
HARRISON, R., LUBIN, B.: Personal style, group composition, and learning. Journal of Applied Behavioral Science 1965/1, 186-301
HARSANYI, J.C.: Measurement of social power, opportunity costs, and the theory of two-person bargaining games. Behavioral Science 1962/7, 67-80
HARTLEY, E.L., HARTLEY, R.E.: Die Grundlagen der Sozialpsychologie. Rembrandt, Berlin 1955
HARVEY, O.J., CONSALVI, C.: Status and conformity to pressure in informal groups. Journal of Abnormal and Social Psychology 1960/60, 182-187
HAYDUK, L.A.: Personal space: an evaluative and orienting overview. Psychological Bulletin 1978/85, 117-134
HEARN, G.: Leadership and the spatial factor in small groups. Journal of Abnormal and Social Psychology 1957/54, 269-272
HEIDER, F.: The psychology of interpersonal relations. Wiley, New York 1958
HEIGL-EVERS, A.: Konzepte der analytischen Gruppenpsychotherapie. Vandenhoeck & Ruprecht, Göttingen 1972
HEISE, G.A., MILLER, G.A.: Problem solving by small groups using various communication nets. Journal of Abnormal and Social Psychology 1951/46, 327-335
HELLER, O., KRÜGER, H.-P.: Direkte Skalierung in der Soziometrie. Psychologische Beiträge 1974/16, 203-226
HELMREICH, R., BAKEMAN, R., SCHERWITZ, L.: The study of small groups. Annual Review of Psychology 1973/24, 337-354
HEMPHILL, J.K.: Theory of leadership. Unveröffentlichter Bericht. Ohio State University, Personnel Research Board 1952 (zit. nach GIBB, 1969)
HENCHY, T., GLASS, D.C.: Evaluation apprehension and the social facilitation of dominant and subordinate responses. Journal of Personality and Social Psychology 1968/10, 446-454
HERMANN, M.G., KOGAN, N.: Negotiation in leader and delegate groups. Journal of Conflict Resolution 1968/12, 332-344
HIEBSCH, H., VORWERG, M.: Einführung in die marxistische Sozialpsychologie. VEB Deutscher Verlag der Wissenschaften, Berlin 1967

HINTON, B.L., HAMNER, W.C., POHLEN, M.F.: The influence of reward magnitude, opening bid and concession rate on profit earned in a managerial negotiation game. Behavioral Science 1974/19, 197-203
HIRSIG, R.: Darstellung und Untersuchung des Konformitätsverhaltens als zeitdiskreter, dynamischer Prozess. Diss. Zürich 1973
HÖHN, E., SCHICK, C.P.: Das Soziogramm. Hogrefe, Göttingen 1954
HÖHN, E., SEIDEL, G.: Soziometrie. In: GRAUMANN, F.C. (Hrsg.): Handbuch der Psychologie. 7. Band: Sozialpsychologie. 1. Halbband: Theorien und Methoden. Hogrefe, Göttingen 1969, 375-397
HOETH, F.: Graphentheoretische Konzepte als Hilfsmittel bei der Analyse von Gruppenstrukturen und Kommunikationsprozessen. Gruppendynamik 1975/6, 349-379
HOFFMANN, L.R.: Group Problem solving. In: BERKOWITZ, L. (Ed.): Advances in experimental social psychology, Vol. 2. Academic Press, New York, London 1965, 99-132
HOFFMAN, L.R., MAIER, N.R.F.: Quality and acceptance of problem solutions by members of homogeneous and heterogeneous groups. Journal of Abnormal and Social Psychology 1961/62, 401-407
HOFSTÄTTER, P.R.: Gruppendynamik. Rowohlt, Hamburg 1957 (a)
HOFSTÄTTER, P.R.: Psychologie. Fischer, Frankfurt 1957 (b)
HOFSTÄTTER, P.R.: Einführung in die Sozialpsychologie. Kröner, Stuttgart 1966[4]
HOLLANDER, E.P.: Conformity, status, and idiosyncrasy credit. Psychological Review 1958/65, 117-127
HOLLANDER, E.P.: Competence and conformity in the acceptance of influence. Journal of Abnormal and Social Psychology 1960/61, 365-369
HOLLANDER, E.P.: Leaders, groups, and influence. Oxford University Press, New York 1964
HOLLANDER, E.P.: Principles and methods of social psychology. Oxford University Press, New York 1971
HOLLANDER, E.P., JULIAN, J.W.: Contemporary trends in the analysis of leadership processes. Psychological Bulletin 1969/71, 387-397
HOLLANDER, E.P., WEBB, W.B.: Leadership, followership and friendship. Journal of Abnormal and Social Psychology 1955/50, 163-167
HOLLANDER, E.P., WILLIS, R.H.: Some current issues in the psychology of conformity and nonconformity. Psychological Bulletin 1967/68, 62-76
HOLLANDER, C.R.: Leadership and headship: there is a difference. Personnel Administration 1968/31 (zit. nach KUNCZIK, 1972)
HOLM, K.: Zum Begriff der Macht. Kölner Zeitschrift für Soziologie und Sozialpsychologie 1969/21, 269-288
HOLZKAMP, K.: Kritische Psychologie. Frankfurt: Fischer 1972
HOMANS, G.C.: Theorie der sozialen Gruppe. Westdeutscher Verlag, Köln, Opladen 1960
HOMANS, G.C.: Fundamental social processes. In: SMELSER, N.J. (Ed.): Sociology: An introduction. New York 1967, 30-78 (zit. nach GRAUMANN, 1972)
HOMANS, G.C.: Elementarformen sozialen Verhaltens. Westdeutscher Verlag, Köln, Opladen 1968
HOPPE, E.: Erfolg und Misserfolg. Psychologische Forschung 1931/14, 1-62
HORAI, J., TEDESCHI, J.T.: The effects of threat credibility and magnitude of punishment upon compliance. Journal of Personality and Social Psychology 1969/12, 164-169
HORNSTEIN, H.A.: The effect of different magnitudes of threat upon interpersonal bargaining. Journal of Experimental Social Psychology 1965/1,

282-293
HORNSTEIN, H.A., BUNKER, B.B., BURKE, W.W., GINDES, M., LEWICKI, R.J. (Eds.): Social intervention. A behavioral science approach. The Free Press New York, Collier-Macmillan London 1971
HORNSTEIN, H.A., JOHNSON, D.W.: The effects of process analysis and ties to his group upon the negotiator's attitudes toward the outcomes of negotiations. Journal of Applied Behavioral Science 1966/2, 449-463
HOWELLS, L.T., BECKER, S.W.: Seating arrangement and leadership emergence. Journal of Abnormal and Social Psychology 1962/64, 148-150
HURLOCK, E.B.: An evaluation of certain incentives used in school work. Journal of Educational Psychology 1925/16, 145-159
HURWITZ, J.I., ZANDER, A.F., HYMOVITCH, B.: Some effects of power on the relations among group members. In: CARTWRIGHT & ZANDER, 1968, 291-297
HUSBAND, R.W.: Analysis of methods in human maze learning. Journal of Genetic Psychology 1931/39, 258-277
HUSE, E.F.: Organization development and change. New York: West Publishing 1975
HUSTON, T.L. (Ed.): Foundations of interpersonal attraction. Academic Press, New York 1974
HYMAN, H.H.: The psychology of status. Archives of Psychology 1942, No. 269 (z.T. abgedruckt in: HYMAN & SINGER, 1968, 147-165)
HYMAN, H.H., SINGER, E. (Eds.): Reading in reference group theory and research. Free Press, New York, Collier-Macmillan, London 1968

INGHAM, A.G., LEVINGER, G., GRAVES, J., PECKHAM, V.: The Ringelmann effect: studies of group size and group performance. Journal of Experimental Social Psychology 1974/10, 371-384
INSKO, C.A., SCHOPLER, J.: Experimental social psychology. Academic Press, New York, London 1972
ISRAEL, J., TAJFEL, H. (Eds.): The context of social psychology. London: Academic Press 1972
JANDA, K.F.: Towards the explication of the concept of leadership in terms of the concept of power. Human Relations 1960/13, 345-363
JANIS, I.L., HOFFMAN, D.: Facilitating effects of daily contact between partners who make a decision to cut down on smoking. Journal of Personality and Social Psychology 1970/17, 25-35
JANIS, I.L.: Victims of groupthink. Boston: Houghton-Mifflin 1972
JANIS, I.L.: Counteracting the adverse effects of concurrence-seeking in policy-planning groups: theory and research perspectives. In: BRANDSTÄTTER, H. et al., 1982, 477-501
JENNINGS, H.H.: Leadership and isolation. Longmans, Green & Co., New York 1950
JOHNSON, D.F., TULLAR, W.L.: Style of third party intervention, face-saving and bargaining behavior. Journal of Experimental Social Psychology 1972/8, 319-330
JOHNSON, D.W.: Use of role reversal in intergroup competition. Journal of Personality and Social Psychology 1967/7, 135-141
JONES, E.E.: Ingratiation. Appleton-Century-Crofts, New York 1964
JONES, E.E., GERARD,H.B.: Foundations of social psychology. Wiley, New York 1967
JONES, E.E., BELL, L., ARONSON, E.: The reciprocation of attraction from similar and dissimilar others: a study in person perception and evaluation. In: MC CLINTOCK, C.G. (Ed.): Experimental social psychology. Holt, Rinehart & Winston, New York 1972

JOURARD, S.M.: The transparent self. New York: Van Nostrand 1971
JULIAN, J.W., REGULA, C.R., HOLLANDER, E.P.: Effects of prior agreement
    by others on task confidence and conformity. Journal of Personality
    and Social Psychology 1968/9, 171-178
JULIAN, J.W., STEINER, I.D.: Perceived acceptance as a determinant of
    conformity behavior. Journal of Social Psychology 1961/55, 191-198
JUNG, J.: The experimenter's challenge. New York: Macmillan 1982
JUNNE, G.: Spieltheorie in der internationalen Politik. Bertelsmann,
    Düsseldorf 1972

KAPLOWITZ, S.A.: An experimental test of a rationalistic theory of deter-
    rence. Journal of Conflict Resolution 1973/17, 535-572
KATZ, D., BRALY, K.W.: Verbal stereotypes and racial prejudice. In:
    MACCOBY, E.E., NEWCOMB, T.M., HARTLEY, E.L. (Eds.): Readings in social
    psychology. Holt, Rinehart & Winston, New York 1958[3], 40-46
KAUFMANN, H.: Social Psychology. The study of human interaction. Holt,
    Rinehart & Winston, New York 1973
KELLEY, H.H.: Experimental studies of threat in interpersonal negotia-
    tions. Journal of Conflict Resolution 1965/9, 79-105
KELLEY, H.H.: Two functions of reference groups. In: HYMAN & SINGER,
    1968, 77-83
KELLEY, H.H., ARROWOOD, A.J.: Coalitions in the triad: critique and
    experiment. Sociometry 1960/23, 231-244
KELLEY, H.H., LAMB, T.W.: Certainty of judgment and resistance to social
    influence. Journal of Abnormal and Social Psychology 1957/55, 137-139
    (zit. nach ALLEN, 1965)
KELLEY, H.H., SCHENITZKI, D.P.: Bargaining. In: MC CLINTOCK, C.E. (Ed.):
    Experimental social Psychology. Holt, Rinehart & Winston, New York
    1972, 298-337
KELLEY, H.H., THIBAUT, J.W.: Group problem solving. In LINDZEY, G.,
    ARONSON, E. (Eds.): The handbook of social psychology. Vol. 4. Addi-
    son-Wesley, Reading, Mass. 1969[2], 1-101
KELLEY, H.H., VOLKART, E.H.: The resistance to change of group-anchored
    attitudes. American Sociological Review 1952/17, 453-465
KELLEY, H.H., THIBAUT, J.W.: Interpersonal relations. New York: Wiley
    1978
KELMAN, H.C.: Three processes of social influence. Public Opinion Quar-
    terly 1961/25, 57-78
KELMAN, H.C., HOVLAND, C.I.: 'Reinstatement' of the communicator in
    delayed measurement of opinion change. Journal of Abnormal and Social
    Psychology 1953/48, 327-335
KENDON, A.: Some functions of gaze-direction in social interaction. Acta
    Psychologica 1967/26, 22-63
KENDON, A., COOK, M.: The consistency of gaze patterns in social interac-
    tion. British Journal of Psychology 1969/60, 481-494
KENDON, A.: Looking in conversation and the regulation of terms to talk:
    a comment on the papers of G. BEATTLE and D.R. RUTTER et al. British
    Journal of Social and Clinical Psychology 1978/17, 23-24
KERCKHOFF, A., DAVIS, K.A.: Value consensus and need complementarity in
    mate selection. American Sociological Review 1962/27, 295-303
KIDD, J.S., CAMPBELL, D.T.: Conformity to groups as a function of group
    success. Journal of Abnormal and Social Psychology 1955/51, 390-393
KIDD, J.W.: An analysis of social rejection in a college men's residence
    hall. In: MORENO et al. 1960, 427-436

KIESLER, C.A.: Group pressure and conformity. In: MILLS, J. (Ed.): Experimental social psychology. Macmillan, London 1969, 233-306

KIESLER, C.A., COLLINS, B.E., MILLER, N.: Attitude change. Wiley, New York 1969

KIESLER, C.A., CORBIN, L.H.: Commitment, attraction, and conformity. Journal of Personality and Social Psychology 1965/2, 890-895

KIESLER, C.A., GOLDBERG, G.N.: Multi-dimensional approach to the experimental study of interpersonal attraction: effect of a blunder on the attractiveness of a competent other. Psychological Reports 1964/22, 693-705 (zit. nach HELMREICH et al., 1973)

KIESLER, C.A., SAKAMURA, J.: A test of a model for commitment. Journal of Personality and Social Psychology 1966/3, 349-353

KIESLER, C.A., ZANNA, M., DESALVO, M.: Deviation and conformity: opinion change as a function of commitment, attraction, and presence of a deviate. Journal of Personality and Social Psychology 1966/3, 458-467

KIESLER, S.: Interpersonal processes in groups and organizations. Arbington Heights, Ill.: AHM Publishing Corporation 1978

KNAPP, M.L.: Nonverbal communication in human interaction. New York: Holt, Rinehart and Winston 1978[2]

KNIGHT, H.C.: A comparison of the reliability of groups and individual judgments. Unveröffentlichte Diplomarbeit der Columbia Universität (zit. nach LORGE et al. 1958)

KOGAN, N., WALLACH, M.A.: Risk taking: study in cognition and personality. Holt, Rinehart & Winston, New York 1964

KOGAN, N., WALLACH, M.A.: Risky-shift phenomenon in small decision-making groups: a test of the information-exchange hypothesis. Journal of Experimental Social Psychology 1967/3, 75-84

KOMORITA, S.S., BRENNER, A.R.: Bargaining and concession making under bilateral monopoly. Journal of Personality and Social Psychology 1968/9, 15-20

KOMORITA, S.S.: A weighted probability model of coalition formation. Psychological Review 1974/81, 242-256

KÖNIG, R.: Soziologie. Fischer, Frankfurt 1958

KORMAN, A.K.: "Consideration", "initiating structure", and organizational criteria - a review. Personnel Psychology 1966/19, 349-361

KRAUSS, R.M.: Structural and attitudinal factors in interpersonal bargaining. Journal of Experimental Social Psychology 1966/2, 42-55

KRECH, D., CRUTCHFIELD, R.S., BALLACHEY, E.L.: Individual in society. New York 1962

KRIVOHLAVY, J.: Zwischenmenschliche Konflikte und experimentelle Spiele. Huber, Bern, Stuttgart 1974

KRONER, B.: Massenpsychologie und kollektives Verhalten. In: GRAUMANN, C.F. (Hrsg.): Handbuch der Psychologie. 7. Band: Sozialpsychologie. 2. Halbband: Forschungsberichte. Hogrefe, Göttingen 1972, 1433-1510

KRUSE, L.: Gruppen und Gruppenzugehörigkeit. In: GRAUMANN, C.F. (Hrsg.): Handbuch der Psychologie. 7. Band: Sozialpsychologie. 2. Halbband: Forschungsberichte. Hogrefe, Göttingen 1972, 1539-1593

KÜHLEN, R.G., BRETSCH, H.S.: Sociometric and personal problems of adolescents. In: MORENO et al. 1960, 406-416

KUNCZIK, M. (Hrsg.): Führung. Theorien und Ergebnisse. Econ, Düsseldorf 1972 (a)

KUNCZIK, M: Der Stand der Führungsforschung. In: KUNCZIK (1972a), 260-291 (b)

LAMBERT, W.E., LOWY, F.H.: Effects of the presence and discussion of others on expressed attitudes. Canadian Journal of Psychology 1957/11, 151-156

LAMM, H.: Will an observer advise high risk taking after hearing a discussion of the decision problem? Journal of Personality and Social Psychology 1967/6, 467-471

LA ROCHEFOUCAULD, F.: Ein Bildnis des Menschenherzens. Otto Hendel, Hall o.J.

LATANE, B., RODIN, J.: A lady in distress: inhibiting effects of friends and strangers on bystander intervention. Journal of Experimental Social Psychology 1969/5, 189-202

LAUGHLIN, P.R., BRANCH, L.G., JOHNSON, H.H.: Individual versus triadic performance on a unidimensional complementary task as a function of initial ability level. Journal of Personality and Social Psychology 1969/12,144-150

LAWSON, E.D.: Change in communication nets, performance and morale. Human Relations 1965/18, 139-147

LAZARUS, M., STEINTHAL, H.: Einleitende Gedanken über Völkerpsychologie als Einladung zu einer Zeitschrift für Völkerpsychologie und Sprachwissenschaften. Zeitschrift für Völkerpsychologie und Sprachwissenschaft 1860/1, 1-73

LEAGUE, B.J., JACKSON, D.N.: Conformity, veridicality and self-esteem. Journal of Abnormal and Social Psychology 1964/68, 113-115

LEAVITT, H.J.: Some effects of certain communication patterns on group performance. Journal of Abnormal and Social Psychology 1951/46, 38-50

LE BON, G.: Psychologie der Massen. Kröner, Stuttgart 1973

LERNER, M.J., BECKER, S.: Interpersonal choice as a function of ascribed similarity and definition of the situation. Human Relations 1962/15, 27-34

LERNER, M.J., DILLEHAY, R.C., SHERER, W.C.: Similarity and attraction in social contexts. Journal of Personality and Social Psychology 1967/5, 481-486

LEVINE, J., BUTLER, J.: Lecture versus group decision in changing behavior. Journal of Applied Psychology 1952/36, 29-33

LEUTZ, G.: Das klassische Psychodrama nach J.L. Moreno. Berlin: Springer 1974

LEVINGER, G., SCHNEIDER, D.J.: Test of the "risk is a value" hypothesis. Journal of Personality and Social Psychology 1969/11, 165-170

LEVINGER, G., SENN, D.J., JORGENSEN, B.W.: Progress toward permanence in courtship: a test of the Kerckhoff-Davis hypothesis. Sociometry 1970/33, 427-443

LEVY, J.: Autokinetic illusion: a systematic review of theories, measures, and independent variables. Psychological Bulletin 1972/78, 457-474

LEWIN, K.: Group decision and social change. In: MACCOBY, E.E., NEWCOMB, T.M., HARTLEY, E.L. (Eds.): Readings in social psychology. Holt, Rinehart & Winston, New York 1958[3], 197-211

LEWIN, K.: Feldtheorie in den Sozialwissenschaften. Hans Huber, Bern, Stuttgart 1963

LIFTON, W.M.: Groups: facilitating individual growth and societal change. Wiley, New York 1972

LIKERT, R.: New patterns of management. Mc Graw Hill, New York 1961

LINDE, T.F., PATTERSON, C.H.: Influence of disability on conformity behavior. Journal of Abnormal and Social Psychology 1964/68, 115-118

LINDZEY, G., BYRNE, D.: Measurement of social choice and interpersonal attractiveness. In: LINDZEY, G., ARONSON, E. (Eds.): The handbook of social psychology, Vol. 1. Addison Wesley, Reading, Mass. 1969[2], 452-525

LINTON, H.B.: Autokinetic judgment as a measure of influence. Journal of Abnormal and Social Psychology 1954/49, 464-466

LITTLE, K.B.: Personal space. Journal of Experimental Social Psychology 1965/1, 237-247

LIVANT, W.P.: Cumulative distortion of judgment. Perceptual and Motor Skills 1963/16, 741-745

LORGE, I., FOX, D., DAVITZ, J., BRENNER, M.: A survey of studies contrasting the quality of group performance and individual performance, 1920-1957. Psychological Bulletin 1958/55, 337-372

LORGE, I., SOLOMON, H.: Two models of group behavior in the solution of eureka-type problems. Psychometrika 1955/2, 139-148 (zit. nach DAVIS & RESTLE, 1963)

LOTT, A.J., LOTT, B.E.: Group cohesiveness as interpersonal attraction: a review of relationships with antecedent and consequent variables. Psychological Bulletin, 165/64, 259-309

LOTT, A.J., LOTT, B.E.: A learning theory approach to interpersonal attitudes. In: GREENWALD, A.G., BROCK, T.C., OSTROM, T.M. (Eds.): Psychological foundations of attitudes. Academic Press, New York 1968, 67-88

LOTT, A.J., LOTT, B.E.: The role of reward in the formation of positive interpersonal attitudes. In: HUSTON, 1974, 171-192

LOTT, B.E., LOTT, A.J.: The formation of positive attitudes toward group members. Journal of Abnormal and Social Psychology 1960/61, 297-300

LOTT, D.F., SOMMER, R.: Seating arrangements and status. Journal of Personality and Social Psychology 1967/7, 90-95

LUCE, R.D., RAIFFA, H.: Games and decisions. Wiley, New York 1957

LÜCK, H.: Zum Begriff der Gruppendynamik. Gruppendynamik 1972/3, 123-126

LUKASCZYK, K.: Zur Theorie der Führerrolle. Psychologische Rundschau 1960/11, 179-188

LUMSDEN, M.: The Cyprus conflict as a Prisoner's Dilemma game. Journal of Conflict Resolution 1973/17, 7-32

LUTZKER, D.R.: Internationalism as a predictor of cooperative game behavior. Journal of Conflict Resolution 1960/4, 426-435

LYNN, S.J.: Three theories of self-disclosure exchange. Journal of Experimental Social Psychology 1978/15, 466-479

MACY, J., CHRISTIE, L.S., LUCE, R.D.: Coding noise in a task-oriented group. Journal of Abnormal and Social Psychology 1953/48, 401-409 (zit. nach GLANZER & GLASER, 1961)

MAIER, N.R.F.: An experimental test of the effect of training on discussion leadership. Human Relations 1953/6, 161-173 (zit. nach HOFFMAN, 1965)

MALOF, M., LOTT, A.J.: Ethnocentrism and the acceptance of negro support in a group pressure situation. Journal of Abnormal and Social Psychology 1962/65, 254-258

MANHEIM, H.L.: Intergroup interaction as related to status and leadership differences between groups. Sociometry 1960/23, 415-427

MANN, R.D.: A review of the relationships between personality and performance in small groups. Psychological Bulletin 1959/56, 241-270

MANN, R.D.: Interpersonal styles and group development. New York: Wiley

1967
MANZ, C.C., SIMS, H.P.: The potential for "Groupthink" in autonomous work
    groups. Human Relations 1982/35, 773-784
MARCH, J.G.: Group norms and the active minority. American Sociological
    Review 1954/19, 733-741
MARCUS, P.M.: Expressive and instrumental groups: toward a theory of
    group structure. American Journal of Sociology 1960/66,54-59
MARQUIS, D.G.: Individual responsibility and group decisions involving
    risk. Industrial Management Review 1962/3, 8-23 (zit. nach COLLINS &
    GUETZKOW, 1964)
MARTENS, R.: Effects of an audience on learning and performance of a
    complex motor skill. Journal of Personality and Social Psychology
    1969/12, 252-260
MARWELL, G., SCHMITT, D.R.: Dimensions of compliance-gaining behavior: an
    empirical analysis. Sociometry 1968/31, 350-364
MASCHEWSKY, W.: Das Experiment in der Psychologie. Frankfurt: Campus 1977
MATLIN, M.W., ZAJONC, R.B.: Social facilitation of word associations.
    Journal of Personality and Social Psychology 1968/10, 455-460
MC CAULEY, C., TEGER, A.I., KOGAN, N.: Effect of the pretest in the
    risky-shift paradigm. Journal of Personality and Social Psychology
    1971/20, 379-381
MC CLINTOCK, C.G., GALLO, P.: Cooperative and competitive behavior in
    mixed-motive games. Journal of Conflict Resolution 1965/9, 68-78
MC CLINTOCK, C.G., HARRISON, A., STRAND, S., GALLO, P.S.: Internationa-
    lism, strategy of the other player and two-person game behavior.
    Journal of Abnormal and Social Psychology 1963/67, 631-636
MC DAVID, J.W., HARARY, H.: Social psychology. Individuals, groups,
    societies. Harper & Row, New York 1968
MC DOUGALL, W.: An introduction to social psychology. Menthuen, London
    1917[12]
MC DOUGALL, W.: The group mind. Cambridge University Press, London 1920
MC GRATH, J.E.: Complexities, cautions and concepts in research on man
    psychogenic illness. In: COLLIGAN, M.J., PENNEBAKER, J.W., MURPHY,
    L.R. (Eds.): Mass Psychogenic illness. Hillsdale, N.J.: Erlbaum 1982,
    57-85
MEHRABIAN, A.: Inference of attitudes from the posture, orientation, and
    distance of a communicator. Journal of Consulting and Clinical Psycho-
    logy 1968/32, 296-308
MERKENS, H., SEILER, H.: Interaktionsanalyse. Stuttgart: Kohlhammer 1978
MERTENS, W.: Sozialpsychologie des Experiments. Hamburg: Hoffmann und
    Campe 1975
MERTENS, W., FUCHS, G.: Krise der Sozialpsychologie? München: Ehrenwirth
    1978
MERTON, R.K.: Social theory and social structure. The Free Press, New
    York 1957
MERTON, R.K., KITT, A.S.: Contributions to the theory of reference group
    behavior. In: MERTON, R.K., LAZARSFELD, P.F. (Eds.): Continuities in
    social research. The Free Press, Glencoe, I11, 1950
MESSE, L.A., VALACHER, R.R., PHILLIPS, J.L.: Equity and the formation of
    revolutionary and conservative coalitions in triads. Journal of Perso-
    nality and Social Psychology 1975/31, 1141-1146
METZGER, W.: Gesetze des Sehens. Kramer, Darmstadt 1953[2]
METZGER, W.: Psychologie. Kramer, Darmstadt 1954

MEUMANN, I.: Haus- und Schularbeit. Experimente an Kindern der Volks-
schule. Deutsche Schule 1904/8, 278-303, 337-359, 416-431 (zit. nach
ZAJONC, 1966)
MEUNIER, C., RULE, B.G.: Anxiety, confidence, and conformity. Sociometry
1967/35, 498-504
MICHENER, H.A., COHEN, E.D.: Effects of punishment magnitude in the
bilateral threat situation: evidence for the deterrence hypothesis.
Journal of Personality and Social Psychology 1973/26, 427-438
MIKULA, G., EGGER, J.: Der Erwerb positiver und negativer Einstellungen
gegenüber ursprünglich neutralen Personen. Zeitschrift für experimen-
telle und angewandte Psychologie 1974/21, 132-145
MIKULA, G., STROEBE, W. (Hrsg.): Sympathie, Freundschaft und Ehe. Bern:
Huber 1977
MIKULA, G.: Gerechtigkeit und soziale Interaktion. Bern: Huber 1980
MILGRAM, S.: Nationality and conformity. Scientific American 1961/205,
45-51 (zit. nach ARGYLE, 1972)
MILGRAM, S: Behavioral study of obedience. Journal of Abnormal and Social
Psychology 1963/67, 371-378
MILGRAM, S.: Group pressure and action against a person. Journal of
Abnormal and Social Psychology 1964/69, 137-143
MILGRAM, S.: Liberating effects of group pressure. Journal of Personality
and Social Pychology 1965/1, 127-134
MILGRAM, S.: Some conditions of obedience and disobedience to authority.
Human Relations 1965/18, 57-76
MILGRAM, S.: Das Milgram-Experiment - Zur Gehorsamsbereitschaft gegenüber
Autorität. Rowohlt, Reinbek, 1974
MILGRAM, S., BICKMAN, L., BERKOWITZ, L.: Note on the drawing power of
crowds of different size. Journal of Personality and Social Psychology
1969/13, 79-82
MILLER, A.G. (Ed.): The social psychology of psychological research. The
Free Press, Collier-Macmillan, New York, London 1972
MILLER, N., CAMPBELL, D.T., TWEDT, H., O'CONNELL, E.J.: Similarity,
contrast, and complementarity in friendship choice. Journal of Perso-
nal and Social Psychology 1966/3, 3-12
MILLER, N.E., BUGELSKI, R.: Minor studies in aggression: the influence of
frustrations imposed by the in-group on attitudes expressed toward
out-groups. Journal of Psychology 1948/25, 437-442
MILLS, T.M.: The sociology of small groups. Prentice-Hall, Englewood
Cliffs 1967
MILLS, T.M.: Toward a conception of the life cycle of groups. In: MILLS,
T.M., ROSENBERG, S. (Eds.): Readings on the sociology of small groups.
Prentice-Hall, Englewood Cliffs, 1970, 238-247
MITNICK, L.I., MC GINNIES, E.: Influencing ethnocentrism in small discus-
sion groupsthrough a film communication. Journal of Abnormal and
Social Psychology 1958/56, 82-90
MOORE, J.C., JOHNSON, E.B., ARNOLD, M.S.C.: Status congruence and equity
in restricted communication networks. Sociometry 1972/5, 519-537
MOORE, W.E.: Social structure and behavior. In: LINDZEY, G., ARONSON, E.
(Eds.): The handbook of social psychology, Vol. 4. Addison-Wesley,
Reading, Mass. 1969^2, 283-322
MORENO, J.L.: Sociometry in action: Sociometry 1942/5, 298-315 (zit. nach
LINDZEY & BYRNE, 1969)
MORENO, J.L.: Die Grundlagen der Soziometrie. Westdeutscher Verlag, Köln,
Opladen 1954

MORENO, J.L.: Gruppenpsychotherapie und Psychodrama. Thieme, Stuttgart 1973[2]

MORENO, J.L. und 12 Koautoren (Eds.): The sociometry reader. The Free Press, Glencoe, I11, 1960

MORRIS, C.G.: Task effects on group interaction. Journal of Personality and Social Psychology 1966/4, 545-554

MOSCOVICI, S., FACHEUX, C.: Social influence, conformity, bias and the study of active minorities. In: BERKOWITZ, L. (Ed.): Advances in experimentl social psychology. Vol. 6. Academic Press, New York 1972, 149-202

MOSCOVICI, S., ZAVALLONI, M.: The group as a polarizer of attitudes. Journal of Personality and Social Psychology 1969/12, 125-135

MOSCOVICI, S.: Society and theory in social psychology. In: ISRAEL, J., TAJFEL, H. (Eds.): The context of social psychology. London 1972, 17-68

MOSCOVICI, S.: Toward a theory of conversion behavior. In: BERKOWITZ, L. (Ed.): Advances in experimental social psychology, volume 13. New York: Academic Press 1980, 209-239

MOSCOVICI, S.: Sozialer Wandel durch Minoritäten. München: Urban und Schwarzenberg 1979

MOUTON, J.S., BLAKE, R.R., OLMSTEAD, J.A.: The relationship between frequency of yielding and the disclosure of personal identity. Journal of Personality 1956/24, 339-347

MOUTON, J.S., BLAKE, R.R., FRUCHTER, B.: The reliability of sociometric measures. In: MORENO et al. 1960, 320-361 (a)

MOUTON, J.S., BLAKE, R.R., FRUCHTER, B.: The validity of sociometric responses. In: MORENO et al. 1960, 362-387 (b)

MUGNY, G.: The power of minorities. London: Academic Press 1982

MULDER, M.: Power and satisfaction in task-oriented groups. Acta Psychologica 1959/16, 178-225

MULDER, M.: The power variable in communication experiments. Human Relations 1960/13, 241-255 (a)

MULDER, M.: Communication structure, decision structure and group performance. Sociometry 1960/23, 1-14 (b)

MULDER, M., STEMERDING, A.: Threat, attraction to group, and need for strong leadership. Human Relations 1963/16, 317-334

MULDER, M., VEEN, P., RODENBURG, C., FRENKEN, J., TIELENS, H.: The power distance reduction hypothesis on a level of reality. Journal of Experimental Social Psychology 1973/9, 87-96 (a)

MULDER, M., VEEN, P., HIJZEN, T., JANSEN, P.: On power equalization: a behavioral example of power-distance reduction. Journal of Personality and Social Psychology 1973/26, 151-158 (b)

MULDER, M.: The daily power game. Mouton, Den Haag 1977

MURSTEIN, B.I. (Ed.): Theories of attraction and love. Springer, New York 1971 (a)

MURSTEIN, B.I.: A theory of marital choice. In: MURSTEIN, 1971, 100-151 (b)

MURSTEIN, B.I.: Critique of models of dyadic attraction. In: MURSTEIN, 1971, 1-30 (c)

MYERS, A.: Team competition, success and the adjustment of group members. Journal of Abnormal and Social Psychology 1962/65, 325-332

MYERS, D.G.: Polarizing effects of social interaction. In: BRANDSTÄTTER, H. et al., 1982, 125-161

NAKAMURA, C.Y.: Conformity and problem solving. Journal of Abnormal and
    Social Psychology 1958/56, 315-320
NEHNEVAJSA, J.: Soziometrie. In: KÖNIG, R.: Handbuch der empirischen
    Sozialforschung, Band 1. Enke, Stuttgart 1967[2], 226-240, 724-726
NEMETH, C.: A critical analysis of research utilizing the Prisoner's
    Dilemma paradigm for the study of bargaining. In: BERKOWITZ, L. (Ed.):
    Advances in experimental social psychology, Vol. 6. Academic Press,
    New York, London 1972, 203-234
NEUBERGER, O., ROTH, B.: Führungsstil und Gruppenleistung. Eine Überprü-
    fung von Kontingenz-Modell und LPC-Konzept. Zeitschrift für Sozialpsy-
    chologie 1974/5, 133-144
NEUBERGER, O.: Führung. Stuttgart: Enke 1984
NEUMANN, J.v., MORGENSTERN, O.: Spieltheorie und wirtschaftliches Verhal-
    ten. Physica, Würzburg 1961
NEWCOMB, T.M.: Autistic hostility and social reality. Human Relations
    1947/1, 69-86 (zit. nach JONES & GERARD, 1967)
NEWCOMB, T.M.: An approach to the study of communication acts. Psycholo-
    gical Review 1953/60, 393-404
NEWCOMB, T.M.: Sozialpsychologie. Hain, Meisenheim 1959
NEWCOMB, T.M.: The acquaintance process. Holt, Rinehart & Winston, New
    York 1961
NEWCOMB, T.M.: Interpersonal balance. In: ABELSON, R.P. et al. (Eds.):
    Theories of cognitive consistency. Rand Mc Nally, Chicago 1968, 28-51
NEWCOMB, T.M.: Dyadic balance as a source of clues about interpersonal
    attraction. In: MURSTEIN, 1971, 31-45
NORD, W.R.: Social exchange theory: an integrative approach to social
    conformity. Psychological Bulletin 1969/71, 174-208
NORTHWAY, M.L.: Outsiders. In: MORENO et al. 1960, 455-470
O'DELL, J.W.: Group size and emotional interaction. Journal of Personali-
    ty and Social Psychology 1968/8, 75-78
OFSHE, R., OFSHE, L.: Social choice and utility in coalitions formation.
    Sociometry 1969/32, 330-347
OFSHE, R.: The effectiveness of pacifist strategies: a theoretical ap-
    proach. Journal of Conflict Resolution 1971/15, 261-269
OLMSTEDT, M.S.: Die Kleingruppe. Soziologische und sozialpsychologische
    Aspekte. Lambertus, Freiburg 1971
ORNE, M.T.: On the social psychology of the psychological experiment:
    with particular reference to demand characteristics and their impli-
    cations. American Psychologist 1962/17, 776-783
ORNE, M.T.: Demand characteristics and the concept of quasi-controls. In:
    ROSENTHAL, R., ROSNOW, R.L. (Eds.): Artifact in behavioral research.
    Academic Press, New York, London 1969, 147-179
ORTEGA Y GASSET, J.: Der Aufstand der Massen. Rowohlt, Reinbek 1964
OSGOOD, C.E.: An alternative to war and surrender. University of Illinois
    Press, Urbana 1962
OSKAMP, S., PERLMAN, D.: Effects of friendship and disliking on coopera-
    tion in mixed-motive games. Journal of Conflict Resolution 1966/10,
    221-226
OSKAMP, S.: Effects of programmed strategies on cooperation in the Priso-
    ner's Dilemma and other mixed-motive games. Journal of Conflict Reso-
    lution 1971/15, 225-259
PAGES, M.: Das affektive Leben der Gruppen. Klett, Stuttgart 1974
PAULUS, P.B. (Ed.): Psychology of group influence. Hillsdale, N.J.:
    Erlbaum 1980

PERLS, F.S.: Ego, hunger, and aggression. Random House, New York 1969
PETZOLD, H. (Hrsg.): Angewandte Psychodrama in Therapie, Pädagogik, Theater und Wirtschaft. Paderborn: Jungfermann 1972
PEUKERT, R.: Konformität. Stuttgart: Enke 1975
PILISUK, M., SKOLNICK, P.: Inducing trust a test of the Osgood proposal. Journal of Personality and Social Psychology 1968/8, 121-133
POLLIS, N.P., CAMMALLERI, J.A.: Social conditions and differential resistance to majority pressure. Journal of Psychology 1968/70, 69-76
POTASHIN, R.: A sociometric study of children's friendship. Sociometry 1946/8, 48-70 (zit. nach HOMANS, 1968)
PRUITT, D.G.: Choice shifts in group discussion: an introductory review. Journal of Personality and Social Psychology 1971/20, 339-360
PRUITT, D.G., JOHNSON, D.F.: Mediation as an aid to face saving in negotiations. Journal of Personality and Social Psychology 1970/14, 239-246
RABBIE, J.M., HORWITZ, M.: Arousal of ingroup-outgroup bias by a chance winn or loss. Journal of Personality and Social Psychology 1969/13, 269-277
RABBIE, J.M., BENOIST, F., OOSTERBAAN, H., VISSER, L.: Differential power and effects of expected competitive and cooperative intergroup interaction on intragroup and outgroup attitudes. Journal of Personality and Social Psychology 1974/30, 46-56
RABOW, J., FOWLER, F.J., BRADFORD, D.L., HOFELLER, M.A., SHIBUYA, J.: The role of social norms and leadership risk taking. Sociometry 1966/29, 16-27
RADLOFF, R.: Opinion evaluation and affiliation. Journal of Abnormal and Social Psychology 1961/62, 578-585
RADLOW, R.: An experimental study of "cooperation" in the Prisoner's Dilemma game. Journal of Conflict Resolution 1965/9, 221-227
RAPAPORT A.: Fights, games, and debates. University of Michigan Press, Ann Arbor 1960
RATTNER, J.: Gruppentherapie. Die Psychotherapie der Zukunft. Lübbe, Bergisch-Gladbach 1972
RAUSCH, E., HOETH, F., REISSE, W., MEYER, I.: Kommunikationsstruktur und Gruppenleistung. Psychologische Forschung 1965/28, 598-615
RAVEN, B.H.: Social influence and power. In: STEINER, I.D., FISHBEIN, M. (Eds.): Current studies in social psychology. Holt, Rinehart & Winston, New York 1965, 371-382
RAVEN, B.H.: KRUGLANSKI, A.W.: Conflict and power. In: SWINGLE, P. (Ed.): The structure of conflict. Academic Press, New York, London 1970, 69-109
REDL, F.: Group emotion and leadership. Psychiatry 1942/5, 573-596 (zit. nach GIBB, 1969)
REMMERS, H.H.: Rating methods in research on teaching. In: GAGE, N.L. (Ed.): Handbook of research on teaching. Rand Mc Nally, Chicago 1963, 329-378
RETTIG, S.: Group discussion and predicted ethical risk taking. Journal of Personality and Social Psychology 1966/3, 629-633
RICE, A.K.: Learning for leadership. Tavistock, London 1965
RIECKEN, H.W.: The effect of talkativeness on ability to influence group solutions of problems. Sociometry 1958/21, 309-321
RIECKEN, H.W.: A program for research on experiments in social psychology. In: WASHBURNE,N.F. (Ed.): Decisions, values and groups. Vol. 2, Pergamon Press, New York 1962, 25-41

RILEY, M.W., COHN, R., TOBY, J., RILEY, J.W.: Interpersonal relations in small groups. American Sociological Review 1954/19, 715-724
ROBY, T.B.: Small group performance. Rand Mc Nally, Chicago 1968
ROBY, T.B., LANZETTA, J.T.: Considerations in the analysis of group tasks. Psychological Bulletin 1958/55, 88-101
ROETHLISBERGER, F.J., DICKSON, W.J.: Management and the worker. Harvard University Press, Cambridge, Mass. 1939
ROGERS, C.R.: Encounter groups. Harper & Row, New York 1970
ROHRER, J.H., BARON, S.H., HOFFMANN, E.L., SWANDER, D.V.: The stability of autokinetic judgments. Journal of Abnormal and Social Psychology 1954/49, 595-597 (zit. nach ALLEN, 1965)
ROKEACH, M. (Ed.): The open and the closed mind. Basic Books, New York 1960
ROKEACH, M., SMITH, P.W., EVANS, R.I.: Two kinds of prejudice or one? In: ROKEACH, 1960, 132-168
ROSENBERG, L.A.: Group size, prior experience, and conformity. Journal of Abnormal and Social Psychology 1961/63, 436-437
ROSENBERG, M.J.: When dissonance fails: on eliminating evaluation apprehension from attitude measurement. Journal of Personality and Social Psychology 1965/1, 28-42
ROSENBERG, M.J.: The conditions and consequences of evaluation apprehension. In: ROSENTHAL, R., ROSNOW, R.L. (Eds.): Artifact in behavioral research. Academic Press, New York 1969, 279-349
ROSENTHAL, R.: On the social psychology of the psychological experiment: the experimenter's hypothesis as unintended determinant of experimental results. American Scientist 1963/51, 268-283
ROSENTHAL, R.: Covert communication in the psychological experiment. Psychological Bulletin 1967/67, 356-367
ROSENTHAL, R.: The social psychology of the behavioral scientist: on self-fulfilling prophecies in behavioral research and everyday life. In: TUFTE, E.R. (Ed.): The quantitative analysis of social problems. Addison-Wesley, Reading, Mass. 1970, 153-167
ROSENTHAL, R.: Experimenter effects in behavioral research. New York: Halsted 1976
ROYCE, J.R., CARRAN, A.B., AFTANAS, M., LEHMAN, R.S., BLUMENTHAL, A.: The autokinetic phenonomen: a critical review. Psychological Bulletin, 1966/65, 243-260
RUESCH, J., KEES, W.: Nonverbal communication. University of California Press, Berkeley, Los Angeles, London 1970
RUFNER, M., BURGOON, M.: Interpersonal communication. New York: Holt, Rinehart and Winston 1981
RUSSEL, B.: Macht. Eine sozialkritische Studie. Europa Verlag, Zürich 1947
RUSSO, N.: Connotation of seating arrangements. Cornell Journal of Social Relations 1967/2, 37-44 (zit. nach SOMMER, 1969)
SABATH, G.: The effect of disruption and individual status on person perception and group attraction. Journal of Social Psychology 1964/64, 119-130
SADER, M.: Psychologische Anmerkungen zur Theorie der Gruppendynamik. Gruppendynamik 1972/3, 111-122
SARBIN, T.R., ALLEN, V.L.: Role theory. In: LINDZEY, G., ARONSON, E. (Eds.): The handbook of social psychology. Vol. 1. Addison-Wesley, Reading, Mass. 1969^2, 488-567

SARNOFF, I., ZIMBARDO, P.G.: Anxiety, fear and social affiliation. Journal of Abnormal and Social Psychology 1961/62, 356-363
SAUER, C.: Zur Erforschung der Gruppenextremisierung nach Diskussion. Zeitschrift für Sozialpsychologie 1974/5, 255-273
SBANDI, P.: Gruppenpsychologie. Pfeiffer, München 1973
SCHACHTER, S.: Deviation, rejection, and communication. Journal of Abnormal and Social Psychology 1951/46, 190-207
SCHACHTER, S.: The psychology of affiliation. Stanford University Press, Stanford, Cal. 1959
SCHACHTER, S., ELLERTSON, N., MC BRIDE, D., GREGORY, D.: An experimental study of cohesiveness and productivity. Human Relations 1951/4, 229-238
SCHACHTER, S., SINGER, J.E.: Cognitive, social and physiological determinants of emotional state. Psychological Review 1962/69, 379-399
SCHARMANN, T.: Zur Systematik des "Gruppen"begriffes in der neueren deutschen Psychologie und Soziologie. Psychologische Rundschau 1959/10, 16-48
SCHARMANN, T.: Leistungsorientierte Gruppen. In: GRAUMANN, C.F. (Hrsg.): Handbuch der Psychologie, 7. Band: Sozialpsychologie, 2. Halbband: Forschungsberichte. Hogrefe, Göttingen 1972, 1790-1864
SCHEFLEN, A.E.: Körpersprache und soziale Ordnung. Stuttgart: Klett 1976
SCHEIN, E.H., BENNIS, W.G.: Personal and organizational change through group methods. Wiley, New York 1965
SCHELLENBERG, J.A.: Distribution justice and collaboration in non-zero-sum games. Journal of Conflict Resolution 1964/8, 147-150
SCHERWITZ, L., HELMREICH, R.: Interactive effects of eye contact and verbal content on interpersonal attraction in dyads. Journal of Personality and Social Psychology 1973/25, 6-14
SCHLENKER, B.R., BONOMA, T., TEDESCHI, J.T., PIVNICK, W.P.: Compliance to threats as a function of the wording and the exploitativeness of the threatener. Sociometry 1970/33, 394-408
SCHLENKER, B.R.: Impression management. Monterey, Cal.: Brooks-Cole 1980
SCHNEIDER, H.-D.: Auswirkungen von Partnerstrategie und Risikohöhe auf Spielverhalten und Gewinn in einem modifizierten Gefangenendilemma-Spiel. Zeitschrift für Sozialpsychologie 1973/4, 220-230
SCHNEIDER, H.-D.: Koalitionstendenzen in der Tetrade. Zeitschrift für Soziologie 1977/6, 77-90
SCHNEIDER, H.-D.: Was determiniert Koalitionstendenzen in der Kleingruppe: Ressourcen oder Ähnlichkeit? Zeitschrift für experimentelle und angewandte Psychologie 1978/25, 153-168
SCHNEIDER, H.-D.: Sozialpsychologie der Machtbeziehungen. Stuttgart: Enke 1978
SCHNEIDER, H.-D.: Ist die Kommunikationsforschung für Alltagssituationen relevant? In: ALLEMANN, M., SPESCHA, E. (Hrsg.): Führen, Fördern, Beraten. Freiburg/Schweiz: Unversitätsverlag 1983, 74-92
SCHOPLER, J., BATESON, N.: The power of dependence. Journal of Personality and Social Psychology 1965/2, 247-254
SCHROEDER, H.E.: The risky shift as a general choice shift. Journal of Personality and Social Psychology 1973/27, 297-300
SCHULMAN, G.I.: Asch conformity studies: conformity to the experimenter or to the group? Sociometry 1967/30, 26-40
SCHULENBERG, W.: Ansatz und Wirksamkeit der Erwachsenenbildung. Enke, Stuttgart 1957

SCHULZ, R., BAREFOOT, J.: Non-verbal responses and affiliative conflict theory. British Journal of Social and Clinical Psychology 1974/13, 237-243

SCHUTZ, W.C.: Here comes everybody. Harper & Row, New York 1971

SEASHORE, C.: What is sensitivity training? In: DIEDRICH & DYE, 1972, 55-59

SECORD, P.F., BACKMAN, C.W.: Social Psychology. Mc Graw-Hill, New York 1964

SEGAL, M.W.: Alphabet and attraction. Journal of Personality and Social Psychology 1974/30, 654-657

SEIFERT, K.H.: Untersuchungen zur Frage der Führungseffektivität. Psychologie und Praxis, 1969/13, 49-64

SEIFERT, W.: Gruppendynamik. Meisenheim: Hain 1975

SENN, D.J.: Attraction as a function of similarity-dissimilarity in task performance. Journal of Personality and Social Psychology 1971/18, 120-123

SHAFFER, J.B.P., GALINSKY, M.D.: Models of group therapy and sensitivity training. Prentice-Hall, Englewood Cliffs N.J. 1974

SHAPLEY, L.S., SHUBIK, M.: Eine Methode zur Berechnung der Machtverteilung in einem Komiteesystem. In: SHUBIK, M. (Hrsg.): Spieltheorie und Sozialwissenschaften, Frankfurt: Fischer 1964, 148-157

SHAW, M.E.: Some effects of unequal distribution of information upon group performance in various communication nets. Journal of Abnormal and Social Psychology 1954/49, 547-553

SHAW, M.E.: Some effects of irrelevant information upon problem-solving by small groups. Journal of Social Psychology 1958/47, 33-37

SHAW, M.E.: Scaling group tasks: A method for dimensional analysis. Technical Report No. 1, ONR Contract NR 170-266, Nonr-580 (11), University of Florida 1963 (zit. nach SHAW, 1971)

SHAW, M.E.: Communication networks. In: BERKOWITZ, L. (Ed.): Advances in experimental social psychology. Vol. 1. Academic Press, New York, London 1964, 11-147

SHAW, M.E.: Group dynamic. Mc Graw Hill, New York 1971, 1981

SHAW, M.E., COSTANZO, P.R.: Theories of social psychology. Mc Graw Hill, New York 1970

SHAW, M.E., SHAW, L.M.: Some effects of sociometric grouping upon learning in a second grade classroom. Journal of Social Psychology 1962/57, 453-458

SHERIF, M.: A study of some social factors in perception. Archives of Psychology 1935/27, No. 187 (z. T. wiedergegeben in: HOLLANDER, E.P., HUNT, R.G. (Eds.): Classic contributions to social psychology. Oxford University Press, New York 1972, 320-329)

SHERIF, M.: Group conflict and cooperation. Routledge & Kegan Paul, London 1966

SHERIF, M.: Group formation. In: SILLS, D.L. (Ed.): International encyclopedia of the social sciences, Vol. 6 Macmillan, Free Press, New York 1968, 276-283

SHERIF, M., HARVEY, O.J., WHITE, B.J., HOOD, W.R., SHERIF, C.W.: Intergroup conflict and cooperation. The robbers cave experiment. University of Oklahoma Press, Norman 1961

SHERIF, M., HOVLAND, C.I.: Social judgment, assimilation and contrast effects in communication and attitude change. Yale University Press, New Haven 1961

SHERIF, M., SHERIF, C.W.: Groups in harmony and tension. Harper, New York 1953

SHIBUTANI, T.: Reference groups as perspectives. American Journal of Sociology, 1955/60, 562-569

SHILS, E.A.: Primary groups in the American army. In: MERTON, R.K., LAZARSFELD, P.F. (Eds.): Continuities in social research. The Free Press, Glencoe, Ill. 1950, 16-39

SHILS, E.A.: The study of the primary group. In: LERNER, D., LASSWELL, H.O. (Eds.): The policy sciences. Stanford University Press, Stanford 1951, 44-69

SHOMER, R.W., DAVIS, A.H., KELLEY, H.H.: Threat and the development of coordination: further studies of the Deutsch and Krauss trucking game. Journal of Personality and Social Psychology 1966/4, 119-126

SHUBIK, M.: Spieltheorie und Sozialwissenschaften. Fischer, Frankfurt 1965

SHURE, G.H., MEEKER, R.J., HANSFORD, E.A.: The effectiveness of pacifist strategies in bargaining games. Journal of Conflict Resolution 1965/9, 106-117

SIEGEL, S., FOURAKER, L.E.: Bargaining and group decision making. Mc Graw Hill, New York 1960

SIEGEL, S., ZAJONC, R.B.: Group risk taking in professional decisions. Sociometry 1967/30, 339-349

SIGALL, H., ARONSON, E.: Liking for an evaluator as a function of her physical attractiveness and nature of the evaluations. Journal of Experimental Social Psychology 1969/5, 93-100

SIGHELE, S.: La folla delinquente. Florenz 1891 (zit. nach HOFSTÄTTER 1957a)

SIMMEL, G.: Soziologie. Duncker & Humblot, Leipzig 1908

SIMPSON, G.E., YINGER, J.M.: Racial and cultural minorities. Harper & Row, New York 1965[3]

SISTRUNK, F., MC DAVID, J.W.: Sex variable in conforming behavior. Journal of Personality and Social Psychology 1971/17, 200-207

SIX, U.: Sind Gruppen radikaler als Einzelpersonen? Darmstadt: Steinkopff 1981

SLATER, P.E.: Role differentation in small groups. American Sociological Review 1955/20, 300-310

SLATER, P.E.: Mikrokosmos: eine Studie über Gruppendynamik. Fischer, Frankfurt 1970

SLAVSON, S.R.: Einführung in die Gruppentherapie. Verlag für Medizinische Psychologie, Göttingen 1956

SMITH, P.M.: Controlled studies of the outcome of sensitivity training. Psychological Bulletin 1975/82, 597-622

SODHI, K.S. Urteilsbildung im sozialen Kraftfeld. Hogrefe, Göttingen 1953

SOLOMON, L.: The influence of some types of power relationships and game strategies upon the development of interpersonal trust. Journal of Abnormal and Social Psychology 1960/61, 223-230

SOLOMON, R.L.: Punishment. American Psychologist 1964/19, 239-253

SOMMER, R.: Personal space. Prentice-Hall, Englewood Cliffs, N.J. 1969

SOROKIN, R.A., ZIMMERMANN, C.C., GALPIN, C.J.: A systematic source book of rural sociology. University of Minnesota Press, Minnesota 1930 (zit. nach CATTELL, 1948)

STAATS, A.W.: Social behaviorism and human motivation: principles of the attitude-reinforcer-discriminative system. In: GREENWALD, A.G., BROCK, T.C., OSTROM, T.M. (Eds.): Psychological foundations of attitudes. Academic Press, New York 1968, 33-66

STEDRY, A., KAY, E.: The effects of goal difficulty on performance. Behavioral Research Service, General Electric Co., Crotonville, N.Y., 1964 (zit. nach ZANDER, 1971)

STEIN, D.D., HARDYCK, J.A., SMITH, M.B.: Race and belief: an open and shut case. Journal of Personality and Social Psychology 1965/1, 281-289

STEINER, I.D.: Personality and the resolution of interpersonal disagreements. In: MAHER, D.A. (Ed.): Progress in experimental personality research. Band 3. Academic Press, New York 1966, 195-239 (a)

STEINER, I.D.: Models for inferring relationships between group size and potential group productivity. Behavioral Science 1966/11, 273-283

STEINER, I.D.: Group process and productivity. New York: Academic Press 1972

STEINER, I.D.: Whatever happened to the group in social psychology? Journal of Experimental Social Psychology 1974/10, 94-108

STOCK, D.: A survey on research on T-Groups. In: BRADFORD, GIBB & BENNE, 1964, 395-441

STOGDILL, R.M.: Personal factors associated with leadership. Journal of Psychology 1948/25, 35-71

STOGDILL, R.M.: Persönlichkeitsfaktoren und Führung: ein Überblick über die Literatur. In: KUNCZIK, M. (Hrsg.): Führung. Theorien und Ergebnisse. Econ, Düsseldorf 1972

STOGDILL, P.M.: Handbook of leadership. New York: Free Press 1974

STOKES, J.P.: Effects of familiarization and knowledge of others' odds choices on shifts to risk and caution. Journal of Personality and Social Psychology 1971/20, 407-412

STONER, J.A.F.: A comparison of individual and group decisions including risk. Unveröffentlichte Diplomarbeit, School of Industrial Management, M.I.T. 1961 (zit. nach BROWN, 1965)

STRICKER, L.J., MESSICK, S., JACKSON, D.N.: Suspicion of deception: implications for conformity research. Journal of Personality and Social Psychology 1967/5, 379-389

STRODTBECK, F.L., HARE, A.P.: Bibliography of small group research: from 1900 through 1953. Sociometry 1954/17, 107-178

STRODTBECK, F.L., HOOK, L.H.: The social dimension of a twelve man jury table. Sociometry 1961/24, 397-415

STROEBE, W., INSKO, C.A., THOMPSON, V.D., LAYTON, B.D.: Effects of physical attractiveness, attitude similarity, and sex on various aspects of interpersonal attraction. Journal of Personality and Social Psychology 1971/18, 79-91

STRYKER, S.: Coalition behavior. In: MC CLINTOCK, C.G. (Ed.): Experimental social psychology. Holt, Rinehart & Winston, New York 1972, 338-380

SULS, J.M., MILLER, R.L. (Eds.): Social comparison processes. Washington: Hemisphere 1977

SUMNER, W.G.: Folkways. Boston 1906 (zit. nach KRUSE, 1972)

SVENSSON, A.: Die Marathon-Methode nach BACH und STOLLER. Gruppendynamik 1972/3, 407-422

SWINGLE, P.G.: Effects of prior exposure to cooperative and competitive treatment upon subjects' responding in the Prisoner's Dilemma. Journal of Personality and Social Psychology 1968/10, 44-52

SWINGLE, P.G., GILLIS, J.S.: Effects of the emotional relationship between protagonists in the Prisoner's Dilemma. Journal of Personality and Social Psychology 1968/8, 160-165

TAGIURI, R.: Relational analysis: an extension of sociometric method with emphasis upon social perception. Sociometry 1952/15, 91-104

TAUSCH, R., TAUSCH, A.: Reversibilität/Irreversibilität des Sprachverhalten in der sozialen Interaktion. Psychologische Rundschau 1965/16, 28-42

TAUSCH, R., TAUSCH, A.: Erziehungspsychologie. Hogrefe, Göttingen 1971[6]

TAYLOR, D.W., BERRY, P.C., BLOCK, C.H.: Does group participation when using brainstorming facilitate or inhibist creative thinking? Administrative Science Quarterly 1958/3, 23-47

TAYLOR, D.W., FAUST, W.L.: Twenty questions: efficiency in problem solving as a function of size of groups. Journal of Experimental Psychology 1952/44, 360-368

TAYLOR, D.A.: The development of interpersonal relationships: social penetration processes. Journal of Social Psychology 1968/75, 79-90

TAYLOR, D.A., KLEINHANS, B.: Group development and structure. In: SEIDENBERG, B., SNADOWSKY, A. (Eds.): Social psychology. New York: The Free Press 1976

TEDESCHI, J.T.: Threats and promises. In: SWINGLE, P. (Ed.): The structure of conflict. Academic Press, New York, Kondon 1970, 155-191

TEGER, A.I., PRUITT, D.G.: Components of group risk taking. Journal of Experimental Social Psychology 1967/3, 189-205

TEGER, A.I., PRUITT, D.G., ST. JEAN, R., HAALAND, G.A.: A re-examination of the familiarization hypothesis in group risk taking. Journal of Experimental Social Psychology 1970/6, 346-350

TERHUNE, K.W.: Motives, situation, and interpersonal conflict within Prisoner's Dilemma. Journal of Personality and Social Psychology Monograph Supplement 1968/8, No. 3, Part 2

THIBAUT, J.W., KELLEY, H.H.: The social psychology of groups. Wiley, New York 1959

THIBAUT, J.W., STRICKLAND, L.: Psychological set and social conformity. Journal of Personality 1956/25, 115-129

THOMAE, H., FEGER, H.: Hauptströmungen der neueren Psychologie. Bern: Huber 1969

TIMAEUS, E.: Untersuchungen zum sogenannten konformen Verhalten. Zeitschrift für experimentelle und angewandte Psychologie 1968/15, 176-194

TIMAEUS, E.: Experiment und Psychologie. Hogrefe, Göttingen 1974

THOLEY, P.: Zur Einzel- und Gruppenleistung unter eingeschränkten Kommunikationsbedingungen. Kramer, Frankfurt 1973

TODER, N.L., MARCIA; J.E.: Ego identity status and response to conformity pressure in college women. Journal of Personality and Social Psychology 1973/26, 287-294

TÖNNIES, F.: Gemeinschaft und Gesellschaft: Abhandlung des Kommunismus und des Sozialismus als empirischer Kulturformen. Fues, Leipzig 1887

TRAGER, G.L.: Paralanguage: a first approximation. Studies in linguistics 1958/13, 1-12 (zit. nach HARRISON, 1973, 93-115)

TRAVIS, L.E.: The effect of a small audience upon eye-hand coordination. Journal of Abnormal and Social Psychology 1925/20, 142-146 (zit. nach ZAJONC, 1966)

TRIANDIS, H.C., HALL, E.R., EWEN, R.B.: Member heteorgeneity and dyadic
creativity. Human Relations 1965/18, 33-55

TRIPLETT, N.: The dynamogenic factors in pacemaking and competition.
American Journal of Psychology 1897/9, 507-533 (zit. nach ZAJONC,
1966)

TUCKER, D.M.: Some relationships between individual and group development. Human Development 1973/16, 249-272

TUCKMAN, B.W.: Development sequence in small groups. Psychological Bulletin 1965/63, 384-389

TUDDENHAM, R.D.: The influence of a distorted group norm upon individual
judgment. Journal of Psychology 1958/46, 227-241 (zit. nach GRAHAM,
1962)

TURNER, R.H.: Role-taking: process versus conformity. In: ROSE, A. (Ed.):
Human behavior and social processes. Houghton Mifflin, Boston 1962,
20-40

TYLER, T.R., SEARS, D.O.: Coming to like obnoxious people when we must
live with them. Journal of Personality and Social Psychology 1977/35,
200-211

UESUGI, T.K., VINACKE, W.E.: Strategy in a feminine game. Sociometry
1963/26, 75-88

VAUGHAN, G.M., MANGAN, G.L.: Conformity to group pressure in relation to
the value of the task material. Journal of Abnormal and Social Pychology 1963/66, 179-183

VERPLANCK, W.S.: The control of the content of conversation: reinforcement of statements of opinion. Journal of Abnormal and Social Psychology 1955/51, 668-676

VIDMAR, N.: Group composition and the risky shift. Journal of Experimental Psychology 1970/6, 153-166

VINACKE, W.E.: Variables in experimental games: towards a field theory.
Psychological Bulletin 1969/71, 293-318

VINACKE, W.E., ARKOFF, A.: An experimental study of coalitions in the
triad. American Sociological Review 1957/22, 406-414

VINACKE, W.E., CROWELL, D.C., DIEN, D., YOUNG, V.: The effect of information about strategy on a three-person game. Behavioral Science
1966/11, 180-189

VINOKUR, A.: Review and theoretcial analysis of the effects of group
processes upon individual and group decisions involving risk. Psychological Bulletin 1971/76, 231-250

VINOKUR, A., BURNSTEIN, E.: The effects of partially shared persuasive
arguments on group induced shifts: a group problem solving approach.
Journal of Personality and Social Psychology 1974/29

VOLKEN, U.: Self-disclosure (Selbstoffenbarung). Lizentiatsarbeit, Universität Freiburg/Schweiz 1983

VORWERG, G.: Führungsfunktion in sozialpsychologischer Sicht. VEB Verlag
deutscher Wissenschaften, Berlin 1971

VORWERG, M.: Sozialpsychologische Strukturanalyse des Kollektivs. VEB
Deutscher Verlag der Wissenschaften, Berlin 1969^2

WAHRMAN, R. PUGH, M.D.: Competence and conformity: another look at Hollander's study. Sociometry 1972/35, 376-386

WALKER, E.L., HEYNS, R.W.: An anatomy for conformity. Brooks/Cole, Belmont, Cal. 1967^2

WALLACH, M.A., KOGAN, N.: The roles of information, discussion, and
consensus in group risk taking. Journal of Experimental Social Psychology 1965/1, 1-19

WALLACH, M.A., KOGAN, N., BEM, D.J.: Diffusion of responsibility and
    level of risk taking in groups. Journal of Abnormal and Social Psycho-
    logy 1964/68, 263-274
WALLACH, M.A., KOGAN, N., BEM, D.J.: Group influence on individual risk
    taking. Journal of Abnormal and Social Psychology 1962/65, 75-86
WALSTER, E.: The effect of self-esteem on romantic liking. Journal of
    Experimental Social Psychology 1965/1, 184-197
WALSTER, E., ARONSON, V., ABRAHAMS, D., ROTTMANN, L.: Importance of
    physical attractiveness in dating behavior. Journal of Personality and
    Social Psychology 1966/4, 508-516
WALSTER, E., BERSCHEID, E., WALSTER, G.W.: New directions in equity
    research. Journal of Personality and Social Psychology 1973/25, 151-
    176
WALSTER, E., WALSTER, B.: Effect of expecting to be liked on choice of
    associates. Journal of Abnormal and Social Psychology 1963/67, 402-404
WALSTER, E., WALSTER, G.W., BERSCHEID, E.: Equity: theory and research.
    Boston: Allyn and Bacon 1978
WARRINER, C.K.: Groups are real: a reaffirmation. American Sociological
    Review 1956/21, 549-554
WEBER, M.: Wirtschaft und Gesellschaft: Band 1. Kiepenhauer & Witsch,
    Köln 1964[4]
WEINER, H., MC GUINNIES, E.: Authoritarianism, conformity and confidence
    in a perceptual judgment situation. Journal of Social Psychology
    1961/55, 77-84
WHITE, R., LIPPITT, R.: Leader behavior and member reaction in three
    "social climates". In: CARTWRIGHT & ZANDER, 1968, 318-335
WHYTE, W.F.: Street corner society. Chicago University Press, Chicago
    1943
WIENER, M., DEVOE, S., RUBINOW, S., GELLER, J.: Nonverbal behavior and
    nonverbal communication. Psychological Review 1972/79, 185-214
WIESE, L., v.: System der Allgemeinen Soziologie. Duncker & Humblot,
    Berlin 1966[4]
WILLIAMS, J.H.: Conditioning of verbalization: a review. Psychological
    Bulletin 1964/62, 383-393
WILLIS, F.N., Jr.: Initial speaking distance as a function of the spea-
    ker's relationship. Psychonomic Science 1966/5, 221-222 (zit. nach
    SHAW, 1971)
WILLIS, R.H.: Stimulus pooling and social perception. Journal of Abnormal
    and Social Psychology 1960/60, 365-373
WILLIS, R.H.: Coalitions in the tetrad. Sociometry 1962/25, 358-376
WILLIS, R.H.: Conformity, independence and anticonformity. Human Rela-
    tions 1965/18, 373-388 (a)
WILLIS, R.H.: Social influence, information processing and net conformity
    in dyads. Psychological Reports 1965/17, (b)
WILLIS, R.H., HOLLANDER, E.P.: An experimental study of three response
    modes in social influence situations. Journal of Abnormal and Social
    Psychology 1964/69, 150-156
WILLIS, R.H., LEVINE, J.M.: Interpersonal influence and conformity. In:
    SEIDENBERG, B., SNADOWSKY, A. (Eds.): Social Psychology. New York: The
    Free Press 1976, 309-341
WILSON, R.S.: Personality patterns, source attractiveness, and conformi-
    ty. Journal of Personality 1960/28, 186-199 (zit. nach ALLEN, 1965)
WILSON, W.: Cooperation and the cooperativeness of the other player.
    Journal of Conflict Resolution 1969/13, 110-117

WILSON, W.: Reciprocation and other techniques for inducing cooperation in the Prisoner's Dilemma game. Journal of Conflict Resolution 1971/15, 167-195

WILSON, W., MILLER, N.: Shifts in evaluations on participants following intergroup competition. Journal of Abnormal and Social Psychology 1961/63, 428-431

WINCH, R.F.: The theory of complementary needs in mate selection. American Sociological Review 1955/20, 52-56, 551-555

WINCH, R.F.: Mate selection: a study of complementary needs. Harper, New York 1958

WITTE, E.H.: Das "risky-shift" Phänomen. Psychologie und Praxis 1971/15, 22-26, 104-107

WOLF, A., SCHWARTZ, E.K.: Psychoanalysis in groups. Grune & Stratton, New York 1962

WOLFE, D.M.: Power and authority in the family. In: CARTWRIGHT, 1959a

WORTHY,M., GARY, A.L., KAHN, G.M.: Self-disclosure as an exchange process. Journal of Personality and Social Psychology 1969/13, 59-63

WORTMAN, C.B.:Self-disclosure: an attributional perspective. Journal of Personality and Social Psychology 1976/33, 184-191

YABLONSKY, L.: Psychodrama. New York: Basic Books 1976

YUKL, G.: Effects of the opponent's initial offer, concession magnitude, and concession frequency on bargaining behavior. Journal of Personality and Social Psychology 1974/30, 323-335

YUKL, G.A.: Leadership in organization. Englewood Cliffs, N.J.: Prentice-Hall 1981

ZAJONC, R.B.: Social psychology: an experimental approach. Brooks/Cole, Belmont, Cal. 1966

ZAJONC, R.B.: Social facilitation. In: CARTWRIGHT & ZANDER, 1968, 53-73 (a)

ZAJONC, R.B.: Attitudinal effects of mere exposure. Journal of Personality and Social Psychology Monograph Supplement, Vol. 9, Nr. 2, Part 2, 1968 (b)

ZAJONC, R.B. (Ed.): Animal social psychology. Wiley, New York 1969

ZAJONC, R.B., SALES, S.M.: Social facilitation of dominant and subordinate responses. Journal of Experimental Social Psychology 1966/2, 160-168

ZAJONC, R.B., WAHI, N.K.: Conformity and need-achievement under cross-cultural norm conflict. Human Relations 1961/14, 241-250

ZAJONC, R.B., WOLOSIN, R.J., WOLOSIN, M.A., LOH, W.D.: Social facilitation and imitation in group risk-taking. Journal of Experimental Social Psychology 1970/6, 26-46

ZAJONC, R.B.: Compresence. In: PAULUS, P.B. (Ed.): Psychology of group influence. Hillsdale, N.J.: Erlbaum 1980, 35-60

ZANDER, A.: Group aspirations. In: CARTWRIGHT & ZANDER, 1968, 418-429

ZANDER, A.: Motives and goals in groups. Academic Press, New York 1971

ZANDER, A., HAVELIN, A.: Social comparison and interpersonal attraction. Human Relations 1960/13, 21-32

ZANDER, A., MEADOW, H.: Individual and group levels of aspiration. Human Relations 1963/16, 89-105

ZANDER, A., NEWCOMB, T.Jr.: Group levels of aspiration in United Fund Campaigns, Journal of Personality and Social Psychology 1967/6, 157-162

ZDEP, S.M., OAKES, W.F.: Reinforcement of leadership behavior in group discussion. Journal of Experimental Social Psychology 1967/3, 310-320

ZIEGLER, R.: Kommunikationsstruktur und Leistung sozialer Systeme, Hain, Meisenheim 1968
ZIMBARDO, P.G.: Cognitive dissonance and the control of human motivation. In: ABELSON, R.P. et al. (Eds.): Theories of cognitive consistency: a sourcebook. Rand Mc Nally, Chicago 1968, 439-447
ZILLER, R.C.: Toward a theory of open and closed groups. Psychological Bulletin 1965/64, 164-182
ZILLER, R.C.: Homogeneity and heterogeneity of group membership. In: MC CLINTOCK, C.G. (Ed.): Experimental social psychology. Holt, Rinehart & Winston, New York 1972, 385-411
ZIPF, S.G.: Resistance and conformity under reward and punishment. Journal of Abnormal and Social Psychology 1960/61, 102-109

336

MILLER, N. 60, 65, 204, 227, 303, 312, 316, 328
MILLER, N.E. 286, 303, 316
MILLER, R.L. 59, 324
MILLS, J. 201f., 296, 299, 312
MILLS, T.M. 18, 20, 24, 47, 70, 316
MITNICK, L.I. 265, 316
MOEDE, W. 210
MOORE, J.C. 90, 316
MOORE, W.E. 48, 316
MORENO, J.L. 195ff., 204, 272ff., 311f., 316f.
MORGENSTERN, O. 241, 318
MORIATRY, T. 302
MORRIS, C.G. 213, 317
MORRISON, H.W. 147, 154, 305
MOSCOVICI, S. 14, 140f., 235, 237, 283, 317
MOUTON, J.S. 124, 133, 175, 197f., 204, 284, 290ff., 298, 301, 317
MOWRER, O.H. 303
MUGNY, G. 141, 317
MULDER, M. 55, 87, 89, 191ff., 317
MURPHY, L.R. 315
MURSTEIN, B.I. 56, 60, 65, 317f.
MYERS, A. 227, 237, 293, 317

NAKAMURA, C.Y. 123, 318
NEHNEVAJSA, J. 195, 204, 318
NELSON, P.D. 58f., 299f., 308
NEMETH, C. 258, 318
NESBITT, J.G. 100, 303
NEUBERGER, O. 178, 182f., 307, 318
v. NEUMANN, J. 241, 318
NEWCOMB, T. 227, 328
NEWCOMB, T.M. 36, 58ff., 74, 83, 296, 311, 313, 318
NIEDEREHE, G. 110, 304
NORD, W.R. 111, 132, 144, 318
NORTHWAY, M.L. 204, 318

OAKES, W.F. 81, 329
O'CONNELL, E.J. 316
O'DELL J.W. 78, 318
OFSHE, L. 189, 318
OFSHE, R. 256, 318
OLMSTEAD, J.A. 134, 317
OLMSTEDT, M.S. 18, 318
OOSTERBAAN, H. 319
ORNE, M.T. 98, 253, 318
ORRIS, J.B. 307
ORTEGA Y GASSET, J. 30, 318

OSGOOD, C.E. 257, 318
OSKAMP, S. 244, 248, 318
OSTROM, T.M. 314, 324

PAGES, M. 269, 318
PARSONS, T. 296
PATTERSON, C.H. 131, 313
PAUL, H. 45
PAULUS, P.B. 13, 318, 328
PECKHAM, V. 310
PENNEBAKER, J.W. 315
PERLMAN, D. 248, 318
PERLS, F.S. 271f., 319
PETZOLD, H. 272, 319
PEUCKERT, R. 111, 319
PHILLIPS, J.L. 188, 315
PICHEVIN, M.-F. 234, 299
PILISUK, M. 245f., 257, 319
PIVNICK, W.P. 321
PLATO, 11
POHLEN, M.F. 259, 309
POLLIS, N.P. 37, 131, 319
POOL, I.S. 308
POTASHIN, R. 83, 319
PRILLWITZ, G. 175, 298
PRUITT, D.G. 227, 229, 233ff., 260, 319, 325
PUGH, M.D. 141, 326

RABBIE, J.M. 285, 292f., 319
RABOW, J. 232, 319
RADLOFF, R. 55, 319
RADLOW, R. 248, 319
RAIFFA, H. 241f., 314
RAPAPORT, A. 241, 319
RATTNER, J. 276, 278, 319
RAUSCH, E. 92, 319
RAVEN, B.H. 85, 93, 153, 157ff., 209, 301, 305, 319
REDL, F. 162, 319
REEVES, K. 56, 58f., 299f.
REGULA, C.R. 120, 311
REISSE, W. 319
REMMERS, H.H. 195, 319
RESTLE, F. 222, 302, 314
RETTIG, S. 237, 319
RHAMEY, R. 58, 300
RICE, A.K. 269, 319
RIECKEN, H.W. 218, 319f.
RILEY, J.W. 320
RILEY, M.W. 79, 320
RINGELMANN, 210

6. <u>Sachregister</u>

Abhängigkeit 69, 71, 125, 204, 269
Abschreckung 255f., 258
Abweichler 130, 138ff.
ad-hoc-Gruppe 37, 127, 131, 222,
    237
Aggregat 28, 29
Aggression, 92, 104, 175
Ähnlichkeit 58, 64f., 188, 202,
    215ff., 286
Ängstlichkeit 125, 225
Ankergruppe 42
Anonymität 117, 134, 210
Ansammlung 28f., 50
Anspruchsniveau 226f., 259
Antikonformität 119
Antipaar 34
antizipatorische Sozialisation 42
Archtetypen 276
Artefakt 14, 98, 118, 122, 198,
    237, 255
Attraktivität 55ff., 62, 65, 195,
    202ff., 215, 283, 286

Aufgabenorientierung 178, 181f.
Ausdruckspsychologie 102
Austausch 101
Austauschtheorie 63, 97, 99,
    144, 192
autistische Feindseligkeit 84
autokinetisches Phänomen 112ff.,
    142, 157
Autokratie 175
autoritäre Einstellung 123f., 247
Autorität 135, 153, 155, 164, 289

Balancetheorie 59ff., 66, 84, 132,
    149, 282, 284
Bedrohung 54, 292
Beliebtheit 127, 150f., 162, 167f.,
    204
Belohnung, 22, 56, 61, 63, 83f.,
    144, 147, 153ff., 173, 245,
    285
Bestrafung 147, 154, 160, 173, 243,
    245, 258
Bewegungskonformität 111
Bezugsgruppe 41f., 157
Bezugssystem 142
Blickkontakt 68, 81, 105ff., 110
body language 101
Brainstorming 219f.

cautious shift 232ff.

Dauer, 18, 25f., 37, 50, 76
Demokratie 175
Diffusion der Verantwortlichkeit
    210, 230
Dissonanz 57, 154
Dissonanztheorie 56, 59, 148, 202
Distanz 102ff.
Divergenztheorie 168, 172
Drohung, 154, 160, 250ff.
Dyade 19, 32ff., 37, 78, 106f.,
    128f., 131, 216, 219, 240f.
dyadischer Effekt 97

Eigengruppe 40f., 281ff.
Eigenschaftstheorie der Führung
    170f.
Einfluss 20, 105, 121, 125, 127f.,
    136f., 140f., 148, 151, 153,
    156f., 159ff., 182, 208, 233
Einstellung 22, 58ff., 65, 73, 75,
    103, 142, 150, 158, 216f., 236,
    270, 281, 288f.
Entscheidungstheorie 14
Equity-Theorie 59, 63f., 188, 192
Erfolg, 68, 170, 217, 227, 238,
    292f.
Extraversion 125
extremity shift 229, 237

face-to-face Gruppe 33, 36, 101
Faktorenanalyse 44
Feindseligkeit 83f., 202, 285, 289
Feldtheorie 250, 263
formelle Gruppen 37f.
Fremdgruppe 40f., 281ff.
Freunde 37, 102, 206, 248
Frustration 285f.
F-Skala 123, 247
Führung 161ff., 260, 287, 292
Führungsstil 175, 181, 208

Gefangenendilemma 242ff., 258f.
Gemeinsamkeiten 24, 25, 28, 140,
    286, 288
Gerechtigkeit 63f.

Studienskripten zur Soziologie

36 D. Urban, Regressionstheorie und Regressionstechnik
    245 Seiten. DM 17,80

37 E. Zimmermann, Das Experiment in den Sozialwissenschaften
    308 Seiten. DM 19,80

38 F. Böltken, Auswahlverfahren
    Eine Einführung für Sozialwissenschaftler
    407 Seiten. DM 19,80

39 H. J. Hummell, Probleme der Mehrebenenanalyse
    160 Seiten. DM 14,80

40 F. Golzewski/W. Reschka, Gegenwartsgesellschaften: Polen
    383 Seiten. DM 21,80

41 Th. Harder, Dynamische Modelle
    in der empirischen Sozialforschung
    120 Seiten. DM 14,80

42 W. Sodeur, Empirische Verfahren zur Klassifikation
    183 Seiten. DM 15,80

43 H. M. Kepplinger, Massenkommunikation
    207 Seiten. DM 16,80

44 H.-D. Schneider, Kleingruppenforschung
    2. Auflage. 343 Seiten. DM 19,80

45 H. J. Helle, Verstehende Soziologie und
    Theorien der Symbolischen Interaktion
    207 Seiten. DM 16,80

46 T. A. Herz, Klassen, Schichten, Mobilitäten
    316 Seiten. DM 19,80

48 S. Jensen, Talcott Parsons Eine Einführung
    204 Seiten. DM 16,80

49 J. Kriz, Methodenkritik empirischer Sozialforschung
    292 Seiten. DM 19,80

120 G. Büschges, Einführung in die Organisationssoziologie
    214 Seiten. DM 16,80

121 W. Teckenberg, Gegenwartsgesellschaften: UdSSR
    478 Seiten. DM 24,80

122 A. Diekmann/P. Mitter,
    Methoden zur Analyse von Zeitabläufen
    208 Seiten. DM 16,80

123 Goetze/Mühlfeld, Ethnosoziologie
    326 Seiten. DM 19,80

Preisänderungen vorbehalten